国家出版基金项目
NATIONAL PUBLICATION FOUNDATION

"十二五"国家重点出版规划

先进燃气轮机设计制造基础专著系列

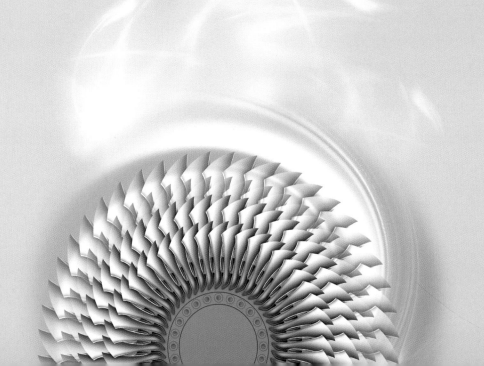

国家出版基金项目
NATIONAL PUBLICATION FOUNDATION

"十二五"国家重点出版规划

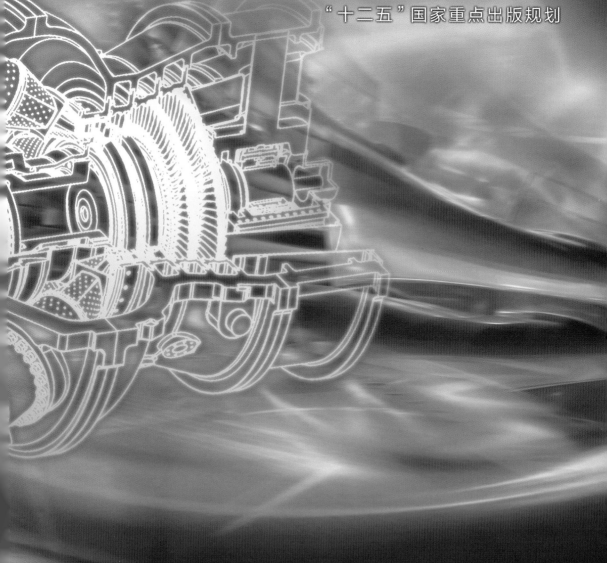

国家出版基金项目
NATIONAL PUBLICATION FOUNDATION

"十二五"国家重点出版规划

先进燃气轮机设计制造基础专著系列

丛书主编 王铁军

高温透平叶片精密加工与检测技术

王建录 王 煜 王恪典 刘 义 李 兵
廖 平 刘学云 刘志会 陈 磊 段文强　著

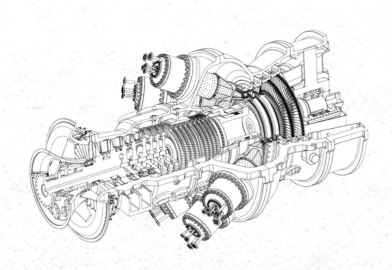

西安交通大学出版社
XI'AN JIAOTONG UNIVERSITY PRESS

内容简介

本书针对燃气轮机核心零件透平叶片多工序精密加工共性基础瓶颈问题,详细介绍了以下内容:多工序加工透平叶片精确定位和全约束新原理,以及基于柔性变形补偿的多点支撑结构夹具的设计理论和方法;高温透平叶片气膜孔群的激光高效加工工艺方法;快速、高精度测量透平叶片型面的四坐标复合式叶片检测设备,以及透平叶片装配精度检测方法;解决实数域遗传算法不规范的改进型归一化实数编码的遗传算法,以及采用遗传算法精确评定燃气轮机叶片轮廓度误差的方法。相关内容为透平叶片多工序精密加工与检测提供了新的方法,具有良好的工程应用价值。

本书主要为从事透平动力装备设计与制造技术研究的工程技术人员和科研人员提供新的技术参考。

图书在版编目(CIP)数据

高温透平叶片精密加工与检测技术/王建录等著.
—西安:西安交通大学出版社,2016.12
(先进燃气轮机设计制造基础专著系列/王铁军主编)
ISBN 978 - 7 - 5605 - 8220 - 7

Ⅰ.①高… Ⅱ.①王… Ⅲ.①燃气轮机-透平-叶片
-加工 Ⅳ.①TK47

中国版本图书馆 CIP 数据核字(2015)第 321042 号

书　　名	高温透平叶片精密加工与检测技术	
著　　者	王建录　等	
责任编辑	任振国　吴　浩　宋小平	
出版发行	西安交通大学出版社	
	(西安市兴庆南路 10 号　邮政编码 710049)	
网　　址	http://www.xjtupress.com	
电　　话	(029)82668357　82667874(发行中心)	
	(029)82668315(总编办)	
传　　真	(029)82668280	
印　　刷	中煤地西安地图制印有限公司	
开　　本	787mm×1092mm　1/16　印张 20　彩页 4 页　字数 435 千字	
版次印次	2016 年 12 月第 1 版　　2016 年 12 月第 1 次印刷	
书　　号	ISBN 978 - 7 - 5605 - 8220 - 7	
定　　价	180.00 元	

读者购书、书店添货,如发现印装质量问题,请与本社发行中心联系、调换。
订购热线:(029)82665248　(029)82665249
投稿热线:(029)82664954　QQ:8377981
读者信箱:lg_book@163.com

国家出版基金项目
NATIONAL PUBLICATION FOUNDATION

"十二五"国家重点出版规划

先进燃气轮机设计制造基础专著系列

编 委 会

顾 问

钟　掘　中南大学教授、中国工程院院士

程耿东　大连理工大学教授、中国科学院院士

熊有伦　华中科技大学教授、中国科学院院士

卢秉恒　西安交通大学教授、中国工程院院士

方岱宁　北京理工大学教授、中国科学院院士

雒建斌　清华大学教授、中国科学院院士

温熙森　国防科技大学教授

雷源忠　国家自然科学基金委员会研究员

姜澄宇　西北工业大学教授

虞　烈　西安交通大学教授

魏悦广　北京大学教授

王为民　东方电气集团中央研究院研究员

主 编

王铁军　西安交通大学教授

编 委

虞　烈　西安交通大学教授

朱惠人　西北工业大学教授

李涤尘　西安交通大学教授

王建录　东方电气集团东方汽轮机有限公司高级工程师

徐自力　西安交通大学教授

李　军　西安交通大学教授

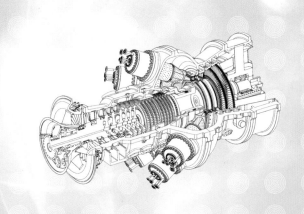

总 序

20世纪中叶以来,燃气轮机为现代航空动力奠定了基础。随后,燃气轮机也被世界发达国家广泛用于舰船、坦克等运载工具的先进动力装置。燃气轮机在石油、化工、冶金等领域也得到了重要应用,并逐步进入发电领域,现已成为清洁高效火电能源系统的核心动力装备之一。

发电用燃气轮机占世界燃气轮机市场的绝大部分。燃气轮机电站的特点是,供电效率远远超过传统燃煤电站,清洁、占地少、用水少,启动迅速,比投资小,建设周期短,是未来火电系统的重要发展方向之一,是国家电力系统安全的重要保证。对远海油气开发、分布式供电等,燃气轮机发电可大有作为。

燃气轮机是需要多学科推动的国家战略高技术,是国家重大装备制造水平的标志,被誉为制造业王冠上的明珠。长期以来,世界发达国家均投巨资,在国家层面设立各类计划,研究燃气轮机基础理论,发展燃气轮机新技术,不断提高燃气轮机的性能和效率。目前,世界重型燃气轮机技术已发展到很高水平,其先进性主要体现在以下三个方面:一是单机功率达到30万千瓦至45万千瓦,二是透平前燃气温度达到$1600\sim1700\ ℃$,三是联合循环效率超过60%。

从燃气轮机的发展历程来看,透平前燃气温度代表了燃气轮机的技术水平,人们一直在不断追求燃气温度的提高,这对高温透平叶片的强度、设计和制造提出了严峻挑战。目前,有以下几个途径:一是开发更高承温能力的高温合金叶片材料,但成本高、周期长;二是发展先

1

进热障涂层技术,相比较而言,成本低,效果好;三是制备单晶或定向晶叶片,但难度大,成品率低;四是发展先进冷却技术,这会增加叶片结构的复杂性,从而大大提高制造成本。

整体而言,重型燃气轮机研发需要着重解决以下几个核心技术问题:先进冷却技术、先进热障涂层技术、定(单)向晶高温叶片精密制造技术、高温高负荷高效透平技术、高温低 NO_x 排放燃烧室技术、高压高效先进压气机技术。前四个核心技术属于高温透平部分,占了先进重型燃气轮机设计制造核心技术的三分之二,其中高温叶片的高效冷却与热障是先进重型燃气轮机研发所必须解决的瓶颈问题,大型复杂高温叶片的精确成型制造属于世界难题,这三个核心技术是先进重型燃气轮机自主研发的基础。高温燃烧室技术主要包括燃烧室冷却与设计、低 NOx 排放与高效燃烧理论、燃烧室自激热声振荡及控制等。高压高效先进压气机技术的突破点在于大流量、高压比、宽工况运行条件的压气机设计。重型燃气轮机制造之所以被誉为制造业皇冠上的明珠,不仅仅由于其高新技术密集,而且在于其每一项技术的突破与创新都必须经历"基础理论→单元技术→零部件试验→系统集成→样机综合验证→产品应用"全过程,可见试验验证能力也是重型燃气轮机自主能力的重要标志。

我国燃气轮机研发始于上世纪 50 年代,与国际先进水平相比尚有较大差距。改革开放以来,我国重型燃气轮机研发有了长足发展,逐步走上了自主创新之路。"十五"期间,通过国家高技术研究发展计划,支持了 E 级燃气轮机重大专项,并形成了 F 级重型燃气轮机制造能力。"十一五"以来,国家中长期科学和技术发展规划纲要(2006～2020 年),将重型燃气轮机等清洁高效能源装备的研发列入优先主题,并通过国家重点基础研究发展计划,支持了重型燃气轮机制造基础和热功转换研究。

2006 年以来,我们承担了"大型动力装备制造基础研究",这是我国重型燃气轮机制造基础研究的第一个国家重点基础研究发展计划项目,本人有幸担任了项目首席科学家。以 F 级重型燃气轮机制造为背景,重点研究高温透平叶片的气膜冷却机理、热障涂层技术、定向晶叶片成型技术、叶片冷却孔及榫头的精密加工技术、大型盘式拉杆转子系统动力学与实验系统等问题,2011 年项目结题优秀。2012 年,"先进重型燃气轮机制造基础研究"项目得到了国家重点基础研究发展计划的持续支持,以国际先进的 J 级重型燃气轮机制造为背景,研究面向更严酷服役环境的大型高温叶片设计制造基础和实验系统、大型拉杆组合转子的设计与性能退化规律。

这两个国家重点基础研究发展计划项目实施十年来,得到了二十多位国家重点基础研究发展计划顾问专家组专家、领域咨询专家组专家和项目专家组专家的大力支持、指导和无私帮助。项目组共同努力,校企协同创新,将基础理论研究融入企业实践,在重型燃气轮机高温透平叶片的冷却机理与冷却结构设计、热障涂层制备与强度理论、大型复杂高温叶片精确成型与精密加工、透平密封技术、大型盘式拉杆转子系统动力学、重型燃气轮机实验系统建设等方面取得了可喜进展。我们拟通过本套专著来总结十余年来的研究成果。

第 1 卷:高温透平叶片的传热与冷却。主要内容包括:高温透平叶片的传热及冷却原理,内部冷却结构与流动换热,表面流动传热与气膜冷却,叶片冷却结构设计与热分析,相关的计算方法与实验技术等。

第 2 卷:热障涂层强度理论与检测技术。主要内容包括:热障涂层中的热应力和生长应力,表面与界面裂纹及其竞争,层级热障涂层系统中的裂纹,外来物和陶瓷层烧结诱发的热障涂层失效,涂层强度评价与无损检测方法。

第 3 卷:高温透平叶片增材制造技术。重点介绍高温透平叶片制造的 3D 打印方法,主要内容包括:基于光固化原型的空心叶片内外结构一体化铸型制造方法和激光直接成型方法。

第 4 卷:高温透平叶片精密加工与检测技术。主要内容包括:空心透平叶片多工序精密加工的精确定位原理及夹具设计,冷却孔激光复合加工方法,切削液与加工质量,叶片型面与装配精度检测方法等。

第5卷:热力透平密封技术。主要内容包括:热力透平非接触式迷宫密封和蜂窝/孔形/袋形阻尼密封技术,接触式刷式密封技术相关的流动,传热和转子动力特性理论分析,数值模拟和实验方法。

第6卷:轴承转子系统动力学(上、下册)。上册为基础篇,主要内容包括经典转子动力学及一些新进展。下册为应用篇,主要内容包括大型发电机组轴系动力学,重型燃气轮机组合转子中的接触界面,预紧饱和状态下的基本解系和动力学分析方法,结构强度与设计准则等。

第7卷:叶片结构强度与振动。主要内容包括:重型燃气轮机压气机叶片和高温透平叶片的强度与振动分析方法及实例,减振技术,静动频测量方法及试验模态分析。

希望本套专著能为我国燃气轮机的发展提供借鉴,能为从事重型燃气轮机和航空发动机领域的技术人员、专家学者等提供参考。本套专著也可供相关专业人员及高等院校研究生参考。

本套专著得到了国家出版基金和国家重点基础研究发展计划的支持,在撰写、编辑及出版过程中,得到许多专家学者的无私帮助,在此表示感谢。特别感谢西安交通大学出版社给予的重视和支持,以及相关人员付出的辛勤劳动。

鉴于作者水平有限,缺点和错误在所难免。敬请广大读者不吝赐教。

《先进燃气轮机设计制造基础》专著系列主编

机械结构强度与振动国家重点实验室主任　王铁军

2016 年 9 月 6 日于西安交通大学

前　言

　　燃气轮机被誉为先进制造业王冠上的明珠，是一个国家重大装备先进制造水平的标志，在新一代战机、坦克、航空母舰、水面舰船动力、发电领域中具有广阔的应用前景，是世界各国战略必争的先进动力装备。

　　国家重点基础研究发展计划项目"大型动力装备制造基础研究"中课题三将燃气轮机核心零件涡轮叶片多工序精密加工共性基础瓶颈问题列为突破口，重点就自由曲面特征点表征与精密定位转换一致性原理、叶身微冷却孔的高能激光加工中再结晶层和微裂纹的形成机理与抑制方法、叶片结构的高精密检测原理与误差评估方法以及叶片加工时切削液对金属性能的影响等问题进行了比较系统的研究，取得了如下多项研究成果。

　　1. 提出了精确定位和全约束新原理，提出了基于柔性变形补偿的多点支撑结构夹具的设计理论和方法。

　　2. 在国内首次针对 F 级重型燃机高温定向凝固动叶片的制造技术进行了系统研究，完成了叶片的制造。

　　3. 提出了透平叶片气膜孔群的激光高效加工工艺方法，有效控制、去除了重铸层。

　　4. 系统研究了金属构件在切削加工过程中切削液与表层金属之间的交叉化学反应及其对于叶片质量的影响，为选择切削液提供了依据。

　　5. 研制了四坐标复合式叶片检测设备，实现了叶片型面的快速、高精度测量；提出了叶片装配精度检测的新原理与方法。

6.提出了改进型归一化实数编码的遗传算法，解决了实数域的遗传算法不规范的问题；提出了采用粗匹配与智能精优化相结合快速评定燃气轮机叶片轮廓度误差的方法。

该课题共发表论文43篇，其中SCI论文9篇，EI论文25篇；申报国家发明专利11项，其中授权7项；培养研究生15名，其中博士研究生4名、硕士研究生11名。"产品复杂曲面高效数字化精密测量技术及其系列测量设备"科研成果获得国家科技进步二等奖。

本书结合国家重点基础研究发展计划项目"大型动力装备制造基础研究"课题三研究进展情况，重点就燃气轮机叶片夹具布局设计方法、微冷却孔激光加工技术及机理、切削液对金属性能的影响、燃气轮机叶片检测技术、基于智能算法的形位误差计算等最新研究进展情况进行了阐述，旨在推动我国燃气轮机叶片精密加工技术研究向更加深入的方向发展，为我国批量制造燃气轮机叶片奠定良好的基础。

著　者

2016年10月

目　录

1

第1章 燃气轮机透平叶片夹具布局设计方法

作为加工中的夹持元件,夹具为加工过程提供精确而稳定的定位[1]。在燃气轮机叶片这种复杂曲面的加工中,其曲面形状和结构复杂,对精度和力学性能要求很高,给夹具设计带来了很大的困难。目前燃气轮机叶片加工中的夹具多采用低熔点包容合金制造,但是这种方式存在不能重复使用、成本高和加工过程产生有毒气体等缺点。

夹具的夹持元件可以按功能分为定位元件和夹紧元件两类。定位元件用来保证工件安装位置的准确性,夹紧元件用于定位完成后,配合定位元件固定工件,保证工件在加工过程中保持稳定和准确的定位。

夹具的设计可以分为三个阶段:初始规划,结构设计,性能分析与校验。在设计过程中需要解决以下主要问题[2]:

(1)夹具的定位精度。在夹具工作过程中,夹具和工件在定位点处存在一定的误差,这些误差导致工件定位位置的变化,为提高夹具的定位性能,必须对该过程进行建模分析,并提炼出适用的夹具定位性能评价指标。

(2)夹具的装夹稳定性。在工件加工过程中,存在包括加工力在内的外力作用,夹具布局必须保证在这些外力作用下保持稳定。力封闭性质是判断装夹稳定性的常用判定标准。

(3)夹具-工件系统的应力变形。外力及夹紧力作用后,夹具-工件系统存在变形,导致关键点存在较大的位移误差,为保证工件的加工精度,必须对夹具-工件系统的应力变形进行建模。

(4)夹具-工件系统的性能提高方法。夹具设计阶段,通过夹具布局的优化提高夹具布局的工作性能;而在夹具设计完成后,可以对其进行分析并根据分析结果进行误差补偿。

针对上述几个问题,本章分别介绍相应的解决方法,并提供了对应的案例。本章前四节针对燃气轮机透平叶片夹具的初始规划,介绍夹具定位及夹紧性能的判定指标和优化设计方法,并提供相关的对照算例;1.5节则针对具体叶片结构,介绍夹具的设计、分析以及工艺优化方法;1.6节,针对一组叶片和夹具结构,进行误差分析,并以此为基础进行了误差补偿方法的探索。

1.1　夹具布局的几何精度分析

1.1.1　夹具-工件系统分析模型的建立

夹具布局可以看成是一组定位点与夹紧点的集合,夹具布局设计的主要任务是在复杂曲面上选出最优化的定位点以及夹紧点组合,为此,需要建立一个合理的夹具-工件系统模型。在该模型的基础上分析不同的定位点组合对工件定位精度的影响。在工件加工过程中,影响其加工精度的因素有夹具元件误差、定位基准面误差、加工变形、接触变形和加工热变形等。在夹具的设计过程中需要考虑到尽可能多的影响因素,综合考虑模型的计算难度,适当地选择影响加工的主要因素进行建模。

夹具定位过程中,定位点处误差对夹具定位精度的影响是由工件几何模型和夹具定位点位置决定的,为此,可以将夹具-工件系统等效建模为刚体-刚体接触模型[3],假设:

(1)工件与夹具均为刚体;

(2)夹具定位元件与工件接触方式为点接触;

(3)工件复杂曲面分段可微。

如图1-1所示,将该刚体-刚体模型定位时各个部件之间的关系以及各个位移误差因素量化如下:

由于工件表面为分段可微曲面,因此假设在每一个点均有唯一的外法向。建立工件坐标系 r,工件的集合曲面由分段函数 g 表示。其中工件曲面上的点有 $g(r)=0$,工件曲面外部点函数值大于零,工件曲面内部函数值小于零。假定在夹具设计中有 n 个定位点,且第 i 个定位点的位置矢量为 r_i,则当该定位点处的定位元件与工件表面接触时,有 $g(r_i)=0$。

在夹具设计问题中,工件的大部分连续表面均可用来安排夹具定位点或者夹紧点。但是也存在只有一系列离散点可供夹具元件接触工件的情况。总体来说,可供夹具布局设计选择的关键点数量巨大。我们将这些备选的位置称为备选点集。备选点集的限制条件为工件功能或者加工条件的实际要求。以透平机叶片为例,其几何形状主要由其空气动力学性能要求决定,在几何CAD系统中表现为诸如B样条的参数曲面。在空气动力学性能分析中只有一系列密集的点被精确定义计算。为了将几何近似的影响最小化,在制

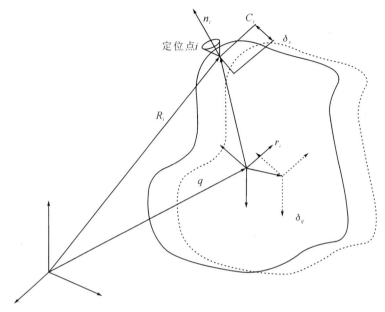

图 1-1　夹具-工件系统分析模型

造和检查的过程中，要求夹持叶片曲面上的精确位置。

在备选点集中，我们假设 N 个处于工件表面的点在工件坐标系中坐标为 $R_k = \{x, y, z\}_k^T (k=1, 2, \cdots, N)$，表示为 Γ，夹具可以表示为两种不同的点的集合，设为 $\{L, C\}$。其中：

$$L = \{r_i\}, (i = 1, 2, \cdots, n); n = 6 \qquad (1-1)$$

$$C = \{r_j\}, (j = 1, 2, \cdots, c); c \leqslant 1 \qquad (1-2)$$

其中，$r_i, r_j \in \Gamma$。

L 为决定定位元件位置的定位点坐标集，C 为夹紧点坐标集。定位元件的作用为提供工件在夹具坐标系中的唯一而且精确的位置，在工件被夹紧之后，定位元件也同时提供力封闭。

在三维定位中，工件的惟一定位需要 6 个定位元件，该 6 个定位元件的位置由 6 个工件曲面上的定位点确定。夹紧元件用来对工件施加夹紧力以提供一个完全的限位，以抵消施加于工件上的任意外力对工件定位造成的影响。在夹具设计中，至少需要一个夹紧元件，这意味着至少需要一个夹紧点。

1.1.2　考虑工件表面特征的几何误差分析模型

夹具性能的一个最基本方面就是定位时工件的位置精度。工件的位置精度取决于工件几何形状的变化以及夹具设计定位元件的位置,而定位元件的位置又取决于夹具布局设计(定位点组合)及其组件的尺寸和公差分配。在夹具设计的开始阶段往往没有一个完整的能反映所有变化的夹具-工件系统模型可用。定位位置的变化对定位的影响可以通过统计学特征来预测。基于上节定义的夹具-工件系统的基本元素,本节采用一个代数解释的几何模型来进行夹具定位精度和误差分析的建模。

假定工件在定位过程中存在一个小小的扰动 $\delta \pmb{g}^{\mathrm{T}} = \{\delta \pmb{b}^{\mathrm{T}}, \delta \pmb{\theta}^{\mathrm{T}}\}$,包括位置变化 $\delta \pmb{b}^{\mathrm{T}}$ 和角度变化 $\delta \pmb{\theta}^{\mathrm{T}}$。工件的位置扰动对第 i 个定位点的方程值 $g(r_i)$ 造成了扰动:

$$\delta g_i = \delta g(r_i) = -\left[\nabla g_i^{\mathrm{T}}(r_i \times \nabla g_i)^{\mathrm{T}}\right]\delta g \qquad (1-3)$$

这里 $\nabla g_i = \nabla g(r_i) = \partial g / \partial r_i$ 为函数 $g(r)$ 的梯度向量。δg_i 代表工件曲面上定位点在工件坐标系中的代数距离。对于一个分段可微的工件曲面任意一个定位点的代数距离 δg_i,在其梯度方向上的分量可以表示为

$$\delta g_i \| \nabla g_i \| = -\left[n_i^{\mathrm{T}}(r_i \times n_i)^{\mathrm{T}}\right]\delta q \qquad (1-4)$$

此处 n_i 定义为接触点处的单位法向量。将公式(1-4)改写为:

$$\delta y_i = h_i^{\mathrm{T}}\delta q \qquad (1-5)$$

其中 $h_i^{\mathrm{T}} = \{n_i^{\mathrm{T}}(r_i \times n_i)^{\mathrm{T}}\}$。

由于有 $\delta y_i = \delta g_i / \| \nabla g_i \|$,可以得到公式(1-6):

$$\delta y_i = n_i^{\mathrm{T}}\delta r_i \qquad (1-6)$$

其中,δr_i 为位置矢量为 r_i 的定位点在工件曲面上的位置扰动量。由方程可知 δy_i 代表定位元件位置误差在工件曲面法向的投影。

对于一个拥有 n 个定位元件的夹具来说,每一个定位元件与工件接触处的定位点均有一个扰动方程,将各个定位点处的单独扰动方程集合起来则可以表示为如下形式:

$$\delta y = G^{\mathrm{T}}\delta q \qquad (1-7)$$

其中,$\delta y = \{\delta y_1, \delta y_2, \cdots, \delta y_n\}^{\mathrm{T}}$,且 $G = [h_1, h_2, \cdots, h_n]$。本文定义 G 为定位点矩阵,它完全取决于分布在工件曲面上定位元件的位置。

夹具定位过程则与上述过程相反,在不同定位点处存在误差的情况下,计算工件位置的变化量,是上述过程的逆过程,该过程中工件位置变化的计算公式为公式(1-7)的逆过程:

$$\delta q = (G^{\mathrm{T}})^{-1}\delta y \qquad (1-8)$$

1.1.3　几何精度指标

在进行夹具布局性能分析和优化过程中,需要对夹具性能定义一个量化的指标,从而确定夹具定位性能的优劣,根据上节建立的定位分析模型,本节确定了一个夹具布局几何精度指标,为夹具性能评价和优化过程提供基础。

夹具布局设计主要工作为优化设计夹具的定位点组合以及夹紧点组合。现根据上述数学模型对夹具进行优化设计。由公式(1-7)可以得到

$$\| \boldsymbol{\delta y} \| = \boldsymbol{\delta y}^{\mathrm{T}} \boldsymbol{\delta y} = \boldsymbol{\delta q}^{\mathrm{T}} (\boldsymbol{G}\boldsymbol{G}^{\mathrm{T}}) \boldsymbol{\delta q} \tag{1-9}$$

在公式(1-9)中,夹具曲面定位误差 $\boldsymbol{\delta q}$ 与定位元件位置误差 δy 两个参数变量的量级同阶。它们均取决于 $\boldsymbol{G}$ 矩阵所定义的定位点位置。优化夹具的最基本目标为将工件最小定位误差 $\boldsymbol{\delta q}$ 最小化。

总体来说,定位元件位置误差 δy 取决于夹具整体及其各个部件的几何尺寸及误差分配。在夹具设计前期工作中,仅仅能得到误差来源的公差,因此定位元件位置误差可以认为是统计变量。假定定位元件位置误差服从自由正态分布 $N(0, \sigma^2)$。那么工件位置误差的方差可以表示为[4,6]:

$$\mathrm{var}(\boldsymbol{\delta q}) = \sigma^2 (\boldsymbol{G}\boldsymbol{G}^{\mathrm{T}})^{-1} \tag{1-10}$$

单个定位点对工件定位误差的主要影响因素同样也适用于整个定位点集合。从数理统计的角度来看 $(\boldsymbol{G}\boldsymbol{G}^{\mathrm{T}})$ 矩阵是影响工件位置和方位误差的主要因素。定义 $\boldsymbol{M} = \boldsymbol{G}\boldsymbol{G}^{\mathrm{T}}$,称为接触信息矩阵,该矩阵类似于数理统计中的协方差矩阵。

接下来的主要任务是寻找一个合适的优化设计准则,以达到满足高精度定位设计目标的同时符合其余夹具要求。本书选择接触信息矩阵 $\boldsymbol{M}$ 的行列式,将夹具优化设计准则定义为 $\max \det(\boldsymbol{M})$,其中

$$\boldsymbol{M} = \boldsymbol{G}\boldsymbol{G}^{\mathrm{T}} \tag{1-11}$$

该优化准则具有三个重要的与其相匹配的特征。

(1)为减少定位元件位置误差对工件定位精度的影响,将工件位置误差参数的方差最小化。

(2)该精度指标减少了定位元件之间的相互作用,因此刚体工件的 6 个自由度被很好地限制在给定的定位元件上。

(3)该精度指标适用于在不同算法下建模。

1.2　夹具布局稳定性判定方法

夹具的夹持元件包括定位元件和夹紧元件,一组夹具布局的性能除定位精度性能外,夹具-工件系统的装夹稳定性是一个重要的约束指标,力封闭性质则是判断夹具-工件系统装夹稳定性的一个有效标准。本节讲述通过夹具布局力封闭性质对夹具定位稳定性进行判定的方法[5]。

力封闭的定义如下:

对于已有的装夹布局,如果给定任何一个外力作用,在接触位置都存在一组法向正定的接触力,使得该组接触力与外力满足平衡方程,则称该布局满足力封闭性质。

根据力封闭性质的定义可知,满足力封闭性质的夹具布局,能够提供任意方向的反力,进而平衡任意的外力作用,可以认为其满足装夹的稳定性要求。

对夹具-工件系统进行如下假设:

(1)夹具和工件都是刚体,即在受力过程中无柔性变形;

(2)夹具和工件的法向接触力是正定的;

(3)夹具和工件之间存在摩擦力的作用,且满足库伦摩擦约束。

对夹具-工件系统进行如下假设:

对于一个有摩擦的刚体模型,其表面一点的法向量及切向量方向如图 1-2 所示,其中 Z 轴表示其法向量,X 轴、Y 轴分别为切平面的两个正交方

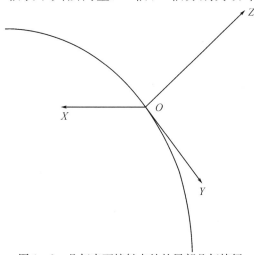

图 1-2　几何表面接触点处的局部几何特征

向。X,Y,Z 三个坐标轴在全局坐标系下的向量分别用 s,t,n 表示。O 点在全局坐标系下的位置向量表示为 l，则 O 点的方向向量可以表示为 g_0

$$= \begin{bmatrix} s & t & n \\ s \times l & t \times l & n \times l \end{bmatrix}.$$

如果在 i 点存在夹具与工件的接触点，且其在 i 点的接触力 x_i 在 Y,X,Z 方向的分量大小分别为 x_1,x_2,x_3，即 $x_i = \{x_1,x_2,x_3\}$，则在 i 点，接触力的作用 f 可以表示为：

$$f = g_i x \tag{1-12}$$

这里 $g_i = \begin{bmatrix} s_i & t_i & n_i \\ s_i \times l_i & t_i \times l_i & n_i \times l_i \end{bmatrix}$

对于一个具有 n 个定位点，m 个夹紧点的夹具，则有合力作用满足：

$$F = GX \tag{1-13}$$

$X = \{x_1,x_2,\cdots,x_{n+m}\}$，其中，$x_i = \{x_{i1},x_{i2},x_{i3}\}$；这里 $G = \{g_1,g_2,g_{n+m}\}$。

对于具有 m 个夹紧点的夹具，其夹紧点的力的作用为外力施加，其在外部施加的作用力 T 与接触点上力的分布的关系为：

$$T = Hx \tag{1-14}$$

其中，一般可认为 $H = \begin{bmatrix} 0 & & 0 \\ \vdots & \ddots & \vdots & E_{3M,3M} \\ 0 & & 0 \end{bmatrix}$。

则 H 实际可认为是所有接触点力作用在夹紧点上的映射。

对于每一个具有摩擦的接触点，假设其摩擦系数为 μ_i，则其法向力 x_{i3} 和切向力 x_{i1},x_{i2} 应满足如下关系：

$$\mu_i^2 x_{i3}^2 \geqslant x_{i1}^2 + x_{i2}^2 \tag{1-15}$$

可以表达为如下形式：

$$P_i = \begin{bmatrix} \mu_i x_{i3} & & x_{i2} \\ & \mu_i x_{i3} & x_{i1} \\ x_{i2} & x_{i1} & \mu_i x_{i3} \end{bmatrix} \geqslant 0 \tag{1-16}$$

对于一套夹具的情况，其所有接触点需满足的摩擦锥约束可表示为：

$$P = \text{diag}\{P_1,P_2,\cdots,P_{n+m}\} \tag{1-17}$$

主动力、被动力、内力、外力的空间分解。

内力：能使 $Gx = 0$ 的 x，被称作内力，内力空间的正交补空间被称作外力空间。内力空间和外力空间分别表示为 UI 和 UO。容易看出 UI 的一组基可以表示为 $BI = \text{orth}(G^{\perp})$（orth 表示正交化）。

UI 和 UO 满足 $UI \oplus UA = R$。

主动力:使 $\boldsymbol{Hx} = 0$ 的所有力被称为主动力,主动力空间的正交补空间被称为主动力空间。被动力空间和主动力空间分别表示为 UP 和 UA。

容易看出 UP 的一组基可以表示为 $BP = \mathrm{orth}(H^{\perp})$,并且 UP 和 UA 满足 $UP \oplus UA = R$。

主动内力、被动内力、主动外力、被动外力四个空间的分解:

$$UAO = UA \bigcap UO = (KER(H)^{\perp}) \bigcap (KER(G)^{\perp})$$
$$UPO = UP \bigcap UO = (KER(H)) \bigcap (KER(G)^{\perp})$$
$$UAI = UA \bigcap UI = (KER(H))^{\perp} \bigcap (KER(G))$$
$$UPI = UP \bigcap UI = (KER(H)) \bigcap (KER(G)) \tag{1-18}$$

则有:

$$UAI \oplus UPI = UI$$
$$UAO \oplus UPO = UO$$
$$UAI \oplus UAO = UA$$
$$UPI \oplus UPO = UP$$
$$UAI \oplus UPI \oplus UAO \oplus UPO = R \tag{1-19}$$

根据相关理论,力封闭条件可以引申为内力等价力封闭准则:

对于一个接触点的分布,当且仅当存在严格正定的内力时,这个分布满足力封闭条件。

满足力封闭或等价力封闭条件的装夹布局,可以认为是稳定的。

如果在主动力空间中即能寻找到稳定的内力,这种状态被称为满足主动力封闭条件。

主动力封闭条件:

对于一个分布,如果存在满足约束锥的主动内力,那么这个分布必然满足力封闭条件,这个布局被认为满足主动力封闭性质。这种封闭状态的力的分布是可以控制的。

综合上述公式,可以将内力等价力封闭条件和主动力封闭条件总结为如下的可行解问题:

$$\text{Find} \quad x \in UI \ or \ UAI$$
$$\text{St} \quad P > 0 \tag{1-20}$$

这是标准的 LMI 优化问题,容易通过相应的算法进行求解。至此,夹具布局的稳定性判定问题被转化为可行解求解问题。如果该问题存在可行解,则证明给定的夹具布局是满足力封闭或主动力封闭条件的,反之则说明该布局不满足对应的条件。

1.3　夹具定位布局优化与夹紧规划方法

1.3.1　基于贪心算法的夹具布局优化算法

由 1.2 节可以知道,实际叶片在得到叶身曲面的数据之后就可以根据具体的算法来进行给定定位点布局的性能分析,根据分析结果可以为优化过程提供定位布局的量化性能指标,进而进行优化工作。本节介绍基于上述分析过程并结合贪心算法的夹具定位点优化方法[5]。其工作过程如下。

首先进行初始化,计算已经确定的叶片安装板上定位点的位置向量 h_0,并计算点集 $g_i=\begin{bmatrix} R_i & n_i \end{bmatrix}(1\leqslant i\leqslant N)$ 中所有 N 个点的方向向量,对定位点位置矩阵 G_0 初始化;得到 $G_0=\{h_0,h_1,\cdots,h_N\}$,其中 h_0 为已经确定的定位点,计算对应的 A_0 和 A_0^{-1};设置固定的外力方向 h_c,对于给定的 $h_i(1\leqslant i\leqslant N)$,计算 $\alpha_i=-h_i^T A_0^{-1} h_c$,并令 $k=N$。

如果存在不满足形封闭的定位点,则在这些点中删除使得 $p_{jj}=h_j^T A_m^{-1} h_j$ $(m=N-k)$ 最小的点 j;如果所有的定位点都满足形封闭条件,则直接删除使 $p_{jj}=h_j^T A_m^{-1} h_j(m=N-k)$ 最小的定位点 j,并令 $k=k-1$。

然后将点集重新排序,新点集变为 $g_i=\begin{bmatrix} R_i,n_i \end{bmatrix}(1\leqslant i\leqslant k)$,更新 $G_m=\{h_0,h_1,\cdots,h_k\}$,$A_m,A_m^{-1}$ 和 $\alpha_i=-h_i^T A_m^{-1} h_c(m=N-k)$,再重复步骤二,如此反复,直到 $k=5$。

算法结构如图 1-3 所示。

以叶片工件为例,对其进行离散并计算其几何特征(包括坐标数据及坐标点法向量数据),得到的定位点点集如图 1-4 所示。

通过贪心算法得出理论最优定位点位置的一组定位数据。将理论数据与工厂经验数据比较,实际选取的定位点的定位精度非常接近理论最优点的定位精度,验证了实际加工中的定位点选取的理论可行性。表 1-1 为理论定位点的选取与工厂经验定位点数据选取的比较。其中 $\mathrm{Det}(G*G^T)$ 为计算算法的评价标准,其数值越大说明定位点点集优化程度越高,夹具将具有越高的定位精度。其数值范围与实际叶片的曲面数据点有关,其极限值出现在当各个定位点均处在叶片曲面外缘最极限位置时。

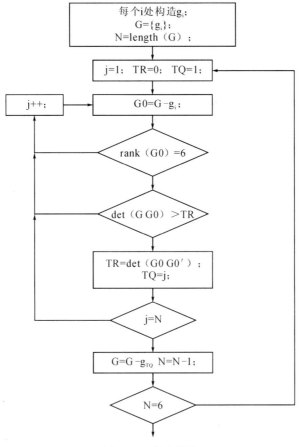

图 1-3　算法结构

表 1-1　理论定位点的选取与工厂经验定位点数据选取的比较

	理论最优定位点			工厂经验选取定位点		
定位点 1	111.5977	92.2191	-57.3985	61.6125	87.9981	151.5005
定位点 2	111.5977	81.54	-57.3986	93.4792	77.7956	149.9210
定位点 3	-23.0254	-7.2099	-57.3986	86.8888	85.5611	-53.6337
定位点 4	83.9940	78.1390	173.0000	3.6603	50.4329	-53.3889
定位点 5	16.3400	10.9250	173.0000	116.28	78.94	-68.3479
定位点 6	0	40.0	0	93.324	98.070	-4.226
Det($\boldsymbol{G} * \boldsymbol{G}'$)	1.3273e+013			1.0003e+013		

在三维模型中可以直观地看到定位点位置如图 1-5 所示。

图 1-4 叶身点集坐标数据及坐标点法向量数据

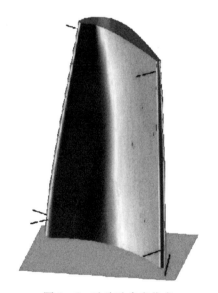

图 1-5 叶片叶身定位点

1.3.2 夹紧力优化方法

在夹具的夹紧过程中,由于夹紧力的作用导致工件和夹具的变形,对关键点的位移造成影响;同时,在外力作用下对夹具施加不同的夹紧力可以得到不同的变形情况。对装夹过程中的应力变形进行建模分析发现,调整夹紧力的大小和装夹顺序可以造成关键点位移量的变化,因此在夹具设计过程中,仅仅给出夹具定位点和夹紧点的位置是不够的,对于任意具体的定位点和夹紧点布局,一定存在一个相对应的夹紧力,使之在这组夹紧力作用下,能达到最小的应力位移,并且相关地满足约束条件。然而,之前的工作在定位点和夹紧点布局规划研究中,很少同时考虑夹紧力优化问题,或者虽然考虑了夹紧力的作用但只是将其作为定位点和夹紧点布局并列的一个因素,未能将最优夹紧力作为一组夹具布局的内在属性,将夹紧优化嵌套在布局优化中。

1.3.3 基于公式的切削力计算

夹具-工件系统工作时,其受力主要包括夹紧力和加工力的作用,夹具的优化设计工作的目标之一是寻找合适的夹具布局及夹紧力,使得夹具在加工力的作用下变形最小,为得到合理可用的优化结果,必须对加工过程中的加工力进行合理的估计,本节针对铣削过程,介绍根据公式计算切削力的方法[7]。

铣削时,铣刀上的各个刀齿由切入到切出的过程,都要受到变形抗力和摩擦力的作用,其切削厚度和切削位置是随时变化的。因此,在铣削过程中,刀齿上的铣削力的大小和方向也随着变化,刀齿上的切削力的大小和方向也随着变化,铣削力分析如下。

F_c:切削力,是总切削力在主运动方向上的正投影,其作用在铣刀圆周切线方向,消耗的功率最多。

F_{cN}:垂直切削力,是在工作平面内,总切削力在主运动方向上的分力,其作用在铣刀半径方向。

F_x:铣刀轴线方向的分力,是与刀具特性有关的总切削力的分力,应使其指向主轴支承刚度较大的方向。

作用在工件上的分力,也就是机床参考轴上的分力分别为:

F_h:水平铣削分力,与纵向进给运动方向平行,它等于进给力 F_f(总切削力在进给运动方向上的正投影)。

F_w:沿轴心线方向的铣削分力,与 F_x 分力大小相等,方向相反。

F_v:垂直铣削分力,在垂直铣刀轴心线的径向平面内,且与纵向进给方向垂直的铣削分力。它等于垂直进给力 F_{fN}(在工作平面力,总铣削力在垂直进给方向的分力)。F_{fN} 是机床抗力,在图 1-6 分析中未标出。

铣削力分解如图 1-6 所示。

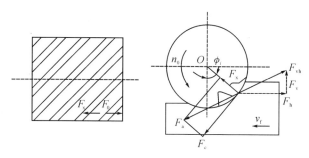

图 1-6　铣削力分析图示

图中，ϕ_i 为接触角，v_f 箭头表示走刀方向，n_0 箭头表示刀具旋转方向。

另外，F_r 为铣削合力，F_{vh} 为 F_v 与 F_h 的合力，F_{h0} 为 F_h 与 F_0 的合力，这些铣削力有如下的关系式：

$$F_r = \sqrt{F_c{}^2 + F_{cN}{}^2 + F_x{}^2} = \sqrt{F_h{}^2 + F_0{}^2 + F_v{}^2} \tag{1-21}$$

在立式铣床上，由于 $F_v = F_x$，所以作用力：

$$F_a = \sqrt{F_c{}^2 + F_{cN}{}^2} = \sqrt{F_h{}^2 + F_0{}^2} \tag{1-22}$$

换算公式：

$$F_h = F_c \cos\phi_i \pm F_{cN} \sin\phi_i \tag{1-23}$$

（逆铣时为正号；顺铣时为负号）

$$F_v = F_c \sin\phi_i \mp F_{cN} \sin\phi_i \tag{1-24}$$

（逆铣时为负号；顺铣时为正号）

各铣削力与经验值对比得到切削力的计算公式：

$$F_c = \frac{9.81 C_F a_F^{x_F} f_z^{y_F} a_e^{u_F} z}{d_0^{q_F} (60n)^{w_F}} K_{F_c} \tag{1-25}$$

式中　C_F——系数，其值取决于铣削条件和工件条件；

　　　a_F——背吃刀量，mm；

　　　f_z——每齿进给量，mm/z；

　　　a_e——侧吃刀量，mm；

　　　z——铣刀齿数；

　　　d_0——铣刀直径，mm；

　　　n——铣刀转速，r/s；

　　K_{F_c}——切削条件改变时，切削力的修正系数。

扭矩的计算公式：

$$T = \frac{F_c d_0}{2 \times 10^3} \quad (\text{N} \cdot \text{m}) \tag{1-26}$$

公式中系数均可查铣削手册获取。

1.3.4　基于凸优化(cvx)方法的夹紧力优化算法

通常,夹紧力优化首先需要以夹具-工件的应力位移模型为基础,计算不同夹紧条件的位移和应力情况,并通过迭代或者搜索算法寻找一组最优解。对于有限元方法的应力位移模型,在迭代过程中需要大量求解有限元平衡方程,使得优化时间消耗严重,这也是大多数工作不能将夹紧优化嵌套进布局优化的原因。

针对这个问题,这里提出了一种基解空间法,通过 LMI(线性矩阵不等式)方法表示约束条件,并通过凸优化进行优化求解的夹紧力优化方法,该方法只需进行少数几次刚度方程求解,具有很高的效率,可以被频繁调用。

对模型进行如下假设:

(1)工件模型是线弹性的;

(2)夹具模型是刚体(不影响方法的适用性);

(3)法向接触力沿法向指向工件或夹具外部,即法向正定接触;

(4)法向和切向接触力之间满足摩擦约束;

(5)夹紧过程中,定位点处施加全约束,夹紧力视为外力作用。

对于工件的有限元模型,其刚度矩阵为 $\boldsymbol{K}$,根据工件表面节点功能的不同,可以将其分解为定位结点集、夹紧结点集、受力点集,这些点集对应的自由度 S_l, S_c, S_f 在夹具-工件受力分析中是必不可少的,这里称之为主自由度 $S = S_l \cup S_c \cup S_f$,另外结点对应的自由度被称为从自由度,如图 1-7 所示。

首先,对工件在所有主自由度处施加约束,令

$$\widetilde{\boldsymbol{K}} = \boldsymbol{K}$$

$$\begin{cases} \widetilde{K}_{i,:} = 0 \\ \widetilde{K}_{:,i} = 0 \qquad i \in S \\ \widetilde{K}_{i,i} = 1 \end{cases} \tag{1-27}$$

$$\widetilde{f}_i = 0 \qquad i \in S$$

然后,逐一取 S 中的自由度元素 S_j,释放其上的约束,令

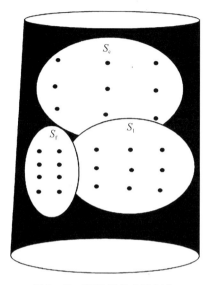

图 1-7　表面节点功能划分

$$\begin{cases} \widetilde{K}_{j,:} = K_{j,:} \\ \widetilde{K}_{:,j} = K_{:,j} \\ \widetilde{f}_f = 1 \end{cases} \tag{1-28}$$

并求解方程:

$$\widetilde{K}u_j = \widetilde{f} \tag{1-29}$$

定义定位约束自由度不变,外力作用不改变,以夹紧约束自由度 S_c 为主自由度的基解空间 $\boldsymbol{fs}$,使之满足

$$\begin{cases} fs_{i,j} \neq 0, & j \in S_l \text{ 或 } i = S_c(j) \\ fs_{i,j} = 1, & i = S_c(j) \\ fs_{i,j} = 0, & \text{其他} \end{cases} \tag{1-30}$$

由此可以得到在某一组夹紧力 $\boldsymbol{fc}$ 作用下,对应的结点应力 $\boldsymbol{f}$ 应满足:

$$\boldsymbol{f} = \boldsymbol{fs}/\boldsymbol{fc} \tag{1-31}$$

另一方面,模型需要满足假设(1-15),(1-16)的约束,对于每一接触点,令其法向力为 f_{pi}^n,并将其切向力分解为两个正交分力 f_{pi}^1,f_{pi}^2,则对于该接触点其法向正定和摩擦约束表示为:

$$\begin{cases} f_{pi}^n > 0 \\ \mu^2 f_{pi}^{n^2} > f_{pi}^{1^2} + f_{pi}^{2^2} \end{cases} \tag{1-32}$$

式(1-32)为一非线性的约束,因此虽然式(1-31)为一线性目标,但却无

法通过一般的线性优化方法求解。根据相关理论,上述模型可以表示为

$$LC_i = \begin{bmatrix} \mu f_{pi}^n - f_{pi}^{t1} & f_{pi}^{t2} \\ f_{pi}^{t2} & \mu f_{pi}^n + f_{pi}^{t1} \end{bmatrix} \qquad (1-33)$$

对于所有接触点的情况可以定义

$$LC = \mathrm{diag}\{LC_1, \cdots, LC_i, \cdots\}$$

则

$$LC > 0 \qquad (1-34)$$

即为所有接触点需要满足的约束条件。

这是标准的 LMI 表示形式,可以通过 cvx 方法对其进行优化问题求解。优化问题表示如下

find　fc

min　$\mathrm{norm}(u_{key})$ 　　　　　　　　　(1-35)

st:

$$f = fs/fc$$
$$LC > 0$$

采用一组燃气轮机叶片模型,给定定位点和夹紧点位置,对其进行夹紧力的优化求解。

叶片模型及相应定位点、夹紧点位置表示如图 1-8 所示。

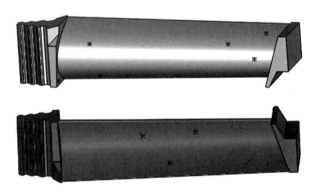

图 1-8　夹具布局优化结果

对其约束进行表达后,进行优化求解,收敛过程如图 1-9 所示。

共求解 FEM 方程 3 次,总消耗时间为 5.4 s;优化问题计算时间为 0.2 s。

可以看出优化过程的时间消耗量要远远小于求解 FEM 的时间消耗,因此不难发现该方法比常规频繁调用 FEM 的方法节省了大量时间。

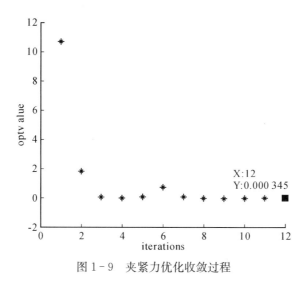

图 1 - 9 夹紧力优化收敛过程

1.3.5 夹紧力和夹紧顺序优化实例

上节中所述的夹紧力优化方法用于针对某一指定夹具布局方案,计算可能达到的最优性能。然而在详细设计完成后,由于其实际方案与设计方案存在差异,同时夹具结构与模型假设存在明显不同,因此详细设计方案的夹具性能与设计性能肯定存在差异,需要针对详细的结构方案进行刚度分析,并进行夹紧力和夹紧顺序的优化工作。

二分贪心算法是由贪心算法演化而来的,由前文可知,贪心算法是指在每一个迭代步都选择当前的最优解,也就是说,只顾眼前利益,不顾长远利益。这种算法对范围相当广泛的问题都能产生良好的效果并能保证计算效率。

假设有三个夹紧力,分别设为 f_1,f_2,f_3,并计算给定初始上下限 $(a_1,b_1),(a_2,b_2),(a_3,b_3)$,设置循环次数为 $i=n$。

当 $i=1$ 时

$$\begin{cases} (f_1{}^1,f_1{}^2,f_1{}^3) = \left(a_1,\dfrac{a_1+b_1}{2},b_1\right) \\[2mm] (f_2{}^1,f_2{}^2,f_2{}^3) = \left(a_2,\dfrac{a_2+b_2}{2},b_2\right) \\[2mm] (f_3{}^1,f_3{}^2,f_3{}^3) = \left(a_3,\dfrac{a_3+b_3}{2},b_3\right) \end{cases} \qquad (1-36)$$

z 对 f_1,f_2,f_3 进行排列组合,将每个组合作为已知的夹紧力带入有限元模型中进行计算,得到其变形量并选取使叶片变形最小的夹紧力组合,设为 $f_{\min}=(f_1{}^0,f_2{}^0,f_3{}^0)$。

重新赋予步长 $l=\dfrac{l}{2}$,则

$$
\begin{cases}
a_1 = f_1{}^0 + \dfrac{l}{2},\ b_1 = f_1{}^0 - \dfrac{l}{2} \\[2mm]
a_2 = f_2{}^0 + \dfrac{l}{2},\ b_2 = f_2{}^0 - \dfrac{l}{2} \\[2mm]
a_3 = f_3{}^0 + \dfrac{l}{2},\ b_3 = f_3{}^0 - \dfrac{l}{2}
\end{cases}
\tag{1-37}
$$

当 $i=2$ 时,重新代入循环计算,直至达到精度要求。

从第 2 次循环开始,第 i 组的最小变形值与第 $i-1$ 组的最小变形值比较,满足 $\dfrac{\Delta_i - \Delta_{i-1}}{\Delta_i} \leqslant 1.0 \times 10^{-5}$ 时,循环终止。即第 i 组的夹紧力组合满足条件,为最优的夹紧力。其流程图如图 1-10 所示。

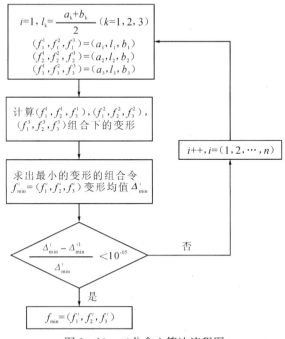

图 1-10　二分贪心算法流程图

这种算法的好处在于计算思路简单明了,计算量小,而且相对于贪心算

法来说精度足够,收敛速度快。

根据贪心算法,结合夹紧点在夹具上的位置和夹紧力的方向,可以初步估算出夹紧力的值,这里根据计算给出的夹紧力的上下限为:

$$\begin{cases} f_1 = (0,2000) \\ f_2 = (0,2000) \\ f_3 = (0,10000) \end{cases} \quad (1-38)$$

切削力为:$F_c = 1500$ N

由于整个循环过程计算较多,这里只选取一组对计算过程做简单说明。

首先选取 $f_1 = 1000$ N,$f_2 = 1000$ N,$f_3 = 5000$ N。夹紧顺序为左、右、上。

各材料的参数及约束条件都与 1.2 节相同,在整个叶片上选取若干敏感点变形值作为变形指标记录到数据库中。

叶根榫头部位敏感点位置如图 1-11 所示。

图 1-11　夹紧力优化敏感点位置示意图

在每一次循环中对敏感点变形量进行比较,并选取出变形最小的夹紧力组合,对其步长缩减到原来的二分之一代入进行循环计算。

在这若干组的计算中,根据模拟测量得到的变形值绘出曲线如图 1-12 所示。

从变形图中可以看出,使叶片整体变形最小的夹紧力组合为最下边的曲线,所以,最终选定的夹紧力为:

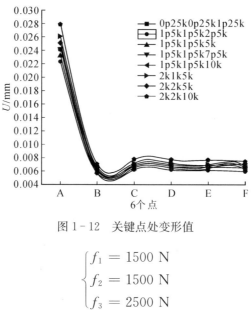

图 1-12　关键点处变形值

$$\begin{cases} f_1 = 1500 \text{ N} \\ f_2 = 1500 \text{ N} \\ f_3 = 2500 \text{ N} \end{cases}$$

夹紧力的作用方向均为夹紧元件表面的垂直方向,且指向工件。

1.4　基于有限元加速计算的夹具布局多目标优化算法

1.4.1　夹具-工件系统应力位移预测模型

目前对夹具-工件系统应力变形的预测方法主要有 Hertz 模型和有限元方法两种,对于复杂结构,Hertz 模型无法准确地表示出全局的变形和位移情况。而由于复杂结构有限元刚度矩阵过于庞大,又造成单次计算时间消耗过大,无法进行多次迭代。这里采用 FEM 模型对夹具-工件系统的应力变形进行建模,并采用基解空间[8~10]的方法对刚度矩阵进行规模缩减和降阶,进而达到加速的目的。

假设夹具定位元件为刚体,工件为弹性体,夹具-工件之前满足法向正向接触约束。基于此,夹具-工件的有限元分析模型按照以下步骤进行建模和求解。

首先,对几何模型进行处理和网格划分。

得到模型的结点集 $P=\{p_i\}$,定义每个结点 p_i 处的位移向量为 $\boldsymbol{u}_i = \{u_{ix},$

u_{iy}，$u_{iz}\}^{\mathrm{T}}$，并有 $\boldsymbol{u} = \{u_i{}^{\mathrm{T}}\}^{\mathrm{T}}$ 为左右结点的位移向量。同时定义 $\boldsymbol{f} = \{\boldsymbol{f}_i^{\mathrm{T}} \mid \boldsymbol{f}_i = \{f_{ix}, f_{iy}, f_{iz}\}^{\mathrm{T}}\}^{\mathrm{T}}$ 为结点处的应力向量。

然后，建立模型的刚度矩阵和平衡方程，并将刚度矩阵、应力和位移向量换到结点坐标系。

全局坐标系下，刚度矩阵为 $\boldsymbol{K}$，满足

$$\boldsymbol{Ku} = \boldsymbol{f} \tag{1-39}$$

建立转换矩阵 $\boldsymbol{T}$，为从全局坐标系到节点坐标系的变换矩阵，则

$$\boldsymbol{K}^1 = \boldsymbol{T}^{\mathrm{T}} \boldsymbol{KT} \tag{1-40}$$

$$\boldsymbol{u}^1 = \boldsymbol{T}^{\mathrm{T}} \boldsymbol{u} \tag{1-41}$$

$$\boldsymbol{f}^1 = \boldsymbol{T}^{\mathrm{T}} \boldsymbol{f} \tag{1-42}$$

分别为结点坐标系下的刚度矩阵、位移向量和应力向量，而平衡方程也可以改写成：

$$\boldsymbol{K}^1 \boldsymbol{u}^1 = \boldsymbol{f}^1 \tag{1-43}$$

最后，对平衡方程进行约束，求解。

夹具的工作过程分为两个阶段：①施加夹紧力；②加工。在这两个阶段中所具备的约束条件是不同的，并且每个阶段的应力变形情况都是不可忽略的，因此分析过程需要对这两个阶段进行分别求解，并处理得到最终结果。

对每一个阶段，都可以将模型求解过程看做给定约束位置 $\boldsymbol{C} = \{C_j\}$，外力 $\boldsymbol{f}_{\text{ext}}$ 作用于位置 $\boldsymbol{fc} = \{fc_j\}$，求对应的位移 $\boldsymbol{u}(\boldsymbol{u}^1)$ 和应力向量 $\boldsymbol{f}(\boldsymbol{f}^1)$ 的过程。

根据 FEM 性质，$\boldsymbol{f}^1$ 和 $\boldsymbol{u}^1$ 满足

$$\boldsymbol{u}_i{}^1 = \begin{cases} 0 & p_i \in \boldsymbol{C} \\ u_i & \text{其他} \end{cases} \tag{1-44}$$

$$\boldsymbol{f}_i{}^1 = \begin{cases} f_i & p_i \in \boldsymbol{fc} \\ 0 & p_i \notin \boldsymbol{C} \text{ 且 } p_i \notin \boldsymbol{fc} \end{cases} \tag{1-45}$$

据此，按如下顺序施加约束

$$\boldsymbol{K}^2 = \{K_{i,j}^2\}$$

$$K_{i,j}^2 = \begin{cases} 0 & p_i \in C \text{ 或 } p_j \in C, i \neq j \\ 1 & i = j, p_i \in C \\ K_{i,j}^1 & \text{其他} \end{cases} \tag{1-46}$$

接下来求解矩阵方程 $K_{i,j}^2 \boldsymbol{u}^1 = \boldsymbol{f}^2$，即可得到这一过程中的应力向量。

分别按照施加夹紧力和加工力的过程，分别求解 $\boldsymbol{KU}_1 = \boldsymbol{F}_1$ 和 $\boldsymbol{KU}_2 = \boldsymbol{F}_2$，即可得到两个过程对应的位移和应力情况，最终的位移和应力向量可以表示为：

$$U = U_1 + U_2 \tag{1-47}$$

$$F = F_1 + F_2 \tag{1-48}$$

在有限元方法求解位移和应力向量的过程中,存在的一个问题就是刚度矩阵阶数过大,导致计算耗时很多,在优化过程中不方便调用。通常的有限元理论[11],对这个问题的解决办法是凝聚法,其基本思想是基于分块矩阵的处理方法,将刚度矩阵 K 按照如下方式进行分割

$$K = \begin{bmatrix} K_{11} & K_{12} \\ K_{21} & K_{22} \end{bmatrix}, u = \begin{bmatrix} u_1 \\ u_2 \end{bmatrix}, f = \begin{bmatrix} f_1 \\ f_2 \end{bmatrix} \tag{1-49}$$

u_2 表示不需要进行计算的位移向量,在这里特指工件结构的内部节点位移向量。构造

$$\widetilde{K} = K_{11} - K_{12} * K_{22}^{-1} * K_{21}$$

$$\widetilde{f} = f_1 = K_{22}^{-1} * f_2 \tag{1-50}$$

满足

$$\widetilde{K} u_1 = \widetilde{f} \tag{1-51}$$

这样对式(1-51)求解,即可得到所需的位移向量 u_1。

1.4.2　基于基解空间法的有限元加速计算方法

对于复杂结构的工件,有限元的分析过程规模很大,求解效率很低,耗费时间,难以在优化过程中频繁调用,需要对其进行加速处理。然而,一般的解决方法存在一个较大的问题——额外的空间需求,对计算机要求较高。因为大型的有限元刚度矩阵都是通过稀疏矩阵进行表示,而在凝聚过程中按照公式(1-50)进行分块矩阵操作的时候,矩阵会产生大量的非零元素,需要大量的额外空间,这就对计算机的硬件条件提出了很高的要求。为解决这一问题,这里提出了一种基解空间方法,用来减小刚度矩阵的规模,并提高计算效率。

下面介绍基解空间法工作原理及过程。

求解 1.3.4 节中的公式(1-29),则得到的 u_j 和对应的应力 f_j 满足

$$u_j = 0, j \in S 且 \neq i$$

$$\begin{cases} f_j \neq 0, & j \in S \\ f_j = 0, & 其他 \end{cases} \tag{1-52}$$

根据公式(1-52),可以看出,每单独释放一个约束时,只有在主自由度 S

处,才会有应力产生,因此对应每个自由度 S_j,单独对其施加单位力,都存在唯一的一组应力分布与之对应。

定义:将有限元模型的主自由度完全约束,然后对每个自由度单独释放,所求得的位移和应力解在 S 上的分量,结合定义在其上的线性运算,构成两个空间,这两个空间称为有限元模型的基解空间,其空间基向量集合按如下表示:

$$usub = \{u_{i,s} \mid i \in S\}$$
$$fsub = \{f_{i,s} \mid i \in S\} \tag{1-53}$$

给定一组与 S 长度相等的向量 $\boldsymbol{\varepsilon}$,则有

$$K_{S,:} * u_\varepsilon = f_\varepsilon \tag{1-54}$$

其中

$$u_\varepsilon = \sum_{i \in S} \varepsilon_i u_i, \quad f_\varepsilon = \sum_{i \in S} \varepsilon_i fsub_i \tag{1-55}$$

并且

$$usub_\varepsilon = u_{\varepsilon S}, \text{其中 } usub_\varepsilon = \sum_{i \in S} \varepsilon_i usub_i \tag{1-56}$$

上述性质表明,对于同样一组系数,$usub$,$fsub$ 的线性组合都满足有限元模型的平衡方程,由矩阵性质可知,对于任意一组满足有限元平衡方程的应力和位移,都能找到对应的一组系数 ε,使其满足公式$(1-55)$,$(1-56)$。

给定具体的外力 f_{ext} 和约束自由度 $C, C \in S$,对应的平衡方程解 u, f 满足等式$(1-29)$。对应的解在约束自由度 S 上的分量 u_s, f_s 同时也满足公式$(1-55)$,$(1-56)$,结合这三个公式,可令

$$\begin{cases} usub(C,:) * \boldsymbol{\varepsilon} = u(C,:) = 0 \\ fsub(fc) * \boldsymbol{\varepsilon} = f_{\text{ext}} \\ fsub(S - C - fc) * \boldsymbol{\varepsilon} = 0 \end{cases} \tag{1-57}$$

构成一组矩阵方程,对其求解即可得到公式$(1-55)$,$(1-56)$所要求的,并通过式$(1-55)$,$(1-56)$,可以求得模型的位移和应力分布情况。

对以上所叙述的过程进行总结,可以得到基解空间法对有限元刚度矩阵进行规模缩减和方程求解的过程,如图$1-13$所示。

为验证方法对模型规模的缩减效果,采用一组方块有限元模型进行数值试验。图$1-14$为所用的工件模型。

计算所用的 PC 参数为:

CPU　　　　　Pentium Dual-core E5300 2.6 GHz

内存　　　　　2.00 GB

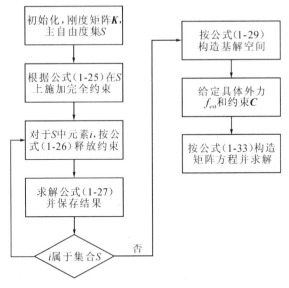

图 1-13　基解空间法工作流程

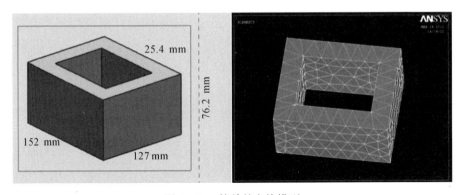

图 1-14　简单的方块模型

操作系统　　　　Win7 32 位操作系统

软件平台　　　　Matlab R2010b

结点数为 1530，自由度数位 4590，刚度矩阵规模为 4590×4590，采用 GMRES 方法残差小于千分之一情况下，每次求解时间为 4 s 左右。采用基解空间法，将主自由度缩减到 1440，其单次计算时间缩减到 0.5 s 左右，单次计算效率大规模提高。同时避免了缩减规模过程中，大量附加空间的问题，图 1-15 为凝聚法和基解空间法计算中非零元素数量增长的对比图，其中左图为凝聚法，右图为基解空间法。

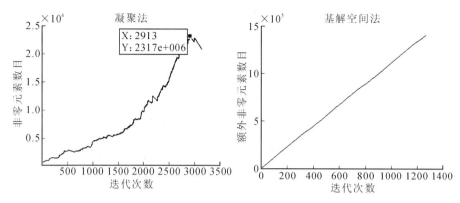

图 1 - 15　算法运行结果比较

由图 1 - 15 可以看出，相较于凝聚法，基解空间法在运算过程中更加节省空间，对平台要求更低。并且，基解空间法运行次数越少，所需的附加空间就越小，这就是说如果硬件条件过低的话，可以通过减少主自由度的数量实现降低空间需求，以及对模型进行更大的缩减；而凝聚法则不具备这样的性质，因为凝聚法的迭代次数是随着主自由度数目的减少而增加的，也就是说无论主自由度数目减少为多少，都无法避免附加空间的峰值。

下面对基解空间法运算误差情况进行分析。

令 $f, fsub, \varepsilon$ 表示求解过程中的有误差解，$f^0, fsub^0, \varepsilon^0$ 表示精确解，则线性方程求解过程的相对误差

$$
\begin{aligned}
\frac{\| f - f^0 \|}{\| f^0 \|} &= \frac{\| \sum \varepsilon_i fsub_i - \sum \varepsilon_i fsub_i^0 \|}{\| \sum \varepsilon_{i0} fsub_i^0 \|} \\
&= \frac{\| \sum \varepsilon_i fsub_i - \sum \varepsilon_i^0 fsub_i + \sum \varepsilon_i^0 fsub_i - \sum \varepsilon_i^0 fsub_i^0 \|}{\| \sum \varepsilon_0^i fsub_i^0 \|} \\
&\leqslant \frac{\| \sum fsub_i(\varepsilon_i - \varepsilon_i^0) \| + \| \sum \varepsilon_i^0(fsub_i - fsub_i^0 \|}{\| \sum \varepsilon_i^0 fsub_i^0 \|} \\
&\frac{\| \varepsilon_i - \varepsilon_i^0 \|}{\| \varepsilon_i^0 \|} + \sum \frac{\| fsub_i - fsub_i^0 \|}{\| fsub_i^0 \|} \\
&= \eta_1 + n * \eta_2
\end{aligned}
$$

$$(1 - 58)$$

同理

$$
\frac{\| u - u^0 \|}{\| u^0 \|} = \eta_1 + n * \eta_3 \qquad (1 - 59)
$$

其中，$\pmb{\eta}_1$，$\pmb{\eta}_2$，$\pmb{\eta}_3$ 分别为计算 $\pmb{\varepsilon}$，$fsub$ 和 $usub$ 时的误差；n 为主自由度的个数。由等式(1-58)，(1-59)可以看出，最终计算误差主要受构造基解空间过程中的矩阵函数求解误差影响，且影响比较严重，因此要提高计算精度就必须提高公式(1-57)的求解精度。

1.4.3　夹具-工件系统的优化目标函数

对于夹具布局规划的问题，多目标函数是保证优化算法顺利进行的关键，因此需要合理地对其进行定义。

首先，夹具布局规划可行，需要满足的约束有定位唯一性条件、法向正定接触约束和摩擦约束，这些约束条件由公式(1-16)、(1-34)定义。

然后，优化过程所针对的目标有两个：

(1)定位精度指标最小化，即公式(1-11)所表示的 $\min \parallel \widetilde{\pmb{G}}^{-1} \parallel$；

(2)关键点位移的范数最小化，$\min\ \mathrm{norm}(u_{\mathrm{key}})$。

这样，可以定义优化目标函数

$$\begin{cases} invg = \parallel \widetilde{\pmb{G}}^{-1} \parallel \\ nrm = \parallel u\_key(\pmb{C}, \pmb{f}) \parallel \end{cases} \tag{1-60}$$

其中第二个函数通过基解空间法求解。在优化过程中，存在大量的约束集 $\pmb{C}$，不能完成对模型的约束，或者不能提供满足正定接触和摩擦约束的可行解，如果对所有这些约束进行运算，那会浪费大量的运算时间，为此改变了公式(1-59)的计算方式，在计算有限元解之前，通过力封闭方法对其进行预判，满足力封闭条件才可以继续进行函数值的计算，否则说明其不存在满足约束条件的可行解，利用罚函数对其进行赋值。

表示方式如下

$$nrm = \begin{cases} \parallel u\_key(\pmb{C}, \pmb{f}) \parallel, \pmb{C}\text{s. t. force closure} \\ \inf, \text{else} \end{cases} \tag{1-61}$$

另外一方面，前文提出了一种快速的夹紧力优化方法，因此计算目标函数的过程中，无需将夹紧力作为独立参数参与运算，而是首先采用 LMI 方法将对应的夹紧力求出的同时，得到了最优夹紧力和对应的目标函数值，位移目标函数改写为

$$\begin{aligned} nrm &= \parallel u\_key(\pmb{C}, f(\pmb{C})) \parallel \\ &= \{ \parallel u\_key(\pmb{C}) \parallel, \pmb{f} = f(\pmb{C}) \} \end{aligned} \tag{1-62}$$

除计算上述目标函数之外，约束自由度集还需满足定位唯一性等约束条

件,将约束条件与上述目标函数结合起来,定义新的目标函数为:

$$\begin{cases} O_1 = invg = \begin{cases} \parallel \widetilde{\boldsymbol{G}}^{-1} \parallel, \mathrm{rank}([\boldsymbol{G}\,\boldsymbol{DS}]) = \mathrm{rank}([\boldsymbol{G}\,\boldsymbol{DS}\,\Delta\boldsymbol{P}]) \\ \inf, \mathrm{else} \end{cases} \\ O_2 = nrm = \begin{cases} \parallel u\_\mathrm{key}(\boldsymbol{C}) \parallel, \boldsymbol{C} \mathrm{s.\,t.\,force\,closure} \\ \inf, \mathrm{else} \end{cases} \end{cases} \tag{1-63}$$

1.4.4　夹具布局与夹紧力的多目标优化算法

在夹具布局规划中,最重要的两个目标是几何误差下的夹具定位精度和力作用下夹具关键点和整体的位移情况。其中夹具定位精度代表着夹具初始安装的准确性,对于很多精密加工过程,比如燃气轮机叶片的磨削、激光打孔操作、光学零件的表面处理等等,夹具定位精度是首要考虑因素;而夹具-工件系统的力学性能,不仅包含了夹具装夹后,外力作用下的夹持精度,同时也保证着夹具的夹持稳定性,为此在很多的加工条件下,二者同样重要,缺一不可。

然而很多相关的研究工作只围绕二者之一进行,没有满足夹具设计工作的多目标要求。少数考虑了多目标的优化工作中,又都是以权函数的方式将两个目标以不同的方式集中到一个目标函数中,然后采用单目标优化算法进行优化求解,这种优化方式不仅权函数的选择存在困难,容易出现偏差,而且没有表现出二种目标的分布关系,忽略了大量的可行解,从而导致优化性能不理想。

针对上述原因,本研究采用了基于多目标遗传算法的多目标夹具布局优化算法[12,13],对夹具的定位点、夹紧点位置和夹紧力进行优化。

如图 1-16 所示,标准的多目标遗传算法流程如下:

Step1 定义染色体长度,种群规模,交叉和变异概率等初始条件,并按照随机方法生成初始种群;

Step2 计算种群的多目标函数适应值;

Step3 按照种群的目标函数适应值,根据 pareto 支配的比较方法,计算每个个体的支配级别;

Step4 对每个个体,计算其在同一级别中的拥挤度;

Step5 按照每个种群个体的支配级别和拥挤度,对种群进行排序,并选择优秀个体作为保留;

Step6 对保留个体进行交叉、变异操作,生成由上一代遗传而来的新

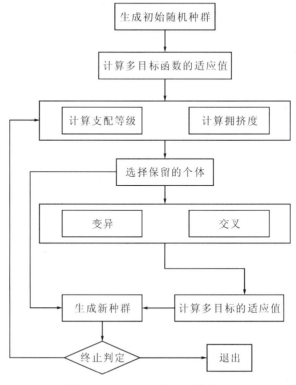

图 1-16　NSGA 算法迭代流程

个体；

　　Step7 生成一些新的随机个体，使种群规模保持在固定范围；

　　Step8 对新种群中增加的个体计算目标函数适应值；

　　Step9 判定终止条件，满足则退出，否则重复进行 Step3～8。

　　综上所述，目标函数的计算过程及其与遗传算法迭代过程间的调用关系如图 1-17 所示：

　　为验证优化算法的可行性及性能，首先用简单的空心块状工件做数值试验的对象，如图 1-18 所示。

　　算法采用二进制编码，种群规模为 40，染色体长度为 9，其中前 6 位为定位点编号，后 3 位为夹紧点编号。

　　下面将多目标遗传算法的运算情况和常规的单目标遗传算法从运行效率、收敛性和运行结果上进行比较。其中，单目标遗传算法的目标函数采用权函数的方式进行定义：

　　$f_1 = [O_1 \; O_2] \cdot [A_1 \; A_2]$，$A_1$，$A_2$ 分别为 $(1, 10)$

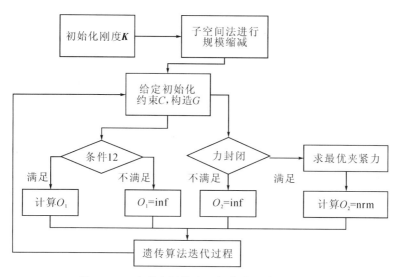

图 1-17　夹具布局的多目标优化设计工作过程

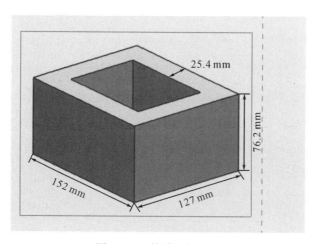

图 1-18　简单工件形状

图 1-19 是对两种算法收敛性和收敛效率的比较,为比较方便,多目标函数的结果也以 f_1 的形式进行表示,对两种算法 f_1 收敛的时间进行比较,可以发现二者在相近的时间内达到了近似的优化效果,说明多目标遗传算法并未严重影响到算法的收敛效率。

图 1-20 是对两种算法的中间结果进行比较,其中 * 个体表示多目标遗传算法产生的中间个体,◆ 个体表示单目标遗传算法产生的中间个体,可以发现多目标遗传算法的计算过程中,个体分散度很大,包含了两个目标最小

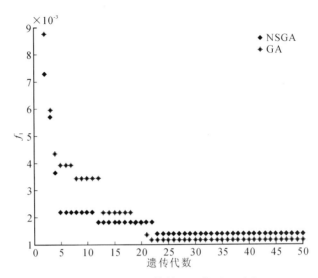

图 1-19　两种遗传算法迭代过程对比

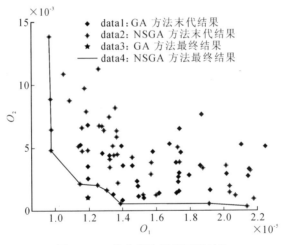

图 1-20　优化算法运行过程对比

端的情况,而单目标遗传算法由于加权目标函数的指导作用,中间个体更加向中间汇聚,更加集中,在两个目标函数的最小值方向损失了大量的信息。

直线所连接的结点为多目标遗传算法最后一代的最优 pareto 前端,五星表示的是单目标函数的最终优化结果,可以看出多目标遗传算法不但包含了两种目标的最小值,在单目标最优结果附近也收敛到了近似结果。并且由于单目标遗传算法最终只输出一个最优解,如果该最优解难以满足设计工作的要求,那么没有其他可行解进行替换,只能根据经验进行人工调整。

综上所述,在处理夹具布局规划的问题上,多目标方法要比单目标方法具有一定的优势。

接下来,对优化算法产生的优化解进行分析。

图 1-21 表示了算法优化解和收敛过程,在算法迭代过程中个体沿 pareto 前段逐渐向最优解(折线)逼近。几组最优解的特征数据如表 1-2 所示。

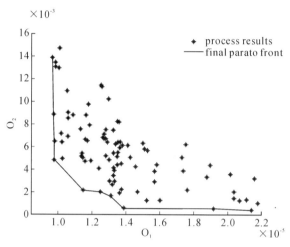

图 1-21　多目标算法过程解

表 1-2　优化算法生成的优化解

定位结点序号						夹紧点序号			夹紧力/N		
2	257	269	206	402	314	17	21	240	588	1920	570
291	369	188	367	206	130	29	156	21	588	727	570
311	44	331	333	410	130	12	49	127	439	727	621
291	369	331	333	55	130	338	49	3	439	727	615
...						...			...		

以第二组数据为例,其实际坐标和夹紧力如表 1-3 所示。

从这个例子可以看出,本文组织的算法结构具有良好的收敛情况,可以得到多组接近 pareto 前段的优化布局,以供夹具具体设计时使用。另外通过加速算法提高了算法的计算效率。

表 1-3 某组优化解的具体数值

	X	Y	Z	夹紧力/N
locators	25.4000	101.6000	3.1100	
	3.1100	123.0000	3.1100	
	101.7100	3.1100	67.1300	
	111.2600	3.1100	9.8558	
	146.2100	3.1100	6.3355	
	72.1810	114.3000	3.1100	
clamps	150.4000	6.4830	69.7070	588
	138.7700	120.0000	20.5080	727
	150.4000	120.0000	66.5540	570

上例证明本算法的可用性,在叶片模型上应用该方法,对叶片夹具布局进行优化,叶片模型和最终的优化结果如图 1-22 和图 1-23 所示。

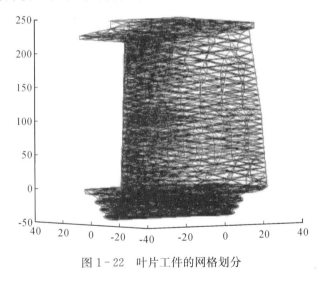

图 1-22 叶片工件的网格划分

综上所述,采用多目标遗传算法进行夹具布局规划,并结合 LMI 方法进行夹紧力约束的优化,同时对夹具定位点、夹紧点的布局和夹紧力进行优化,结合基解空间法进行有限元模型的规模缩减,并针对夹具-工件系统的工作特点,进行加速操作,提高了计算效率。

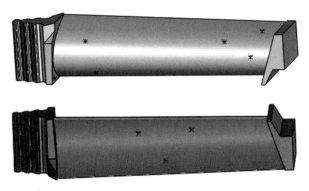

图 1-23 叶片夹具布局的优化结果

1.5 燃气轮机透平叶片夹具设计与分析

在 1.1 节到 1.4 节中,已经介绍了夹具的性能分析和布局优化算法,而实际的夹具设计过程中不但受到上述模型的约束,加工工艺等其他具体因素也影响着夹具的设计工作,针对燃气轮机叶片的加工需求,本节介绍针对具体的叶片工件及其加工过程进行夹具设计[6]和分析的案例。

1.5.1 燃气轮机透平叶片夹具结构设计

在加工过程中机床加工冲击力比较大,叶片本身复杂曲面部位为空腔结构,不宜夹持。榫头底部为初加工铣削平面,需为机床加工留出足够的空间,故也不能安排夹持元件。

综上所述,叶片榫头加工夹具设计的定位与夹紧布局通过叶片叶身精铸出的复杂曲面进行定位,其定位点点集根据前文讲述的贪心算法计算。叶片安装板上的定位点同时兼顾夹紧,利用叶片安装板侧平面对叶片进行辅助夹紧,同时叶片曲面上安排一个辅助夹紧[14]。

叶片榫头加工夹具定位方案为在所选定位点处采用定位销定位,如图 1-24 所示;夹紧采用面接触压紧,如图 1-25 所示。

对设计完成的夹具系统进行有限元建模分析,预估夹具的材料性能能否符合要求。为减少变形,定位方式采用榫头面接触定位配合定位销对叶片进行定位,夹紧方式则采用螺杆顶紧底板来对叶片进行夹紧,同时模拟了叶片工作时受到的离心力的影响。抬升机构如图 1-26 所示,端部夹紧机构如图

图 1-24　叶片榫头加工夹具设计定位方案

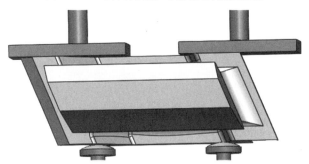

图 1-25　叶片榫头加工夹具设计夹紧方案

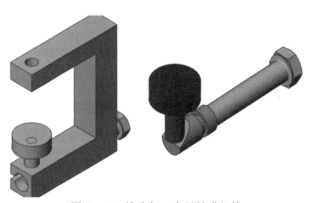

图 1-26　榫头加工夹具抬升机构

1-27 所示。改进初始设计之后的夹具大大提高了叶片加工精度。

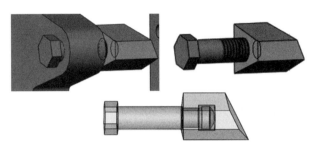

图 1-27　榫头加工夹具端部夹紧机构

根据以上内容进行夹具三维建模设计,得到两种夹具结构。
具体的夹具设计三维建模如图 1-28 和图 1-29 所示。

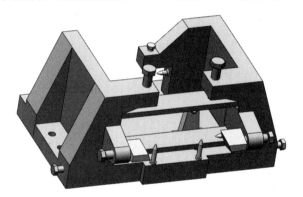

图 1-28　榫头加工夹具设计方案一

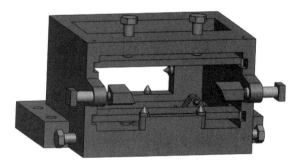

图 1-29　榫头加工夹具设计方案二

在得到夹具设计初步方案之后,对各个方案进行有限元软件分析,确定
了一个最终的方案,如图 1-30 及图 1-31 所示。

叶片叶身激光打孔夹具不属于复杂曲面精确定位夹具,它属于普通的平
面定位工装夹具。叶身激光打孔加工夹具基本设计思想为利用已加工完成

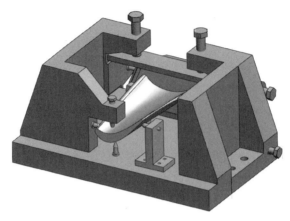

图 1-30　榫头加工夹具设计最终方案后部

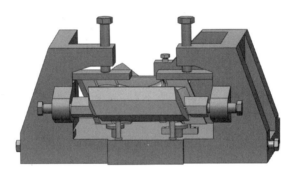

图 1-31　榫头加工夹具设计最终方案前部

的榫头榫齿曲面来仿形定位。叶片在使用过程中受巨大的离心力作用,产生一定的变形,若简单的夹持住则会在加工后的使用中发现加工位置偏离理想位置。因此,在加工过程中需要一个力来模拟离心力,在加工过程中不受机床加工力的影响。

在其设计方案中,采用的定位方式为利用高加工精度的叶片榫头榫齿曲面进行垂直榫头方向定位,沿榫头方向的定位采用叶片进气侧的配合平面上的定位点进行定位。定位元件采用仿行法进行加工。叶片的夹紧方案为利用仿行定位元件沿垂直于榫头方向夹紧。

激光打孔对夹具夹紧力无特殊要求。在该夹具的底部利用一个螺钉向上顶紧底板来模拟工作过程中的叶片离心力,减少叶片加工过程中的变形影响,使得叶片在加工过程中模拟工作状态,能够将榫头的变形考虑在内。

综上所述,具体的夹具设计三维建模如图 1-32 所示。

图 1-32　叶片激光打孔夹具三维模型

1.5.2　燃气轮机透平叶片-夹具系统接触分析

夹具布局的设计工作不仅仅包括结构设计,还需对已有的设计方案进行分析,检查其存在的问题并结合这些问题对模型进行修改,因此针对具体夹具设计的分析同样重要。本节以具体的夹具-工件系统为例,介绍应用Abaqus 进行具体夹具-工件系统接触性能分析的一般过程。

Abaqus/Standard 里接触的模拟是基于接触单元的。所以,首先必须判定哪对表面可能发生彼此接触,其次在模型的各个部件上创建可能发生接触的表面,最后定义控制各接触面自己相互作用的本构模型。

由叶片夹具系统模型知道,接触发生在定位销钉、夹具体元件和叶片之间,接触面可以在实体区域中直接选择。

接触对之间通过接触发生相互作用,它们之间的相互作用包括法向作用和切向作用,切向作用包括接触面间的相对运动(滑动)和可能存在的摩擦剪应力,而接触面的法向行为用以判断接触对是否发生有效接触。在接触算法中,切向行为采用小滑动以提高分析效率。

在叶片夹具系统模型中,涉及定位销钉和夹紧元件,定位销钉主要起到定位作用,不产生滑动是定位可靠性的要求,所以,定位销钉与叶片接触重点考虑它们之间的接触切应力。而夹紧元件的作用是保证叶片处于正确的位置,所以,夹紧元件与叶片之间的接触法向力是考察的关键,这里选择的变形均为小变形。接触区域如图 1-33 所示。

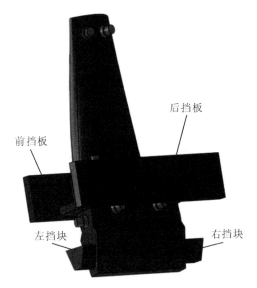

图 1-33　接触区域图

定义接触：定义控制发生接触表面行为的力学性能模型。

1. 选择从属和主控面

采用单纯主-从接触算法，在一个表面（从属面）上的节点不能侵入另一个表面（主控面）的某一个部分，如图 1-34 所示。

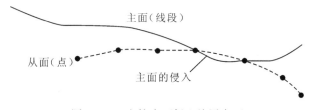

图 1-34　主控表面侵入从属表面

规则：从面网格划分更精细；从面材料较软，刚性较差。

2. 定义为小滑动

确定了在主控表面上哪一段将在从面上的每个节点发生作用，并保持该关系不变。

3. 单元的选择

接触算法的关键在于确定作用在从面节点上的力。而由于规则的二阶四面体单元在其角点处的接触力为零,导致接触预测值较差,所以,尽量避免使用。

图 1-35 中,图(a)单元类型:tetra 4,penta 6,节点数:17565,单元数:30304,单元大小:8.1265 mm。

图(b)单元类型:tetra 4,节点数:40459,单元数:176510,单元大小:3.04746 mm。

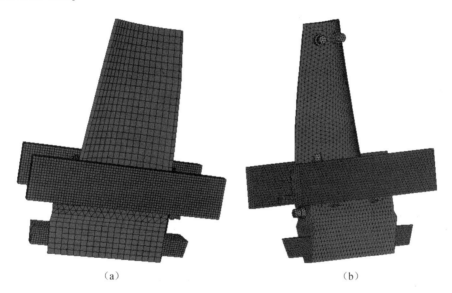

(a)　　　　　　　　　　　　　(b)

图 1-35　叶片网络划分
(a)六面体网格;(b)四面体网格

4. 接触算法

根据 New-Raphson 方法建立起来的接触分析算法,具体的算法逻辑如图 1-36所示。

下面结合具体的叶片-夹具系统进行接触分析的一般流程为:

(1)建立模型。可将文件转换后直接导入有限元软件中。

(2)材料和截面属性。这一步包括定义材料的弹、塑性属性、弹性模量、摩擦系数等等。

(3)定义分析步和输出要求。叶片夹具系统接触分析中,包括四个分析步:

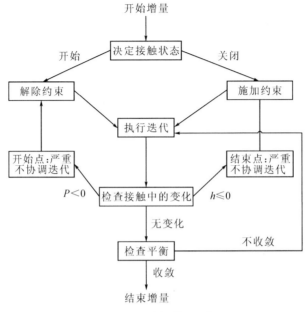

图 1-36　接触算法逻辑

①左侧挡块夹紧力的施加(1500 N),边界条件为:限制 6 个销钉 x,y,z 方向上的移动自由度,以及右侧销钉、下侧挡板的移动自由度。在计算之后, 输出叶片上各个点的变形量和应力值,以及各个接触对的接触作用力。

②右侧挡块夹紧力的施加(1500 N),边界条件为:解除对右侧挡块自由 度的限制,限制 6 个销钉 x,y,z 方向上的移动自由度,以及左侧销钉、下侧挡 板的移动自由度。在计算之后,输出叶片上各个点的变形量和应力值,以及 各个接触对的接触作用力。

③上侧挡板夹紧力的施加(2500 N),边界条件:限制两档块的移动自由 度,限制 6 个销钉 x,y,z 方向上的移动自由度,以及左侧销钉、下侧挡板的移 动自由度。在计算之后,输出叶片上各个点的变形量和应力值,以及各个接 触对的接触作用力。

④切削力的施加(1500 N),边界条件:限制两档块的移动自由度,限制 6 个销钉 x,y,z 方向上的移动自由度,限制上、下侧挡板的移动自由度。在计 算之后,输出叶片上各个点的变形量和应力值,以及各个接触对的接触作 用力。

(4)定义接触的相互作用。定义 6 个定位销钉和叶片的接触对,定义夹 紧元件与叶片的接触对。共计 10 对。

(5)划分网格和定义作业。按图1-36(b)划分网格,并定义作业。

(6)提交作业。提交模型进行计算,根据监控状态修正模型,直至达到计算要求。

(7)后处理。对计算结果进行分析,针对本文的误差分析,提取相应的结果,进行位姿分析和行为误差分析。

1.6　夹具定位与夹紧误差补偿方法

在对夹具-工件系统的性能进行分析之后,可以得到夹具-工件系统的变形数据,对数据进行分析可以得到工件加工位置的位移和变形情况,以此为基础,分析工件的位姿和形位误差,可以通过补偿方法提高工件的加工精度。

本节结合具体的叶片夹具例子,讲述夹具-工件系统的柔性误差补偿方法[5]。

1.6.1　误差源分析

误差源是指带来误差的因素,从误差源入手是减小误差的根本,并可以据此进行误差分析及补偿。

1. 定位误差

夹具的定位误差是评价夹具性能的重要指标,对于合理设计夹具结构,获得良好定位设计方案有重要意义。

目前,定位误差分析方法主要有尺寸链模型的极值法、微分分析方法、利用接触运动学模型的矩阵计算方法、利用几何关系的图形解析法、合成法以及概率统计方法等。许多学者对此进行研究。

2. 夹紧变形

夹紧误差是由夹紧力的作用引起的。由前文分析知道,摩擦力影响夹紧顺序,同时也影响夹具误差。在多个夹紧力作用过程中,不同的夹紧顺序会影响工件的位置精度。

3. 夹具误差

夹具的误差主要是由于夹具元件加工及安装过程中的工艺引起的。

从上面的分析可以看出,在减小装夹变形方面,虽然从定位、夹紧及夹具元件方面有多种方法,但是这些方法与实际情况相比,还是有一定的改进空间。在给定定位元件公差时,可以确定在完全定位、欠定位及过定位时工件的位姿误差,这里结合有限元方法,利用位姿的定义来计算工件的误差。

1.6.2　位姿分析及补偿

从位姿的角度分析工件的误差方法得到广泛应用。刘玺、方勇纯[15]等基于单应矩阵分解的三维位姿提取方法,分析了其对于图像噪声的鲁棒性,并应用这种方法实现了位移机器人的视觉伺服。周船、谈大龙[16]等提出基于模型的位姿估计的一些优化方法,提高了位姿估计的精度。

1. 位姿误差的理论基础

首先引入位姿的基本概念,工件的位置和方位简称位姿。在加工之前,工件的位置由定位元件确定,加工过程中,受夹紧力及切削力等的作用时,工件的位姿发生变化。

位姿计算的核心是原点在各坐标系下的平移变换和转动变换,通过对点在不同坐标系状态下的变换,最终整合到统一坐标系下确定各个点的位置,并做比较的过程。

1)平移坐标系的映射

如图 1-37 所示,用矢量^{B}P 表示,当{A}与{B}的姿态相同时,希望以坐标系{A}来表达这个空间点。在这种情况下,{B}不同于{A}的只是平移,可以用矢量$^{A}P_{BORG}$表示{B}的原点相对于{A}位置。

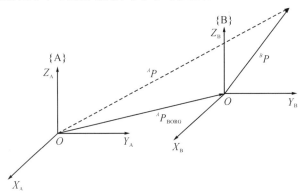

图 1-37　坐标系平移映射

由于两个矢量所在的坐标系具有相同的姿态,这里用矢量相加的方法求点 P 相对{A}的表示 ^AP:

$$^AP = {}^BP + {}^AP_{\text{BORG}} \tag{1-64}$$

不同坐标系中的矢量只有在坐标系的姿态相同时才可以相加。这里,$^AP_{\text{BORG}}$ 定义了这个映射,并包含了所有实现变换所需的信息。同时也引出了映射的概念,即描述一个坐标系到另一个坐标系的变化。

2)旋转坐标系的映射

如果{A}与{B}两个坐标系的原点重合,如图 1-38 所示,在已知矢量相对于某坐标系{B}的定义,现在要求该矢量相对于另外一个坐标系{A}的定义。这个姿态变化可由旋转矩阵 ^A_BR 来描述。

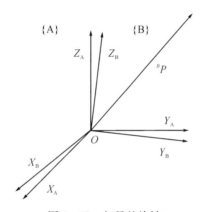

图 1-38　矢量的旋转

简化后的表达式即为:

$$^AP = {}^A_BR{}^BP \tag{1-65}$$

将空间某点对于{B}的描述 ^BP 转换成了该点相对于{A}的描述 ^AP。

3)一般坐标系的映射

如果已知矢量相对于某坐标系{B}的描述,要求出它相对于另一个坐标系{A}的描述,而两个坐标系的原点不重合,存在一个位移矢量。此时,确定{B}原点的矢量用 $^AP_{\text{BORG}}$ 表示,同时{B}相对于{A}的旋转用 ^A_BR 描述。此时,^BP 的求解则需要两步,如图 1-39 所示。

首先,将 ^BP 变换到一个中间坐标系中,该坐标系与{A}的姿态相同,与{B}的原点重合。则有:

$$^AP = {}^A_BR{}^BP + {}^AP_{\text{BORG}} \tag{1-66}$$

在式(1-66)中引入一个新形式:

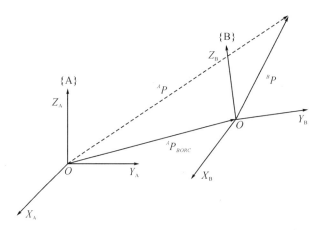

图 1-39 一般情况下的矢量变化

$$^{A}P =\,_{B}^{A}T^{B}P \tag{1-67}$$

为了将式(1-67)写为矩阵算子形式,定义一个 4×4 的位置矢量形式,则式(1-67)变为:

$$\begin{bmatrix} ^{A}P \\ 1 \end{bmatrix} = \begin{bmatrix} _{B}^{A}R & ^{A}P_{\text{BORG}} \\ 000 & 1 \end{bmatrix} \begin{bmatrix} ^{B}P \\ 1 \end{bmatrix} \tag{1-68}$$

式(1-68)还可以写成下面的形式:

$$^{A}P =\,_{B}^{A}R^{B}P +^{A}P_{\text{BORG}} \tag{1-69}$$

$$1 = 1$$

式(1-69)被称为齐次变化矩阵,表示了一般变换的位移和旋转。

4) X-Y-Z 固定角坐标系的映射

将坐标系 $\{B\}$ 和一个已知参考坐标系 $\{A\}$ 重合,将 $\{B\}$ 绕固定参考坐标系 $\{A\}$ 的三个坐标轴旋转,则可以直接推导出等价旋转矩阵 $_{B}^{A}R_{XYZ}(\gamma,\beta,\alpha)$:

$$_{B}^{A}R_{XYZ}(\gamma,\beta,\alpha) = R_{z}(\alpha)R_{Y}(\beta)R_{X}(\gamma)$$

$$= \begin{bmatrix} c\alpha & -s\alpha & 0 \\ s\alpha & c\alpha & 0 \\ 0 & 0 & 1 \end{bmatrix} \begin{bmatrix} c\beta & 0 & s\beta \\ 0 & 1 & 0 \\ -s\beta & 0 & c\beta \end{bmatrix} \begin{bmatrix} 1 & 0 & 0 \\ 0 & c\gamma & -s\gamma \\ 0 & s\gamma & c\gamma \end{bmatrix} \tag{1-70}$$

式中,$c\alpha$ 是 $\cos\alpha$ 的缩写,$s\alpha$ 是 $\sin\alpha$ 的缩写等。

由式(1-70)乘积得:

$$_{B}^{A}R_{XYZ}(\gamma,\beta,\alpha) = \begin{bmatrix} c\alpha c\beta & c\alpha s\beta s\gamma - s\alpha c\gamma & c\alpha s\beta c\gamma + s\alpha s\gamma \\ s\alpha c\beta & s\alpha s\beta s\gamma + c\alpha c\gamma & s\alpha s\beta c\gamma - c\beta s\gamma \\ -s\beta & c\beta s\gamma & c\beta c\gamma \end{bmatrix} \tag{1-71}$$

由于叶片榫头加工过程中,叶片的扭转变形较小,所以 α,β,γ 都为很小的角度,则有:

$$\lim_{\alpha \to 0}\sin\alpha = \alpha$$
$$\lim_{\alpha,\beta \to 0}\sin\alpha\sin\beta = 0$$
$$\lim_{\alpha,\beta,\gamma \to 0}\sin\alpha\sin\beta\sin\gamma = 0 \tag{1-72}$$
$$\lim_{\alpha \to 0}\cos\alpha = 1$$

所以式(1-71)变为:

$$^A_B R_{XYZ}(\gamma,\beta,\alpha) = \begin{bmatrix} 1 & -\alpha & \beta \\ \alpha & 1 & -\gamma \\ -\beta & \gamma & 1 \end{bmatrix} \tag{1-73}$$

则{B}到{A}的坐标变换公式为:

$$^A P = {}^A_B R_{XYZ}(\gamma,\beta,\alpha)^B P + {}^A P_{\text{BORG}} \tag{1-74}$$

将点的坐标代入式(1-69)并展开变换为矩阵

$$^A \boldsymbol{P}_{3\times 1} = \boldsymbol{H}_{3\times 6}\boldsymbol{N}_{6\times 1} + {}^B\boldsymbol{P}_{3\times 1} \tag{1-75}$$

其中,$\boldsymbol{N}^{\text{T}} = (\Delta x, \Delta y, \Delta z, \alpha, \beta, \gamma)^{\text{T}}$ 即为位姿误差;$\boldsymbol{H}$ 为 $\boldsymbol{N}^{\text{T}}$ 的系数矩阵,由计算得来。

则根据式(1-75)依次推得

$$^A\boldsymbol{P} - {}^B\boldsymbol{P} = \boldsymbol{HN}$$

$$\Delta\boldsymbol{P} = \boldsymbol{HZ}$$

$$\boldsymbol{H}^{\text{T}}\Delta\boldsymbol{P} = \boldsymbol{H}^{\text{T}}\boldsymbol{HN}(\boldsymbol{H}^{\text{T}}\boldsymbol{H})^{-1}\boldsymbol{H}^{\text{T}}\Delta\boldsymbol{P} = (\boldsymbol{H}^{\text{T}}\boldsymbol{H})^{-1}(\boldsymbol{H}^{\text{T}}\boldsymbol{H})\boldsymbol{N}$$

$$\boldsymbol{N} = (\boldsymbol{H}^{\text{T}}\boldsymbol{H})^{-1}\boldsymbol{H}^{\text{T}}\Delta\boldsymbol{N} \tag{1-76}$$

这里假设有两个点,{B}坐标系下点 $P_1(x_1,y_1,z_1)$,经平移$(\Delta x,\Delta y,\Delta z)$以及旋转$(\gamma,\beta,\alpha)$后映射到{A}坐标系下为 $p_2(x_2,y_2,z_2)$。根据式(1-76),可得

$$\begin{bmatrix} x_2 \\ y_2 \\ z_2 \end{bmatrix}\begin{bmatrix} 1 & -\alpha & \beta \\ \alpha & 1 & -\gamma \\ -\beta & \gamma & 1 \end{bmatrix}\begin{bmatrix} x_1 \\ y_1 \\ z_1 \end{bmatrix} + \begin{bmatrix} \Delta x \\ \Delta y \\ \Delta z \end{bmatrix} \tag{1-77}$$

$$\begin{cases} x_2 = x_1 - \alpha y_1 + \beta z_1 + \Delta x \\ y_2 = \alpha x_1 + y_1 - \gamma z_1 + \Delta y \\ z_2 = -\beta x_1 + \gamma y_1 + z_1 + \Delta z \end{cases} \tag{1-78}$$

当有 N 个点时,有 $3N$ 个方程,6 个未知数,组成超静定方程组,并对方程组求唯一解,即为这一系列点的位姿误差。

$$\begin{Bmatrix} \Delta x \\ \Delta y \\ \Delta z \\ \alpha \\ \beta \\ \gamma \end{Bmatrix} = \left(\begin{bmatrix} 1 & 0 & 0 & -y_1 & z_1 & 0 \\ 0 & 1 & 0 & x_1 & 0 & -z_1 \\ 0 & 0 & 1 & -x_1 & 0 & y_1 \end{bmatrix}^T \begin{bmatrix} 1 & 0 & 0 & -y_1 & z_1 & 0 \\ 0 & 1 & 0 & x_1 & 0 & -z_1 \\ 0 & 0 & 1 & -x_1 & 0 & y_1 \end{bmatrix} \right)^{-1} \times$$

$$\begin{bmatrix} 1 & 0 & 0 & -y_1 & z_1 & 0 \\ 0 & 1 & 0 & x_1 & 0 & -z_1 \\ 0 & 0 & 1 & -x_1 & 0 & y_1 \end{bmatrix}^T \left(\begin{bmatrix} x_2 \\ y_2 \\ z_2 \end{bmatrix} - \begin{bmatrix} x_1 \\ y_1 \\ z_1 \end{bmatrix} \right) \qquad (1-79)$$

这里如果知道变换前后某点的位姿状态,则可根据公式(1-79)得系数矩阵 H,进而求得误差矩阵 $N = (\Delta x, \Delta y, \Delta z, \alpha, \beta, \gamma)^T$。在求出位姿误差之后,通过数控机床实现误差补偿,以减小加工误差。

叶片发生变形前点的坐标设为 $(x_1, y_1, z_1)^T$,经有限元模拟变形后的坐标设为 $(x_2, y_2, z_2)^T$,经过位姿误差补偿后的坐标设为 $(x'_2, y'_2, z'_2)^T$,则实现误差补偿的过程为:

通过公式(1-80):

$$\begin{bmatrix} x'_2 \\ y'_2 \\ z'_2 \end{bmatrix} \begin{bmatrix} 1 & -\alpha & -\beta \\ \alpha & 1 & -\gamma \\ -\beta & \gamma & 1 \end{bmatrix} \begin{bmatrix} x_1 \\ y_1 \\ z_1 \end{bmatrix} + \begin{bmatrix} \Delta x \\ \Delta y \\ \Delta z \end{bmatrix} \qquad (1-80)$$

求解得到补偿后坐标 $(x'_2, y'_2, z'_2)^T$。

将模拟值与补偿后叶片的各点坐标值做差,有:

$$\begin{bmatrix} \Delta x' \\ \Delta y' \\ \Delta z' \end{bmatrix} = \begin{bmatrix} x_2 \\ y_2 \\ z_2 \end{bmatrix} - \begin{bmatrix} x'_2 \\ y'_2 \\ z'_2 \end{bmatrix} \qquad (1-81)$$

这个结果就是位姿误差补偿后叶片的误差。

2. 位姿误差的计算和误差补偿

位姿误差的计算方法经常用于机器人动作精准度估计上。一般是将机器人手臂的运动规律表示为时间的函数,将机械手臂上每一点在每一时刻的运动坐标值以函数形式表达出来,运用一定的算法,将预期位置与实际位置做对照,从而求得机械手的位姿误差。这里将叶片在加工受力前后叶片上各点的位置坐标测量出来之后,以一定的数学方法,将受力前后各点的位置变化以 6 个参数形式表示出来,作为误差值进行补偿,同时进行误差的估计并提出相应的补偿方法。可以用有限元模型估算工件误差。

采用前文推导出的误差计算方法,模拟测量叶片在受力变形前后的坐标,对叶片在各个状态下的位姿误差进行补偿。这里分两个部分计算,一是夹紧之后叶片的位姿误差补偿,二是在加工力作用下叶片的位姿误差补偿。

1)夹紧力作用下叶片的位姿误差

根据前文夹具布局的有限元模拟,可以从模拟得到的模型中选取叶片模型上点的坐标进行分析计算,模型上点的选取原则是尽量选择能表述叶片形状的点,能代表叶片受力前后的变化状态。

夹紧力位姿误差补偿所用的有限元模型中,叶片夹具系统中材料参数、摩擦系数、接触情况均与前文夹紧顺序优化相同,采用的夹紧顺序是先施加左侧挡块(1500 N),再施加右侧挡块(1500 N),最后施加挡板上的夹紧力(2500 N)。

由于叶片本身节点较多,只选取一些基本上可以代表叶片形状的点,选取的具体点不再一一给出。然后根据位姿补偿原理,将选取的点代入式(1-79)求得夹紧力作用下叶片的位姿误差为:

$$
\begin{bmatrix} \Delta x \\ \Delta y \\ \Delta z \\ \alpha \\ \beta \\ \gamma \end{bmatrix} = \begin{bmatrix} 0.0657 \\ -0.0962 \\ 0.0781 \\ 0.0004 \\ 0 \\ -0.0001 \end{bmatrix}
$$

将位姿误差代入式(1-80)求得各个点位姿补偿后的位置,根据式(1-81)求得位姿补偿后叶片上各个的误差,得到位姿补偿后夹紧力作用下的误差,见表1-4。

将误差数据用图形表述,则如图1-40所示。

从位姿和图形中分析可以看出,夹紧力作用下叶片的变形很小,基本上在 0.1 μm 的数量级,可以看出,位姿在 Y 轴的转动量接近为 0,这里充分体现了夹紧力施加顺序减小误差的优势。

2)加工力作用下叶片的位姿误差

与夹紧力作用下叶片位姿误差的补偿相类似,将加工力作用下叶片各点的坐标代入相应的公式,得到加工力作用下叶片的位姿误差为:

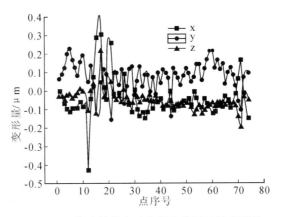

图 1-40　位姿补偿之后夹紧力作用下的变形量

表 1-4　位姿补偿后夹紧力作用下的误差

x	y	z	x	y	z	x	y	z
-3.3210	-2.5043	-2.0817	-0.9927	1.7161	0.2761	2.0607	-1.9189	5.0164
-0.2166	-4.1947	-0.5553	-0.445	1.5415	0.0874	2.2442	-2.1221	1.5294
1.4671	-0.3526	0.1709	0.1408	1.4192	-0.0809	0.5383	-0.6868	1.4009
0.8383	1.2713	0.2648	0.7244	1.5271	-0.0753	-1.4392	2.0045	1.5946
1.139	1.7012	-0.1138	0.2494	0.3255	0.309	0.2606	-1.3697	1.5879
1.3293	1.9912	-0.337	-0.3763	0.6685	0.3417	1.4641	-1.792	0.1273
1.7143	-1.7464	-0.1846	-0.9492	1.003	0.4288	-0.1748	-1.2798	1.7983
-0.5615	-1.8683	-2.4764	-1.832	1.2811	1.1631	-1.0319	1.6126	1.3937
2.3717	-1.6073	-2.9048	-1.2543	0.8953	1.1135	0.42	-1.5963	1.3382
2.4938	-1.4214	-1.3455	-0.6639	0.5046	1.1382	0.9299	-1.8777	-0.1567
1.8547	0.1964	-0.6057	-0.3363	0.3688	1.212	-0.4059	1.275	1.0909
1.2019	1.6927	-0.1754	0.3277	-0.1131	1.1921	0.8286	-2.2276	1.1174
1.8126	-0.8193	-0.635	-0.7816	2.1984	-2.4669	-1.2042	-2.7913	-1.1776
0.6734	1.4977	-0.0834	0.209	0.1348	0.9129	0.1575	-2.7078	-0.3382
1.043	-0.3206	-0.5894	1.249	-1.616	2.2589	1.2888	-1.9968	-0.8511
0.3698	0.089	-0.5909	1.3352	3.2694	-3.6986	2.1493	-1.401	-1.0387
-0.5559	0.7227	-0.5727	0.5101	0.2819	0.7635	0.1137	1.4799	0.1215
-1.522	1.35	0.5865	1.9283	-1.2178	3.4394	0.0972	2.0119	0.1913
-1.8443	1.9025	0.8476	2.0607	-1.9189	5.0164	0.3443	2.6307	-0.9082
-0.063	1.5672	0.6368	-0.0503	1.7216	0.6973	0.1278	1.2734	0.7368

$$
\begin{pmatrix}
\Delta x \\
\Delta y \\
\Delta z \\
\alpha \\
\beta \\
\gamma
\end{pmatrix}
=
\begin{pmatrix}
0.165 \\
-0.1181 \\
0.2201 \\
0.0323 \\
0.0577 \\
0.0106
\end{pmatrix}
$$

将位姿误差通过机床补偿后得到的叶片上选取的各个点的误差如表 1-5 所示。

表 1-5　位姿补偿后加工力作用下的误差

x	y	z	x	y	z	x	y	z
-3.3210	-2.5043	-2.0817	-0.9927	1.7161	0.2761	2.0607	-1.9189	5.0164
-0.2166	-4.1947	-0.5553	-0.445	1.5415	0.0874	2.2442	-2.1221	1.5294
1.4671	-0.3526	0.1709	0.1408	1.4192	-0.0809	0.5383	-0.6868	1.4009
0.8383	1.2713	0.2648	0.7244	1.5271	-0.0753	-1.4392	2.0045	1.5946
1.139	1.7012	-0.1138	0.2494	0.3255	0.309	0.2606	-1.3697	1.5879
1.3293	1.9912	-0.337	-0.3763	0.6685	0.3417	1.4641	-1.792	0.1273
1.7143	-1.7464	-0.1846	-0.9492	1.003	0.4288	-0.1748	-1.2798	1.7983
-0.5615	-1.8683	-2.4764	-1.832	1.2811	1.1631	-1.0319	1.6126	1.3937
2.3717	-1.6073	-2.9048	-1.2543	0.8953	1.1135	0.42	-1.5963	1.3382
2.4938	-1.4214	-1.3455	-0.6639	0.5046	1.1382	0.9299	-1.8777	-0.1567
1.8547	0.1964	-0.6057	-0.3363	0.3688	1.212	-0.4059	1.275	1.0909
1.2019	1.6927	-0.1754	0.3277	-0.1131	1.1921	0.8286	-2.2276	1.1174
1.8126	-0.8193	-0.635	-0.7816	2.1984	-2.4669	-1.2042	-2.7913	-1.1776
0.6734	1.4977	-0.0834	0.209	0.1348	0.9129	0.1575	-2.7078	-0.3382
1.043	-0.3206	-0.5894	1.249	-1.616	2.2589	1.2888	-1.9968	-0.8511
0.3698	0.089	-0.5909	1.3352	3.2694	-3.6986	2.1493	-1.401	-1.0387
-0.5559	0.7227	-0.5727	0.5101	0.2819	0.7635	0.1137	1.4799	0.1215
-1.522	1.35	0.5865	1.9283	-1.2178	3.4394	0.0972	2.0119	0.1913
-1.8443	1.9025	0.8476	2.0607	-1.9189	5.0164	0.3443	2.6307	-0.9082
-0.063	1.5672	0.6368	-0.0503	1.7216	0.6973	0.1278	1.2734	0.7368

将误差描述为图形形式如图 1-41 所示。

叶片的分段用图 1-42 表示。

误差图形可以按叶片上划分的三段来分析,图中的两条直线可以大致区分三个区间:

(1)叶根榫头部位,整体受力变形较大。

(2)叶身过渡段,由于夹具的作用,过渡段变形较小。

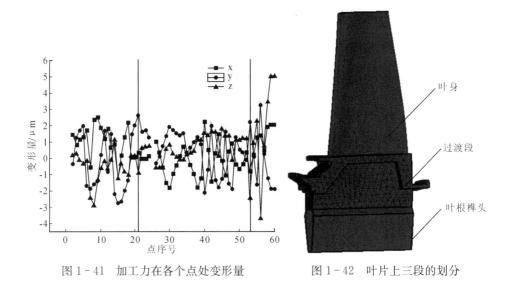

图 1-41   加工力在各个点处变形量   图 1-42   叶片上三段的划分

(3)叶冠部位变形较大,根据悬臂梁原理,远离支点的部位,偏移量较大。

(4)整体而言,叶片在加工力和夹紧力作用下的变形较小。

1.6.3   形位误差分析

在夹具系统优化之后对加工力作用下叶片的形位误差分析,能更直接地了解优化的效果。

位置误差是指实际被测要素相对于理想要素的变动量,位置公差是实际被测要素的位置相对于基准所允许的变动全量,是为了限制位置误差而设的,下面重点分析位置误差。

1. 直线度误差分析

直线度误差是指实际直线对理想直线的变动量,直线度误差分别按其所在空间状态可以分为给定平面内的、给定方向上的以及空间任意方向的直线度误差三种形式。文中叶片的变形属于任意方向上的直线度误差分析。

空间直线的直线度误差区域是一个圆柱面,该圆柱面必须包括所有的测量点,满足所有的测量点必须在这个圆柱面所包容的区域之内。而这个圆柱的直径,则为该直线的直线度误差,如图 1-43 所示。

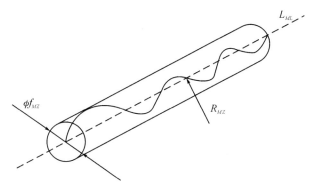

图 1-43　空间直线的直线度误差

1)直线度误差的数学模型

空间直线度误差的评定方法有最小区域法、最小二乘法以及两端点连线法。其中以最小区域法评定出的误差值最小,文中采用最小区域法对误差进行评定。

如图 1-43 所示,直线 $L_{MZ}(L)$ 为评定基准直线,评定直线度的圆柱以直线 L_{MZ} 为轴线,且满足最小条件。

直线度误差为:

$$\phi f_{MZ} = 2R_{MZ} \tag{1-82}$$

其中 R_{MA} 为误差区域圆柱的半径。

设直线 L_{MZ} 的方程为:

$$\frac{x_i - x_0}{m} = \frac{y_i - y_0}{n} = \frac{z_i - z_0}{p} \tag{1-83}$$

直线 L_{MZ} 的确定:

直线 L_{MZ} 的方程为公式(1-83),求 (m, n, p, x_0, y_0, z_0) 使得:

$$F(m, n, p, x_0, y_0, z_0) \min\{d_{MAX}\} \tag{1-84}$$

各测量点到直线 L_{MZ} 的距离为 d_i,最大值为 $d_{MAX} = \max(d_i) = R_{MZ}$。

其中 d_i 可以由空间上点到直线的距离公式求得:

$$d_i = \{[n(z_i - z_0) - p(y_i - y_0)]^2 [p(x_i - x_0) - m(z_i - z_0)]^2 \times$$
$$[m(y_i - y_0) - n(x_i - x_0)]^2\}^{1/2}/(m^2 + n^2 + p^2)^{1/2} \tag{1-85}$$

对公式(1-85)进行优化求解,使其满足最小条件,得到拟合直线 L_{MZ} 的方程,即可得到直线度误差。

2)直线度误差评定结果

在系统坐标系下,在叶片所具有的直线上取三个点 A, B, C 得到直线方程为:

$$\frac{x_i - 78.7217}{2.3565} = \frac{y_i - 29.6786}{-1} = \frac{z_i + 144.008}{0}$$

即：$m=2.3565$，$n=-1$，$p=0$。该直线的法向量设为$\mathbf{s}$：(m,m,p)。

选择直线上的一个点 p_0：$(78.7217,29.6786,-144.008)$则变形后直线上任意点坐标设为：$p_i(x_i,y_i,z_i)$，则有向量$\overrightarrow{p_i p_0}$。

在叶片榫头部位加工之后，由于夹具和切削力的作用，叶片本身发生变形，而叶片在受力前的形状是没有变形前的位姿，所以变形前叶片上的直线可以作为基准直线，变形后该直线上的点作为测量点。这些点到直线的距离，可以确定叶片榫头部位加工前后直线度误差的一个评定估计值。其理论计算基础在前面已经阐述，这里仅介绍大体过程。选取叶片榫头部位的直线如图 1-44 所示。

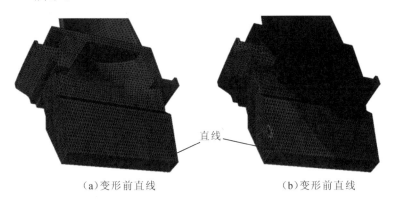

（a）变形前直线 （b）变形前直线

图 1-44 直线在叶片上的位置（变形前后）

则点到直线的距离公式简化为：

$$d_i = \frac{\mid \overrightarrow{p_i p_0} \times \mathbf{s} \mid}{\parallel \overline{s} \parallel}$$

将相关参数带入得：

$$d_i = \frac{\sqrt{[n(z_i - z_0)]^2 + [m(z_i - z_0)]^2 + [n(x_i - x_0) - m(y_i - y_0)]^2}}{\sqrt{m^2 + n^2 + p^2}}$$

$$d_i = ((z_i + 144.008)^2 + [2.3565(z_i + 144.008)]^2 +$$
$$(148.6893 - x_i - 2.3565y_i)^2)^{1/2}/2.5599$$

将变形后测得的各个点的坐标值带入变形公式，进行计算，得到各个点的距离如图 1-45 所示。

从计算结果中可以得出，最大距离为

$$d_{MAX} = 216.4754 \ \mu m$$

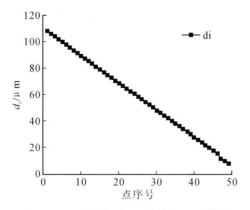

图 1 - 45 测量点到基准直线的误差曲线

又因为

$$R_{\text{MAX}} = d_{\text{MAX}}$$

所以,直线度误差为

$$\phi f_{\text{MZ}} = 2R_{\text{MZ}} = 2d_{\text{MAZ}} = 216.4754 \ \mu m$$

结果分析与变形云图相类似,从这个结果可以看出,左右档块提供的夹紧力足够,而且在切削力作用下,叶根部位直线的误差变形也呈递减趋势。

2. 平面度误差分析

平面度误差是指实际平面对理想平面的变动量,其误差区域是两个平行平面之间的区域。该平面区域必须包容实际平面,满足所有测量点都在这个区域之内,平面度的误差值就是这两个平行平面之间的距离。如图 1 - 46 所示,即 f 为误差值。

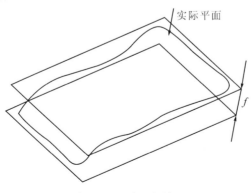

图 1 - 46 平面度误差

1)平面度误差的数学模型

与直线度误差的数学模型相类似,依旧采用最小区域法建立平面度误差的数学模型。

最小区域法是以最小包容区域的包容平面 S_{MZ} 作为评定面,如图 1-47 所示,由两个平行平面包容实际轮廓,实际轮廓与两个平行平面至少应当有点接触,而接触的点应满足三角形准则或者交叉准则。

三角形准则是指一个极低点(极高点)在包容平面上的投影位于三个极高点(极低点)所形成的三角形内(包括三角形的边)。

交叉准则是指两个极高点的连线与两个极低点的连线在包容平面上的投影相交。

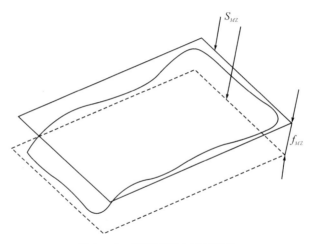

图 1-47　平面度最小区域误差

设 S_{MZ} 的方程为:

$$z = Ax + By + C \tag{1-86}$$

实际测量点到平面 S_{MZ} 的距离为 d_i(点在平面上方时取正值,下方时取负值),d_i 是 A,B,C 的函数,最小区域法平面度误差的评定基面参数须满足下式:

$$F(A,B,C) = \min(d_{MAX} - d_{MIN}) \tag{1-87}$$

其中 d_{MAX},d_{MIN} 为点到评定基准平面距离的最大值和最小值,点到平面的距离公式为:

$$d_i = \frac{z_i - (Ax_i + By_i + C)}{\sqrt{A^2 + B^2 + 1}} \tag{1-88}$$

根据式(1-87)求出满足最小条件的平面方程的参数 A,B,C 即可得到基准评定平面,进而根据式(1-88)求出平面度误差:

$$f = d_{\text{MAX}} - d_{\text{MIN}} \qquad (1-89)$$

2)平面度误差评定结果

结合叶片榫头部位的形状和切削力对榫头平面部位的影响,将平面度误差的分析放在切削力直接作用的榫头平面上。

切削力作用的切削平面位置示意如图1-48所示。

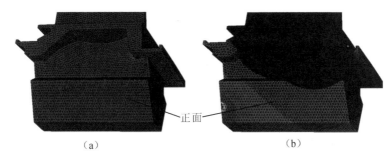

正面

（a）   （b）

图1-48 切削力作用平面位置

(a)变形前正面;(b)变形后正面

变形前的面可以作为 S_{MZ} 平面,根据平面上的测量点可以求得 S_{MZ} 的方程为:

$$A = -1.1330, B = 2.6375, C = -134.9318$$

即:

$$z = -1.1330x + 2.6375y - 134.9318$$

所以,点到平面的距离公式为:

$$d_i = \frac{z_i + 1.1330x_i - 2.6375y_i + 134.9318}{3.0398} \qquad (1-90)$$

将变形后平面上点的测量值代入公式(1-88),计算结果如下。

最大值最小值分别为:

$$d_{\text{MAX}} = 50.1247\ \mu\text{m}$$

$$d_{\text{MIN}} = -3.7481\ \mu\text{m}$$

所以该平面的平面度误差为:

$$f = d_{\text{MAX}} - d_{\text{MIN}} = [50.1247 - (-3.7481)] = 53.8728\ \mu\text{m}$$

可以发现,去除变换较大的三个凸点,平面度误差为:

$$f' = [2.4741 - (-4.1621)] = 6.6362\ \mu\text{m}$$

从图1-49上可以看出,测量点基本在基准平面附近,可以推测出叶片平面中间部位发生了轻微的转动。

在叶片榫头中间部位添加辅助支撑,可以减小最大误差。

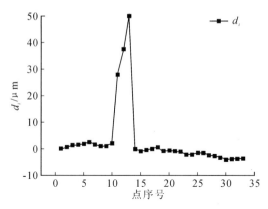

图 1-49   加工侧平面上测量点的误差分布

1.7   小   结

本章针对燃气轮机透平叶片加工中的夹具设计问题,对夹具定位性能和装夹性能的理论与方法进行了介绍,并从布局优化和误差补偿两方面论述了提高夹具工作性能的方法。首先,介绍了基于几何模型的夹具定位误差传递规律,引出了夹具定位精度的评价指标;然后引入了力封闭概念,并讲述了夹具布局稳定性的判定方法;第三介绍了基于应力变形分析的夹紧力优化方法和夹具布局的多目标优化算法,为夹具优化设计提供了方法基础;最后根据夹具-工件系统柔性变形的分析结果,提供了几何误差的分析和补偿方法。总之,本章阐述的内容为改善燃气轮机透平叶片等复杂工件夹具的工作性能提供了理论基础。

参考文献

[1]   Wang M Y and Pelinescu D M. Optimizing fixture layout in a point-set domain [J]. Ieee Transactions on Robotics and Automation,2001,17(3):312-323.

[2]   融亦鸣,张发平,卢继平. 现代计算机辅助夹具设计 [M]. 北京理工大学出版社,2010.

[3]   Wang M Y. An optimum design for 3-D fixture synthesis in a point set domain [J]. IEEE Transactions on Robotics and Automation,

2000，16(6)：839 - 846.

[4]　高惠璇. 应用多元统计分析 [M]. 北京大学出版社，2005.

[5]　Ma J，Wang M Y. Closure Problem and Force Optimization in Fixtures and Robotic Manipulation[C]. 6th IEEE Conference on Automation Science and Engineering. 2010：350 - 355.

[6]　Wang M Y. Tolerance analysis for fixture layout design [J]. Assembly Automation，2002，22(2)：153 - 162.

[7]　王红莲. 燃气轮机叶片夹具系统的性能分析及布局优化 [D]. 西安交通大学硕士论文，2011.

[8]　Liu Z H，Wang M Y，Wang K D，et al. Multi-objective Optimization Design of a Fixture Layout Considering Locator Displacement and Force-Deformation [J]. The International Journal of Advanced Manufacture Technology，2013，67(5)：1267 - 1269.

[9]　Liu Z H，Wang M Y，Wang K D，et al. Fixture Performance Improvement by an Accelerated Integral Method of Fixture Layout and Clamping Force Plan [J]. Proceedings of the Institution of Mechanical Engineers，Part B：Journal of Engineering Manufacture，2013，227(12)：1819 - 1829.

[10]　Liu Z H，Wang M Y，Wang K D，et al. One Fast Fixture Layout and Clamping Force Optimization Method Based on Finite Elment Method. Proceedings of the ASME 2012 International Symposium on Flexible Automation [C]. St. Louis，USA，June 18 - 20，2012.

[11]　王勖成. 有限单元法 [M]. 清华大学出版社，2003.

[12]　玄光男. 遗传算法与工程优化 [M]. 清华大学出版社，2012.

[13]　张文修，梁怡. 遗传算法的数学基础 [M]. 西安交通大学出版社，2003.

[14]　杨帆. 燃气轮机叶片加工定位原理及夹具设计的关键技术研究 [D]. 西安交通大学硕士论文，2010.

[15]　刘玺，方勇纯，张雪波. 基于单应矩阵的位置估计方法及应用 [C]. 第 27 届中国控制会议，2008：410 - 414.

[16]　周船，谈大龙，朱枫. 基于模型的位姿估计中优化方法研究 [J]. 仪器仪表学报，2008，25(4)：122 - 124.

第2章 燃气轮机透平叶片微冷却孔激光加工技术

燃气轮机主要由压气机、燃烧室、透平三大部件组成。透平则由数级透平叶片组成,其中每级透平由几十片叶片组成,而高温段的每个透平叶片上分布有数百个微小孔,用于冷却叶片。微小孔的制造质量直接影响燃机性能,但由于其结构和制造特点,例如孔数众多、角度变化大,常采用等轴晶、定向结晶、单晶等难加工高温镍基金属材料,加工表面质量要求高、不允许重铸层、微裂纹的存在等,因此制造难度很大。现有技术,例如钻削加工、电火花加工、电解加工等存在着加工效率低或无法完成加工等问题,其制造难题已成为限制我国工业发展的瓶颈。目前,国内激光加工微小孔技术的研究也有诸多未解决的问题,其中两个主要的问题就是孔形的精确控制和孔壁重铸层的去除,本章内容将针对这两个问题进行重点阐述。

2.1 微冷却孔激光加工技术及机理

要控制激光加工的结果,首先必须了解激光加工的内在机理。激光是一种高亮度的定向能束,单色性和相干性好,发散角很小,可作为热源使用。激光孔加工技术是以聚焦激光束为热源,采用热去除方法对材料进行的定向分离技术。激光束是在空间和时间上高度集中的光子流束,利用光学透镜聚焦可以把激光束汇聚在微米乃至纳米级的极小面积范围内,获得的功率密度在 $10^5 \sim 10^{15} \ \mathrm{W/cm^2}$,这是其它光源不可比拟的。在如此高的激光功率密度辐射作用下,可使任何受辐射表面材料瞬间熔化或气化,从而实现微小孔或其它形貌的加工。激光加工以其高效率、非接触、易控制、高精度等优势受到工程领域广泛关注。伴随着微型机电系统和精密仪器的发展,对微小孔的加工质量也提出了更高的要求。激光在微细加工方面有着传统切削加工和其它特种加工方法不可比拟的优势,激光孔加工的热影响区小,加工精度较高,并且具有广泛的通用性,因此激光微小孔加工在航空航天、重型燃气轮机中,被广泛用于涡轮叶片、喷嘴等零件的微孔加工,耐高温合金、陶瓷、复合材料等脆硬及难加工材料的切割与打孔是目前重点研究方向之一。

2.1.1 材料对激光的吸收与反射特性

激光束入射到材料表面,会在材料表面产生反射、散射、吸收和透射,被材料吸收部分的能量对激光孔加工有着非常重要的影响。

首先,激光加工过程中遵守能量守恒定律:

$$E_0 = E_{反射} + E_{吸收} + E_{透射} \tag{2-1}$$

式中 E_0——照射到材料表面的激光能量;

$E_{反射}$——被材料表面反射的激光能量;

$E_{吸收}$——被材料表面吸收的激光能量;

$E_{透射}$——透过材料的激光能量。

对于不透明的金属材料来说,金属材料中自由电子的固有频率远远大于辐射作用激光波段频率,所以大部分的能量都被金属表面的自由电子反射或者吸收转化为振动热能,因此透射率极低,并且透射光在表层非常小的范围内即被吸收,吸收长度小于 10 nm,所以 $E_{透射}$ 可以并入 $E_{吸收}$,式(2-1)可以变为:

$$E_0 = E_{反射} + E_{吸收} \tag{2-2}$$

上式可变形为:

$$1 + \frac{E_{反射}}{E_0} + \frac{E_{吸收}}{E_0} = \rho_R + \alpha_A \tag{2-3}$$

式中 ρ_R——反射率;

α_A——吸收率。

材料对激光的吸收率与材料和激光本身的属性有密切关系,影响吸收率的因素主要有:材料的电阻率(ρ)、温度(T)、平均核外电子层数(N)、材料表面粗糙度(R)、激光波长(λ)。在室温下,大多数金属材料对激光的吸收率都很低,一般都在 0.2 以下。随着金属表面温度的升高,材料对激光的吸收率也逐渐升高,特别是当温度超过材料的熔点时,由于激光在液态材料中的穿透能力增强,因而产生了更高吸收率,此时的吸收率可达 0.85。

在固体状态下,材料对激光的吸收率模型可用下式表示:

$$\alpha_A = 0.1457 \sqrt{\frac{\rho}{\lambda}} + 0.09 \times e^{-0.5\sqrt{c\lambda N / \rho}} + \frac{\rho}{N\lambda - 1.0 \times 10^{-6}} \tag{2-4}$$

其中:电阻率 ρ 是与温度有关的参数;c 为常数 2.1×10^{-6};N 为平均电子层数(例如,对于铁,$N=4$;对于 3Cr13 等效电子层数 $N=3.5$)。

2.1.2　激光加工孔的形成过程

激光微小孔加工是激光和物质相互作用的热物理过程,将激光束聚焦后辐照物质,使物质的表面温度升高,被照射物质达到上万摄氏度的高温,使材料瞬时熔化或气化,由于激光脉冲的冲击作用,产生的气化物夹带着熔融物从熔体底部以极大的压力向外喷射,此时伴随有微爆炸和冲击,由于存在有气化物和熔融物的排出,在被加工材料的上部形成孔洞,从而实现激光微小孔加工。对于长脉冲(如连续激光,毫秒激光,纳秒激光)激光而言,激光打孔过程分为以下四个阶段。

1. 材料表面加热

聚焦后的激光束照射到材料表面时,由菲涅尔吸收机制可知,激光能量会在材料表面几纳米的厚度范围内聚集热量。此时,材料吸收激光,并将能量很快地转化为热量。由于作用时间极短,热传导只可能发生在一个很小的表面层。材料的表面加热如图 2-1 所示。

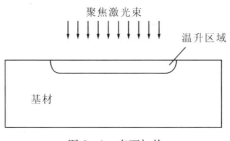

图 2-1　表面加热

2. 材料表面熔化

当激光强度和加热时间达到一定程度时,材料温度持续升高并达到熔点,材料表面开始出现材料熔化现象。材料的表面熔化如图 2-2 所示。

3. 材料的气化

随着激光能量的进一步积累,强度达到足够程度后,熔化的材料表面开始发生气化。材料蒸气在一定程度上增强了对激光的吸收,气化速度变得更快。此时,材料表面产生蒸气泡,蒸气泡破裂后,表面开始变得粗糙。蒸发压

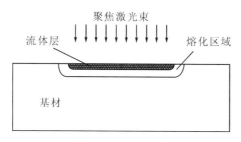

图 2-2　表面熔化

力冲击表面,液体有一部分被喷射出来。另外,液体自身也有可能吸收激光,从而在材料表面生成热源。当激光强度足够高时,蒸气会被加热到一定温度而产生物质的第四种状态——等离子体,通过逆轫致效应吸收激光能量,在材料的气化过程中还存在自由电子与光子的相互碰撞,从而将一部分激光能量转化为电离蒸发所需的热能。材料的表面蒸发如图 2-3 所示。

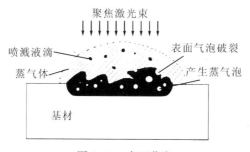

图 2-3　表面蒸发

4. 熔融物喷射

当激光能量累积到更高的程度,熔化材料内部开始产生强烈的气化沸腾。当内部气泡破裂爆炸时,一部分液态材料直接喷出来,另一部分液态材料,由于孔底部气压远远高于外部气压,压力差迫使熔融物沿孔的侧壁喷溅出来,从而产生液态质量迁移,这种迁移有利于材料的去除,而残余的液态材料在孔壁重新凝结形成重铸层。表面喷射如图 2-4 所示。

激光打孔中,材料的明显破坏是从温度达到略低于材料气化温度时开始的。另外,由于热传导存在,一般激光定点加工出来的孔径都会大于光斑直径。随着以上过程的不断进行,微小孔便产生了。将激光脉冲分六个阶段来演示激光打孔的过程,如图 2-5 所示。

将图 2-5 中(a)段作为首段,将(b),(c),(d),(e)段作为孔形成的主要作

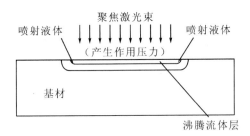

图 2-4　表面喷射

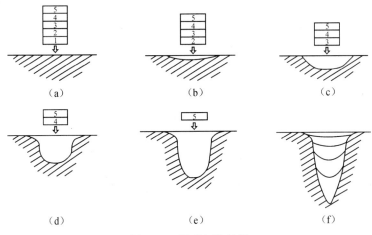

图 2-5　激光打孔过程

用阶段,将(f)段作为末段。当(a)段作用在材料表面时,材料被加热,由于材料对激光的反射率较大,升温过程相对比较缓慢,而且由于材料内部存在有热传导,材料所吸收的热量向内部和光斑四周传导,造成较大面积材料的温度升高;这一阶段,材料的相变主要为熔化,相变区面积虽然大但深度却很浅。当第(b)段作用在材料上,材料开始出现蒸发,加热速度明显提高,材料的熔融区开始缩小,孔的深度增加,孔径有所减小。当(c),(d),(e)段作用在材料上,微小孔的加工进入到比较稳定的阶段。此时,材料的气化明显增大,孔开始显示出圆柱形,这一阶段是微小孔加工的最主要阶段。当第(f)段作用在材料上后,由于材料需加工面距离光束的焦点较远,光束开始发散,作用在材料上的热量减少,因此材料的去除量很小,激光对材料的作用过程已基本完成,气化及熔化基本结束。由于激光能量在横向截面内呈高斯分布,光斑中心的能量密度最高,所以最终形成的孔会出现尖锥形孔底。

　　对于脉冲宽度大于 10 ps 的长脉冲激光,孔加工过程中的材料去除主要是靠液态材料的喷射。而对于超快激光,由于其脉冲作用时间已经小于热扩散的时间阈值,且峰值功率密度非常高(大于 10^9 W/cm²),材料的去除主要靠气化,热影响区非常小,可以忽略,因而加工质量非常好。但一般超快激光器的平均功率都非常低,只适于做浅层的微细加工,对于如燃气轮机透平叶片上的冷却孔(深度可达5 mm以上,直径 0.3~1.5 mm)加工,效率非常低,完成困难。

2.1.3　激光打孔系统简介

燃气轮机透平涡轮叶片气膜冷却孔群激光加工系统主要由两部分组成:激光器和运动控制平台。

用于激光加工的激光器,根据增益介质形式或物态的不同可分为:①固体激光器,通常是掺钕钇铝石榴石激光器(简称 Nd:YAG 激光器)、钕玻璃激光器和红宝石激光器等;②气体激光器,通常是 CO_2 激光器、准分子激光器等;③光纤激光器;④半导体激光器。按脉冲宽度的不同又可分为:连续激光(CW)、毫秒脉冲激光器(10^{-3} s)、纳秒脉冲激光器(10^{-9} s)、皮秒脉冲激光器(10^{-12} s)、飞秒脉冲激光器(10^{-15} s)。由于所加工的涡轮叶片厚度大且具有复杂的曲面造型,所选用的激光器一般为适合工业生产的大功率毫秒脉冲Nd:YAG 激光器,其特点有:平均功率高,可实现大深度微小孔的高效加工;激光参数的可调范围较大,有益于孔加工质量的优化;毫秒激光可采用光纤传输,易实现激光与运动工作台的柔性接合。

而运动控制平台至少应该具有五个自由度,才可以完成叶片表面不同倾斜角度的微孔加工。运动控制系统的主要作用是控制加工样品与激光束的相对运动,使激光在样品上实现不同速度和不同路径的加工。

图 2-6 所示为 Nd:YAG 毫秒激光加工系统结构示意图。激光器产生脉冲激光光束,经过光纤传送,再经由准直系统进行准直,最后通过透镜聚焦在样品表面进行加工。加工样品被固定在五轴运动工作台上,通过高精度的五轴运动控制,在被加工材料上实现不同形状和位置的微小孔加工。图中计算机 2(PC2)控制激光器,进行参数调整,计算机 1(PC1)控制五轴运动工作台。图 2-7 是一种毫秒激光与五轴运动控制平台集成的涡轮叶片表面微群孔加工系统实物图。

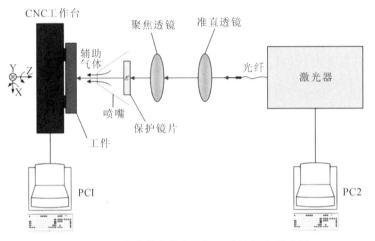

图 2-6　毫秒激光微小孔加工系统结构示意图

图 2-7　涡轮叶片微小群孔激光加工系统实物图

2.1.4　精度控制技术

微小孔的精度包括尺寸精度和形状精度,前者指孔的出入口直径和孔深精度,后者主要指孔径的圆度和孔壁的锥度精度,这些精度受到多种因素的影响。

1. 激光加工方法对小孔的精度影响

按照脉冲数和光束路径可将激光打孔方法分为四种：单脉冲定点法，多脉冲定点法(冲击法)，旋切法，螺旋法，如图 2-8 所示。单脉冲加工的特点是加工效率高，但由于热量大量连续累积，会导致孔形畸变、热影响区扩大、表面开裂及其它缺陷。相比之下，多脉冲加工是由单个脉冲使材料分层气化的结果，孔的深度逐渐增加，热扩散距离较小，热影响区域的特征尺寸由单个脉冲的脉宽决定；与每个脉冲容易达到的高能量密度相配合，可以使加工中产生的熔化物减少，加工的尺寸精度也会有所提高。旋切法加工是聚焦光束按一定的半径做圆周运动，得到不同孔径的小孔；由于加工中光束是运动的，所以热影响区范围会更小，可加工的孔径范围也不再受光斑尺寸限制。螺旋加工法是在旋切加工法的基础上加入了光束的轴向运动，可以消除光束离散对孔壁形貌带来的影响，使小孔加工精度进一步提高，因此多脉冲法比单脉冲法的加工质量要高，光束运动加工要比定点加工质量高。目前，冲击法和旋切法的应用最为普遍。

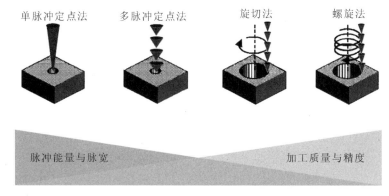

图 2-8　微小孔的激光加工方法

2. 激光参数对孔形貌的影响

在激光加工微小孔中，激光脉冲能量、脉冲宽度、重复频率、脉冲数量、焦点位置等参数都会对微小孔几何形貌产生影响。

1)激光对孔形影响的实验研究

(1)激光脉冲能量对孔径以及孔深的影响。孔径与孔深均随着脉冲能量的增大而增大,如图2-9所示,并且孔径随能量的增大速度比孔深随能量的增大速度缓慢。

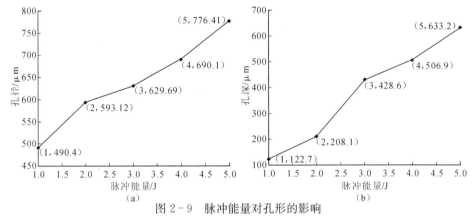

图2-9　脉冲能量对孔形的影响

(a)孔径与脉冲能量的关系;(b)孔深与脉冲能量的关系

　　(2)激光脉冲宽度对孔径以及孔深的影响。当激光束的其它输出参数不变而只改变脉冲宽度时,脉冲宽度越窄,则时间能量密度越大;打孔中产生的气相物质比例越大,金属蒸气压力也越大。孔深对脉冲宽度更敏感。可以看到,孔径随脉宽的增大而增大,孔深随脉宽增大而减小,如图2-10所示。这是因为脉宽能量不变,脉宽增大时峰值功率就会降低,从而降低了辐射下材料的温度梯度,扩大了热传导的范围,产生了更大的孔径与更浅的孔深。

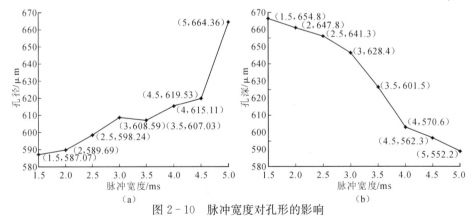

图2-10　脉冲宽度对孔形的影响

(a)孔径与脉冲宽度的关系;(b)孔深与脉冲宽度的关系

　　(3)激光重复频率对孔径以及孔深的影响。随着重复频率的增加,孔径增大,孔深减小,如图2-11所示。这是由于在同一个平均功率状态下,重复频率越高,脉冲峰值功率越小,因而导致孔的深度值减小。

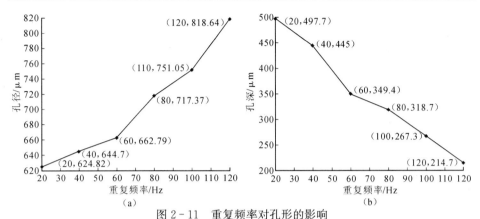

图 2-11　重复频率对孔形的影响

(a)孔径与重复频率的关系；(b)孔深与重复频率的关系

(4)激光脉冲数对孔径以及孔深的影响。孔径与孔深都随脉冲数的增加而增大,这主要是因为脉冲在同一点的叠加作用,如图 2-12 所示。当孔深达到一定程度时,增速会变慢,这主要是因为这时光斑能量密度降低、等离子体屏蔽现象加重造成的。

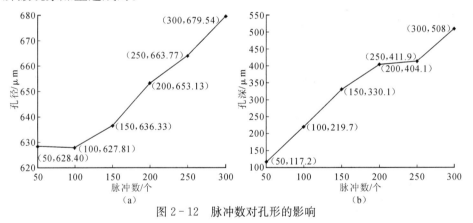

图 2-12　脉冲数对孔形的影响

(a)孔径与脉冲数的关系；(b)孔深与脉冲数的关系

(5)焦点位置对孔径以及孔深的影响。离焦量的变化对孔的直径和孔的形状影响很大,孔深对焦点位置更敏感,如图 2-13 所示。当聚焦透镜焦点处在材料上表面时(正离焦量),孔壁吸收光能较少,一般只因热传导产生轻微的熔化;其破坏机理主要是材料的蒸发,此时打出的孔比较深,而孔的入口处直径较小,孔的锥度较小。

2)激光对孔形影响的温度场数值仿真研究

利用有限元法分析软件 ANSYS 可对激光微小孔加工过程进行温度场的

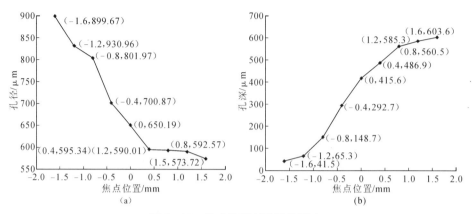

图 2-13　焦点位置对孔形的影响

(a)孔径与焦点位置的关系；(b)孔深与焦点位置的关系

数值模拟，以得到激光参数对孔深和孔径的影响规律。激光加工微小孔过程是一个非线性瞬态的问题，采用有限元方法可以很好地解决各种复杂边界、复杂形状的问题。实验建立了激光打孔的温度场数学模型和二维热平衡方程，在 ANSYS 中建立有限元模型，划分网格，按照实际加工加入边界条件和高斯热源，设置激光参数进行了打孔的仿真加工。

图 2-14 仿真了激光峰值功率为 8 kW，脉宽分别为 2 ms，1.5 ms，1 ms，0.6 ms，0.2 ms 时，在钛合金 Ti-6Al-4V 材料上加工微小孔的仿真结果形貌图，这种材料的密度为 4.51 g/cm³，熔化温度约为 1668 ℃，气化温度是 3535 ℃。可以看到，随着脉冲宽度的减小，小孔深度和孔径尺寸都在减小，与实验加工

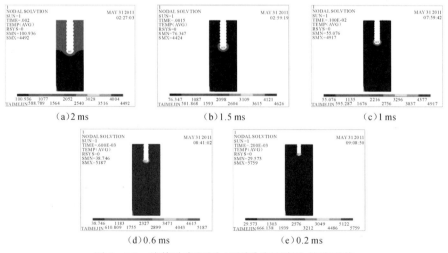

图 2-14　峰值功率相同，不同脉宽下产生的孔形貌

的结果一致。

2. 旋切路径对小孔圆度的影响

在旋切法加工中，当采用一般的从孔边缘开始的旋切路径进行旋切加工微小孔时，孔边沿经常会出现一个小的缺口，而且这些缺口位置是随机分布的，如图2-15所示，这对小孔质量带来不利影响。

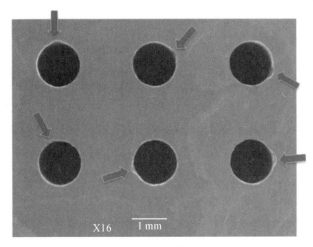

图2-15　孔缘缺口

通过研究发现，在加工过程中工作台先旋转，再打开激光进行加工，这与缺口随机分布的特点相吻合，所以缺口是由加工刚开始的几个脉冲形成的。刚开始加工时，材料表面的反射率较高，降低了光斑热源的温度梯度，形成了较大的熔池，进而产生孔边缘的缺口。为了去除孔缘缺口，有如下对比实验结果。

实验分成两组，A组采用一般的圆边缘起点旋切法加工，B组采用圆心起点旋切法加工，路径如图2-16所示。两组所用激光参数和和旋切速度都

A组　　　　　　　　B组

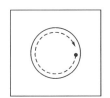

图2-16　旋切路径对比实验路径示意图

相同,实验结果如图 2-17 所示,可以看到 A 组孔边缘有缺口出现,而 B 组孔边缘没有缺口出现,所以在使用旋切法加工微小孔时最好采用圆心起点旋切法。

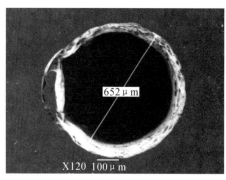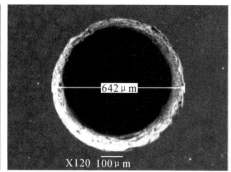

图 2-17　采用不同旋切路径得到的小孔形貌

3. 旋切直径对孔径尺寸的影响

孔径的尺寸精度是衡量激光微小孔加工质量的一个重要方面,它受到几个因素的影响,包括光斑大小、光束旋切直径、脉冲能量、聚集条件、旋切速度、材料物理属性等。激光打孔是一个复杂的光热转换过程,材料的物理性质不同(如对光的吸收和透射性质、导热性质、熔点、沸点、比热容等),对打孔热物理作用的敏感程度不同,去除材料的多少及重铸层的分布就不同,有时物质的化学性质也影响到激光打孔过程,所以不同材料的激光打孔精度和重复性也不一样。

要从理论上精确控制孔径尺寸的确是比较难的,但是可以通过大量实验数据总结出针对某种材料的孔径控制经验方程,使各激光参数均取最优值,然后只考虑光束旋切直径和所形成孔径的对应关系。下面以一种不锈钢材料和实际叶片的定向结晶镍基高温合金材料为例做以说明。

根据优化实验研究结果,将激光等参数设定为:脉冲宽度 $W=0.2$ ms,峰值功率 $P_H=16$ kW,离焦量 $S=-0.2$ mm,旋切速度 $V=0.2$ mm/s,0.4 MPa气压辅助空气吹气。

此时,在 1Cr13 不锈钢材料上进行的不同旋切直径(x)加工出孔径(D)不同的小孔,如图 2-18 所示。通过大量的重复实验,对实验数据整理后可以得到两者之间的经验关系方程(2-5)。

光束旋切直径与加工出的孔径关系方程:

$$D_{1Cr13} = 0.0016x^2 + 0.0714x + 455 \tag{2-5}$$

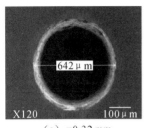 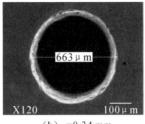 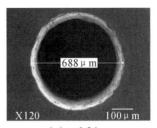

　　（a）x=0.32 mm　　　　　　（b）x=0.34 mm　　　　　　（c）x=0.36 mm

图 2-18　不同旋切直径对应不同的孔径

式中　D_{1Cr13}——不锈钢材料实际孔径，μm；

　　　　x——光束旋切直径，μm，$0 \leqslant x < 1000$。

　　对于定向结晶镍基合金材料，光束旋切直径与加工出的孔径关系方程为：

$$D_{镍基合金} = 81x^2 + 856.4x + 432.7 \tag{2-6}$$

式中　$D_{镍基合金}$——镍基合金材料实际孔径，μm；

　　　　x——光束旋切直径，mm，$0 \leqslant x < 2$。

4. 离焦量对孔锥度的影响

　　气膜孔的孔壁锥度和出口孔型会直接影响透平叶片在服役过程中冷却气膜质量，为了保证良好的冷却效果，气膜孔的锥度控制研究也十分必要。微冷却孔的锥度对于气膜的形成质量有非常密切的关系，直接影响到燃气轮机的冷却效率。根据流体动力学的知识，一般情况下，具有一定锥度孔的冷却效果要比圆柱直孔好，所以研究激光参数与微小孔锥度的影响规律是十分必要的。

　　采取正交实验法，以孔锥度为衡量标准进行实验，研究了激光各参数对微小孔锥度的影响规律，并得出结论：离焦量对孔锥度有很大影响，而其它参数影响力则相对微弱。离焦量是指聚焦透镜的焦平面与被加工零件表面的相对距离，正值表示焦点在材料表面上方，零表示焦点在材料表面上，负值表示焦点在材料表面以下。通过对离焦量的控制，可以实现圆柱孔及一定范围内任意锥度微小孔的加工。图 2-19 是不同离焦量产生的不同锥度孔的光学显微镜图片。图 2-20 是离焦量对锥度的影响关系图。

　　另外，通过对离焦量的控制，还可以得到一种入口处呈现喇叭状的小孔，而在燃气轮机叶片中的微小孔一般都要求加工出这样的"喇叭口"，以便在叶片表面形成更均匀的冷却气膜。图 2-21 是不同离焦下加工出的直孔和带"喇叭口"的孔。

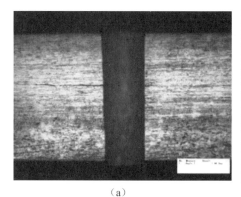

（a）　　　　　　　　　　　　　（b）

图 2 - 19　不同离焦量产生的不同锥度孔

（a）离焦量＋0.2 mm，锥度 1.96°；（b）离焦量－0.3 mm，锥度 6.89°

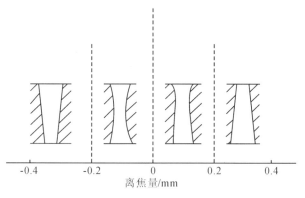

图 2 - 20　离焦量对锥度的影响

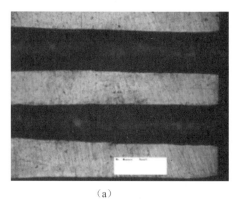

（a）　　　　　　　　　　　　　（b）

图 2 - 21　不同离焦量加工出的直孔和喇叭孔

（a）离焦量 0 时直孔；（b）离焦量－0.8mm 时喇叭孔

2.1.5　孔群加工技术

1. 孔群路径优化

一个燃机透平叶片上分布有数百个微小孔,在激光自动化加工过程中必然涉及孔群加工时的路径优化问题。孔群是在二维或三维空间成一定排布的孔的集合。孔群加工的典型应用有燃气轮机叶片冷却气膜群孔等多孔类机械零件的加工,涉及到的主要问题就是不同的孔间走刀路径会对孔群加工效率和孔加工质量产生影响,并且这种影响会随着孔数量的增长而增大。这类问题在本质上属于离散优化问题,传统的数学规划方法难以求解,而遗传算法和蚁群算法等现代人工智能方法在孔群路径优化上有良好的应用效果。下面给出遗传算法在二维孔群路径优化中的应用:

利用 CAD 软件绘制的点阵中共有 9 个点,坐标分别为(253,429),(274,53),(378,291),(427,178),(445,575),(505,150),(571,535),(618,251),(633,715)。分布状况如图 2-2(a)所示。

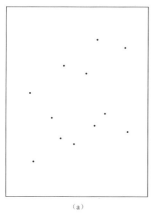
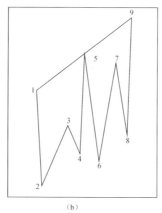
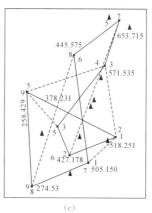

(a)　　　　　　　　　　　(b)　　　　　　　　　　　(c)

图 2-22　点阵分布与路径规划

(a)点阵分布;(b)X 坐标排序路径法;(c)遗传算法路径

图 2-22(b)为按照 X 坐标排序路径规划方法,得到的轨迹一般不是最优路径。图 2-22(c)为采用遗传算法得到的优化结果,其中实线条与虚线条分别代表两种不同的优化方案;带▲标记 1~9 与 1~9 分别代表两种优化方案中的点序。其中遗传算子参数如下:随机种子数 0.4,种群大小 100,最大世代数 150,变异率 0.01,交叉率 0.25。经过实际计算,选取了两种方案中的无三角标记路线方案,走刀路径如图 2-23(a)所示,图 2-23(b)为实际加工试样。

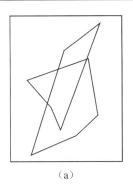 

（a）　　　　　　　　　　　（b）

图 2 - 23　遗传算法优化路径

（a）优化路径；（b）优化路径实际加工效果

经过计算，采用未经优化的 X 方向排序方法，孔群快速走刀路径总长为 3195.4 mm。采取优化路径方案后，总长为 2693.5 mm，减少了 501.9 mm，是未优化时长度的 84.3%。在此次加工过程中，基于遗传算法的路径优化方法的运用使加工过程中刀具空行程减少了近 15%。因此，路径规划方法当应用于大量孔群的加工时，加工效率会明显提高。

2. 软件系统开发及加工应用

结合路径优化方法在孔群路径优化中的应用，开发出能够完成空间孔群的加工路径生成和规划的软件系统。系统处理对象为基于 CAD/CAM 系统的中间数据格式 IGES 文件的圆孔孔群，处理结果是自动生成圆孔孔群的基于 PMAC 运动控制卡的数控程序。图 2 - 24 是工作流程。

系统主要由以下几个工作模块构成：IGES 文件的预处理模块，圆孔回转轴的自动提取模块，孔间走刀路径的生成模块，各孔走刀路径的生成模块和刀位的后置处理程序模块。系统的工作流程就是通过上述的各个功能模块的逐级处理来实现的，在各个模块之间提供有数据接口，因此程序具有良好的可读性和易扩展性。

按以上分析，开发出的软件系统主界面如图 2 - 25 所示，左侧编辑框区域为当前 IGES 文件和后处理文件显示区，右侧为激光工艺参数设置和五轴激光加工工作台的工作台参数设置区，其中工作台参数是用于该工作台的后置处理模块的参数设定。另外，主界面上还提供有菜单栏项包含有文件、配置和帮助菜单。

文件菜单提供了如下 4 个菜单选项：IGES 文件打开，后处理文件另存为，PMAC 程序另存为和 Matlab 用 m 文件另存为。其中的 PMAC 程序是直

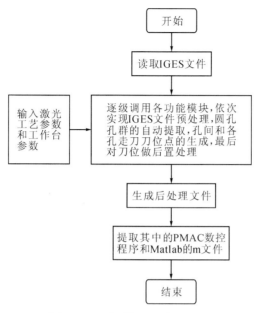

图 2-24　孔群加工程序流程图

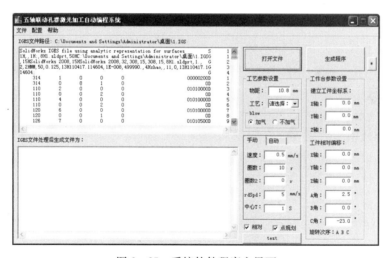

图 2-25　系统软件程序主界面

接在五轴激光工作台上运行的数控程序,而 Matlab 的 m 文件可用于在 Matlab 中显示微孔群的走刀刀位。

配置菜单提供了如下 2 个菜单项:保存配置和编辑配置。配置指包含有主界面上的激光工艺参数和工作台参数在内的所有参数配置情况。

利用这个系统,进行了燃气轮机真实叶片微冷却孔群的加工。图 2-26

是叶片的三维模型,其上有孔群的位置与尺寸信息,生成数控加工程序后,对叶片进行孔群激光加工,加工结果如图 2 - 27 所示。期间共进行了 5 排 146 个孔的加工,其中一排孔径为 1.5 mm,其它四排孔径为 1 mm,耗时约 30 分钟。

图 2 - 26　叶片三维模型

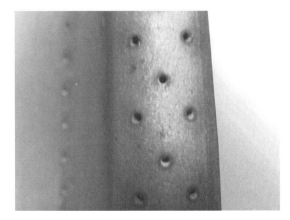

图 2 - 27　叶片上的孔群加工

2.2　激光微冷却孔加工的重铸层处理

孔壁重铸层是激光加工微小孔时存在的主要问题,为了保障叶片工作的可靠性和使用寿命,重铸层必须被去除掉。长脉冲激光具有很高的加工效率,但其过程仍属于热去除法,在加工过程中,不可避免会出现残余熔融物在孔壁重新凝固结晶,形成重铸层,这不仅使材料冶金状态发生改变,而且还会产生微裂纹,如图 2 - 28 所示。

图 2 - 28　微裂纹和重铸层

　　重铸层及微裂纹对微小孔质量有很大的影响,特别是燃气轮机叶片等使用环境恶劣的零件,微裂纹会在零件使用过程中,向材料基体蔓延,降低了零件的疲劳寿命,更严重的情况下会导致叶片在工作中疲劳断裂,造成非常严重的后果。因此,必须想办法改善孔壁形貌,去除重铸层及其中的微裂纹。可采用以下两种途径来减小或去除重铸层:一是对激光参数和辅助加工条件进行优化,将重铸层厚度降到最小;二是利用适当的后处理方法对残余重铸层进行去除。

2.2.1　优化激光参数降低重铸层厚度

1. 激光参数正交优化

　　激光打孔中影响重铸层厚度的因素包括:脉冲宽度(W),峰值功率(P_H),重复频率(F),离焦量(S),辅助气压(P_g),光斑能量分布等。另外,对于不同的材料,重铸层厚度也有所不同。这里针对同一种材料(不锈钢 1Cr13),对几个主要激光参数进行了正交优化,到得了一个定性的规律。

　　正交实验法不同于一般实验中只考虑单一参数变化对孔加工质量的影响规律,而是根据正交性和经验,有所偏向地在某一区域内选取有代表性的参数组合,使用合理的水平互相匹配进行实验,可以减少实验次数,同时考察多个参数,获得各参数的综合影响规律。

　　第一次实验在较广范围内选取了脉宽 W、离焦量 S、峰值功率 P_H 和重复频率 F 作为正交实验的实验参数,如表 2-1 所示,以四因素三水平正交表 $L_9(3^4)$ 来完成实验。

表 2-1　激光正交参数选取

序号	离焦量 S/mm	频率 F/Hz	脉宽 W/ms	峰值功率 P_H/kW
1	-0.3	20	0.2	8
2	+0.2	35	0.3	10
3	+0.7	50	0.5	12
极差 R	8.33	5.48	14.71	7.25

　　实验结果数据表明,当离焦量以 0.5 mm 变化时,可得到各参数对于重铸层厚度影响力大小的规律为:脉宽>离焦量>峰值功率>频率,一个定性的规律是脉宽越短越好,峰值功率越高越好。频率对加工效率有较大的影响,

所以可以在不超过激光器最大平均功率的条件下选择最大频率，以提高打孔效率。

$$F_{max} = \frac{P_{max}}{P_H \cdot W} \qquad (2-7)$$

式中　F_{max}——可用的最大频率；

　　　P_{max}——激光器最大平均功率；

　　　P_H——峰值功率；

　　　W——脉宽。

以上述结果为依据，有所偏向地进行了激光参数的细微优化，如表 2-2 所示，再次进行正交实验。脉宽设定在 0.2 ms，为所使用毫秒激光器的最小值。

表 2-2　激光参数细化选取

序号	离焦量 S/mm	频率 F/Hz	脉宽 W/ms	峰值功率 H/kW
1	−0.8	50	0.2	14.4
2	−0.3	60	0.2	15.2
3	+0.2	70	0.2	16

实验结果中的最优结果如图 2-29(a)所示。与未优化的孔对比可以看出，重铸层的厚度已经大大减小，从 73 μm 降到 10 μm。此外，孔壁上出现薄皮层，呈现出欲脱落的状态，厚度约在 1 μm。这是由于脉宽为所用激光器的最小脉宽 0.2 ms，峰值功率为最大值 16 kW，在激光辐射作用中，相对于脉宽较长、峰值较低的情况，材料气化量会更大一些，孔底部熔池气化的部分材料会在已经形成并冷却的孔壁上液化并再凝固。由于这一特殊的重铸层很薄，并在凝固过程中存在热应力，所以呈现出破裂欲脱落状为薄皮层。在薄皮层后是常见的固-液-固重铸层，重铸层厚度基本在 10 μm。加工此孔的激光离焦量为 +0.2 mm。

在激光参数优化的基础上，对加工的辅助条件做了改进，加入了 0.4 MPa 的辅助压缩空气，气流方向与激光束同轴。为了消除氧化，也可以吹入氮气或惰性气体。采用了优化的旋切路径和旋切速度（线速度 0.2 mm/s），加工的微小孔形貌如图 2-30 所示，小孔的形貌已经在参数上达到了毫秒激光加工的最佳效果。为了确定该组小孔是否有重铸层，对样品进行了金相腐蚀处理，结果显示孔壁上有约 6 μm 厚的重铸层，如图 2-31 所示。

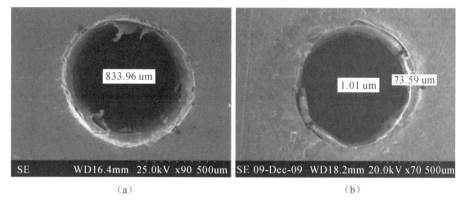

图 2 - 29 按优化参数加工的孔与未经参数优化的孔比较 SEM 图

(a)优化孔,重铸层厚度约 10 μm;(b)未经优化的孔,重铸层厚度约 73 μm

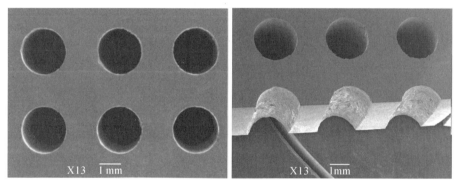

图 2 - 30 优化激光参数与优化辅助条件结合加工的孔群

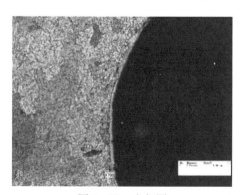

图 2 - 31 金相图

2. 运动控制参数优化

在采用旋切方式加工微小孔时,激光束的运动工艺参数对重铸层也有非常大的影响。激光束运动参数包括光束旋切速度和旋切次数。

　　如图 2 - 32、图 2 - 33 所示,其分别是以 0.1 mm/s 和 0.3 mm/s 的旋切速度加工出的孔的入口形貌。很明显,旋速 0.1 mm/s 加工出的孔的重铸层要比旋速 0.3 mm/s 加工出的孔的重铸层小很多,0.1 mm/s 时为 2.3 μm,0.3 mm/s 时为 17.2 μm。为了得到一个直观的变化趋势,图 2 - 34 绘出了重铸层厚度随光束旋切速度的变化趋势。可以看到,当旋速从 0.1 mm/s 增加到 0.5 mm/s 时,重铸层厚度显著变大,而 0.5 mm/s 以后趋向平缓。图中的两条曲线很好的吻合,说明旋切直径的变化对重铸层的厚度没有明显影响(注:光束旋切直径并非加工出的孔的直径,例如图 2 - 32(a)中孔的光束旋切直径为 0.3 mm,而实际孔径为 0.67 mm)。此外,在旋速 0.1 mm/s 加工出的孔边缘上出现了若干细小的裂纹,从图 2 - 33(b)中可以看到,而其它旋速下没有出现。

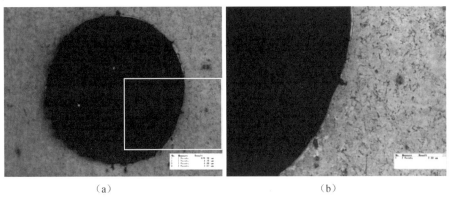

(a)　　　　　　　　　　　　　　　(b)

图 2 - 32　光束旋切直径 0.3 mm、旋速 0.1 mm/s 加工的孔入口形貌

(a)整体(×200);(b)局部放大 (×500)

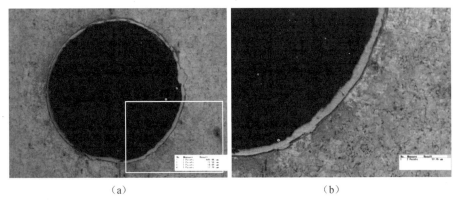

(a)　　　　　　　　　　　　　　　(b)

图 2 - 33　光束旋切直径 0.3 mm、旋速 0.3 mm/s 加工的孔入口形貌

(a)整体(×200);(b)局部放大 (×500)

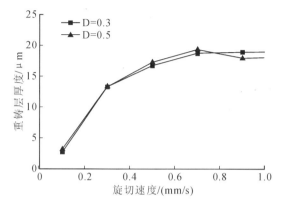

图 2-34　重铸层厚度随旋切速度的变化趋势

（■线条旋切直径为 0.3 mm，▲线条旋切直径为 0.5 mm）

2.2.2　实验结果及分析

图 2-35 所示分别为光束旋切 2 次和 8 次加工的孔的入口局部形貌，可以看到，8 次旋切的孔重铸层相对 2 次旋切孔有明显减小，8 次旋切时厚度约为 4 μm，2 次旋切时厚度约为 20 μm。重铸层的厚度随旋切次数的变化趋势如图 2-36 所示，整体上重铸层厚度随着旋切次数的增加而减小，当旋切次数从 1 增加到 6 时，重铸层厚度有明显的下降，旋切 6 次以后趋于平缓。

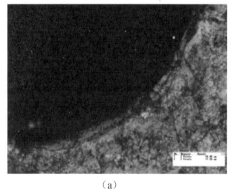

（a）　　　　　　　　　　　　　　（b）

图 2-35　不同旋切次数的重铸层厚度

（a）两次旋切孔口局部形貌（×500）；（b）八次旋切孔口局部形貌（×500）

另外，实验中还观察到，当旋切次数过大或旋切速度过低时，孔边缘会逐渐出现裂纹，如图 2-37 所示，裂纹会穿透重铸层延伸到基体内部，并且随着旋切次数的增加变得更加严重，甚至会出现裂纹接合引起孔边缘局部塌陷。

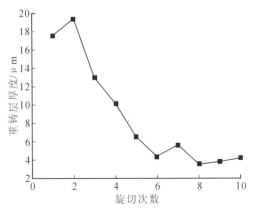

图 2-36　重铸层厚度随激光旋切次数的变化趋势

但对于不同的材料出现边缘裂纹的情况会不一样,如在 304 不锈钢上超过 4 次旋切时就开始出现裂纹,而在定向结晶的镍基合金上,在 16 圈才开始出现。

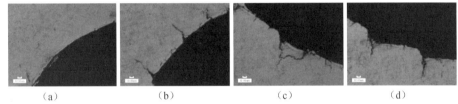

图 2-37　孔边缘裂纹随旋切次数增多的演变

(a)切 2 次;(b)旋切 5 次;(c)旋切 7 次;(d)旋切 9 次

2.2.3　磨粒流去除技术

　　磨粒流加工技术,又称为磨料流加工技术,是由美国在 20 世纪 60 年代发展起来的一项光整加工新工艺,图 2-38 是磨粒流处理的示意图。通过软性磨粒流介质——一种载有磨粒的粘弹体(如图 2-39 所示),在压力作用下往复流过零件被加工面、边缘或孔道,以达到去毛刺和抛光目的的加工方法。利用磨粒流对孔壁的冲刷效果,可以去除激光加工的小孔孔壁上的重铸层。这项技术具有以下一些特点。

　　(1)磨粒流介质的柔软性和流动性,使其易与任何形状的加工表面吻合,特别适合于内部的、手工难于触及的深孔和复杂型面的表面光整加工;

　　(2)适用于通常比较难加工的零件内腔,能运用“挤压块”的流变特性对金属材料进行切除;

（3）磨粒流机床可以对挤压力、磨料流量进行控制，以达到最佳的加工效果；

（4）合理的磨料介质流道限制器可以引导磨料通达各被加工的部位，而对零件其它部位则没有任何影响；

（5）通过选择不同种类的磨砂、粒度、密度以及载体的粘度，可以产生不同的研磨效果；

（6）磨粒流加工可以同时加工一个零件上的多个部位，也可以同时加工多个零件，高效而经济。

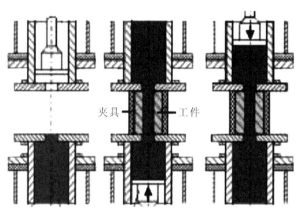

图 2-38　磨粒流后处理示意图

图 2-39　柔性磨料

图 2-40 是磨粒流后处理的微孔效果图，可以看到处理后的孔壁明显变得光滑，重铸层已经被完会去除。

磨粒流去除重铸层时应该注意：

（1）所选用的磨粒硬度要大于样品材料；

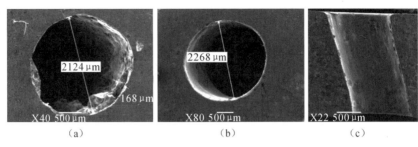

图 2 - 40　磨粒流处理效果
(a)处理前;(b)处理后;(c)处理后的剖面图

(2)要掌握磨粒流压力、孔径尺寸、重铸层厚度、处理时间之间的关系,精确控制磨粒流处理的小孔尺寸精度;

(3)磨粒流可以很容易地处理平面样品小孔,而对于真实的燃气轮机叶片,需要设计专用的适应曲面变化的夹具。

磨粒流去除重铸层时存在的问题:

(1)当孔径过小时,处理效果不佳;

(2)当样品为薄壁件时,磨粒压力会使样品变形。

2.2.4　化学溶液去除技术

虽然利用激光参数优化已经得到了较好的结果,但采用毫秒激光加工的小孔依然存在重铸层,无法直接得到无重铸层的微小孔,所以这里又研究了化学酸洗法进行重铸层后处理去除方法,这样既可保留毫秒激光高效率的优点,又可以得到满足要求的高质量微孔。化学酸洗是一种成本低、效率高、操作简单的方法。

1. 针对 1 Cr13 不锈钢材料小孔的化学腐蚀后处理

根据材料特性,配置相应的腐蚀溶液。体积比如下:

$$HNO_3:HCl:H_2O=25:50:25$$

将优化激光参数加工的孔样品浸入溶液中,经过不同时间的侵蚀观察孔形貌的变化情况。图 2 - 41(a)是腐蚀前的孔形貌,图 2 - 41(b)是经过 520 s 腐蚀后的孔形,孔壁上的重铸层已经被完全去除。图 2 - 41(c)为图 2 - 41(b)孔的侧壁剖面形貌,图 2 - 42 是腐蚀处理后孔的金相图。

可以看到这个方法对于重铸层的去除是十分有效的,孔内壁形貌得到改善。但是,由于酸洗是将整个样品浸入溶液,对孔壁外的表面也产生腐蚀作用,可以考虑先在试件表面涂一层抗化学腐蚀的保护膜,如陶瓷涂层,然后再打孔腐蚀。

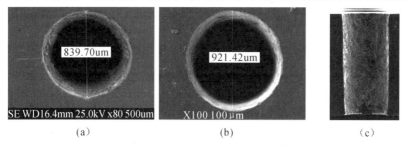

(a)   (b)   (c)

图 2-41 腐蚀过程中孔形貌的变化 SEM 图
(a)腐蚀前;(b)腐蚀时间 520s;(c)孔内壁表面

图 2-42 金相分析 SEM 图

虽然化学腐蚀法对于去除重铸层有很好的效果,而且效率高、操作简单,但是也有一些缺点,如环境有污染、尺寸不能精确地控制等。

2. 针对定向结晶镍基合金的化学选择性腐蚀法去除重铸层

实际的燃气轮机叶片材料为定向结晶镍基合金,不同的材料有不同的物理化学性质。为了达到去除重铸层同时保护基体材料,此处寻求一种具有针对重铸层的选择性腐蚀方法。由于重铸层是材料熔化后再结晶形成的,其晶体结构发生了变化,所以其抗化学腐蚀的性能改变了,与母体材料不同。结合物理化学的知识,配置以下溶液:

$$HNO_3 : HCl : H_2O = 50 : 10 : 40$$

并按 2:1 比例加入一定量的 $CuSO_4 : FeCl_3$,其中 $CuSO_4$ 浓度 2.6 g/L,

FeCl₃ 浓度 1.3 g/L。CuSO₄ 具有保护基体材料作用,而加入 FeCl₃ 是为了加速对重铸层的腐蚀。将利用优化参数加工的小孔样品,浸入溶液,水浴温度 70℃,辅以超声波振动以提高腐蚀效果,分别在 1 h 和 2 h 后取出样品观察,效果如图 2-43 及图 2-44 所示。

从图 2-45 可以看到,腐蚀后孔壁上的重铸层被完全去除,并且基体材料表面金相结构未受到明显破坏,说明此溶液对镍基合金重铸层确实具有选择性腐蚀。

(a) (b)

图 2-43 选择性腐蚀孔整体效果图
(a)腐蚀前孔整体形貌;(b)腐蚀 2 h 后孔整体形貌

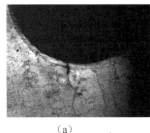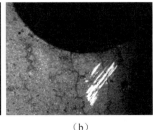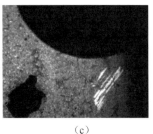

(a) (b) (c)

图 2-44 孔入口局部(100 倍)
(a)腐蚀前;(b)腐蚀 1 h 后;(c)腐蚀 2 h 后

为了确认基体材料是否受到腐蚀液破坏,做了如下的对比实验:将小孔样品打磨抛光后,进行金相腐蚀,使样品显出表面晶界,选择一条靠近孔缘的特征晶界为观察区域,利用 SEM 放大至 10000 倍,如图 2-46 所示。将样品浸入腐蚀溶液 24 h 后取出观察,如图 2-47 所示,发现孔整体表面略泛白,但表面金相晶界依然可见。而在图 2-47(b)的特征晶界中,发现材料表面出现很多蜂窝状小孔,直径约在 300 nm,深度约在 200 nm。如果溶液对基体的腐蚀速度不变,可以推算两小时的蜂窝小孔尺寸为直径 25 nm,深度 17 nm。图 2-48 为理想的化学腐蚀处理效果。

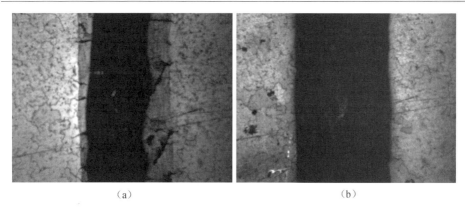

（a）　　　　　　　　　　　　　　（b）

图 2 - 45　选择性腐蚀孔壁效果图

（a）腐蚀前孔侧壁形貌；（b）腐蚀后孔侧壁形貌

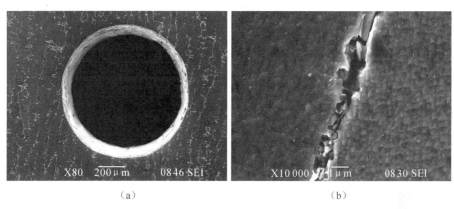

（a）　　　　　　　　　　　　　　（b）

图 2 - 46　腐蚀前金相

（a）腐蚀前的孔整体表面金相；（b）腐蚀前的特征晶界

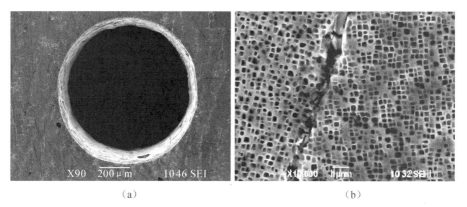

（a）　　　　　　　　　　　　　　（b）

图 2 - 47　腐蚀后金相

（a）腐蚀 24 h 后的孔整体表面金相；（b）腐蚀 24 h 后的特征晶界

为了能更好地保护基体材料不受破坏,有三种方案可以应用:

(1)调整溶液中的化学物质比例,使基体材料受到更好的保护;

(2)采取局部精确腐蚀方法,只对孔壁产生腐蚀作用;

(3)先在材料表面喷涂保护层,再进行微小孔的加工,最后进行腐蚀。

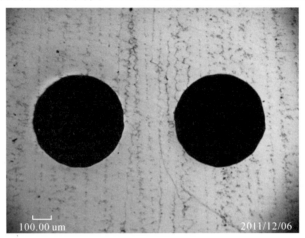

图 2-48   理想的化学处理结果

2.3   小   结

本章首先介绍了激光微小孔加工过程中,物质与激光的相互作用机理,分析了各阶段物质的变化情况。对影响微小孔加工质量的因素做了分析,结合实验提出了多种提高小孔加工质量的方法;对激光参数进行了优化,并利用化学腐蚀法和磨粒流后处理方法对重铸层进行了去除;分析了激光旋切路径对微小孔加工质量的影响。另外,还进行了微小孔孔径尺寸的精确控制研究,对微小孔锥度的产生与控制也进行了规律性研究。通过本研究,说明大功率毫秒激光器能够高效率地加工出符合燃气轮机叶片要求的气膜冷却孔群,具有工程应用和参考价值。

参 考 文 献

[1]   Fohl C,Breitlin D,Jasper K,et al. Precise Drilling of metals and ceramics with short and ultrashort pulse solid-state lasers [C]. Proceedings of SPIE,2002,4426:104-107.

[2]　袁根福. 激光加工技术的现状及其应用 [J]. 安徽建筑工业学院学报：自然科版，2004，12(1)：30.

[3]　Reinhart Poproawe. 激光制造工艺 [M]. 北京：清华大学出版社，2008.

[4]　关振中. 激光加工工艺手册 [M]. 北京：中国计量出版社，1998.

[5]　荣烈润. 激光微细孔加工技术及其应用 [J]. 机电一体化，2003，9(6)：8-12.

[6]　王健. 高峰值功率激光脉冲组打孔技术 [J]. 激光加工技术，1995，s1(16).

[7]　方建成，王续跃，邓琦林. 提高脉冲激光打孔质量的措施 [J]. 制造技术与机床，1997，11：22-24.

[8]　Linlor W I. Ion Energies Produced by Giant-Pulse [J]. Appl. Phy. Lett. ，1963，3：210.

[9]　辛凤兰. 高质量激光打孔技术研究 [D]. 北京：北京工业大学，2006.

[10]　宫磊. Nd：YAG 激光器激光打孔实验研究 [D]. 长春：长春理工大学，2008.

[11]　王丹. 碳钢激光打微孔作用机理及工艺研究 [D]. 长春：长春理工大学，2007.

[12]　张晓兵. 激光加工涡轮叶片气膜孔的现状及发展趋势 [J]. 应用激光，2002，22(2)：227-229.

[13]　唐英，崔华胜，崔吟琴，等. 微小孔加工技术现状及发展趋势 [J]. 新技术新工艺，2007，(2)：52-54.

[14]　丁明江. 激光微小孔精密加工技术 [D]. 西安：西安交通大学，2010.

[15]　段文强. 无重铸层微小孔激光加工技术研究 [D]. 西安：西安交通大学，2011.

[16]　Bugayev A A，Gupta M C，El-Bandrawy M. Dynamics of laser hole drilling withnanosecond periodically pulsed laser [J]. Optics and Lasers in Engineering，2006：797-802.

[17]　Walther K，Brajdic M，Kreutz E W. Enhanced proeessing speed in laser drilling of stainless steel by spatially and temporally superposed pulsed Nd：YAG laser radiation [J]. Int J Ady Manuf Technol，2006，10：170-175.

[18]　McNally C A，Folkes J，Pashby I R. Laser driIling of cooling holes in

aeroengines state of the art and future challenges [J]. Materials Seience and Technology, 2004, 20: 805 - 813.

[19] 邵丹. 激光先进制造技术与设备集成 [M]. 北京: 科学出版社, 2009.

[20] 陈君. 金属材料的激光吸收率研究 [J]. 应用光学, 2008, 29 (5): 793 - 798.

[21] 孙承伟主编. 激光辐照效应 [M]. 北京: 国防工业出版社, 2002.

[22] 王续跃, 谢小琴, 周锦进. 金属材料对激光的热吸收效应 [J]. 大连理工大学学报, 1993, 33(3): 317 - 320.

[23] Ostermeyer M, Rkappe, Menzel R, et al. Laser drilling in thin materials with bursts of ns-Pulses generated by stimulated Brillouin scattering(SBS) [J]. Appl. Phys. A. 2005, 81: 923 - 927.

[24] Araujo D, Carpio F J, Mendez D, et al. Microstructual study of CO_2 laser machined heat affected zone of 2024 aluminum alloy [J]. Applied Surface Science, 2003: 208 - 209, 210 - 217.

[25] 郝建民. 机械工程材料 [M]. 西安: 西北工业大学出版社, 2006.

[26] 张国顺. 现代激光制造技术 [M]. 北京: 化学工业出版社, 2006.

[27] 王恪典, 段文强, 梅雪松. 毫秒激光加工小孔与重铸层的后处理工艺 [J]. 西安交通大学学报, 2011, 45(7): 45 - 49.

[28] Zhang Y W, Faghri A. Vaporization, melting and heat conduction in the laser drilling process [J]. International Journal of Heat and Mass Heat Transfer, 1999, 42: 1755 - 1790.

[29] Walther K, Brajdic M, Dietrich J, et al. Manufaturing of shaped holes in multi-layer plates by laser drilling [C]. Proceedings of the 3rd Pacific International Conference on Application of Lasers and Optics 2008, 2008, M1001: 789 - 794.

[30] Rai R, Elmer J W, Palmer T A, et al. Heat transfer and fluid flow during keyhole mode laser welding of tantalum, Ti-6Al-4V, 304L stainless steel and vanadium [J]. Journal of physics D: Applied physics, 2007, 40(18): 5753 - 5766.

[31] Low D K Y, Li L, Corfe A G. The influence of assist gas on the mechanism of material ejection and removeal during laser percussion drilling [J]. Journal of Engineering Manufacture, 2000, 214(7): 521 - 527.

[32] Fishter R E, Raton B, Lada H. Selective chemical milling of recast

surfaces[P]. United States Patent，1983.

[33]　熊英. 磨粒流加工技术的发展 [J]. 航空科学技术，1995，2：16－18.

[34]　陈济轮，陈靖，王伟荣，等. 磨粒流加工在航天工业中的应用 [C].
　　　 2005 年中国机械工程学会年会论文集，2005：536－538.

[35]　汤勇，张发英，陈澄洲. 磨料流加工流动形态及加工效果的研究 [J].
　　　 华南理工大学学报，1994，22(5)：100－104.

[36]　Yang C J，Mei X S，Wang W J，et al. The experimental study on re-
　　　 cast layer removal of metallic material by femtosecond laser [C]. Pa-
　　　 cific International Conference on Applications of Lasers and Optics.
　　　 Orland，USA：Laser Institute of America，2010：109.

[37]　陈国良，王煦法，庄镇泉，等. 遗传算法及其应用 [M]. 北京：人民邮
　　　 电出版社，2001.

[38]　张礼兵，吴婷，袁根福，等. 基于遗传算法的激光打孔路径优化 [J].
　　　 机电工程，2007，6：78－80.

[39]　朱心雄. 自由曲线曲面造型技术 [M]. 北京：科学出版社，2000.

第3章 切削液对被加工金属性能的影响

3.1 切削液的发展及对金属的作用

3.1.1 切削液的发展

人类使用切削液的历史可以追溯到远古时代。在已经出土的新石器时代的物品中,就有用麻绳穿起来的动物牙齿制作的项圈,每个动物牙齿上都有加工非常精致的小孔用于穿麻绳。而当时的加工工具应该是非常精致的石器工具,加工这些精致石器工具的方法,我们推测应该是采用磨制工艺,并用水来冷却和提高质量。

中国青铜器时代采用青铜制作的各种器皿和刀剑等的加工工艺水平已非常高。越王勾践墓出土的青铜剑在两千年以后,仍然具有锋利无比的刀刃,且加工表面非常光滑。在这之后出土的秦王朝时期的兵马俑铜马车上,带锥度的铜轴和铜轴承配合很为紧密,很可能是磨削或者研磨而成。这说明当时的切削加工可能已达到了很高的水平。

1775年英国的约翰·威尔金森(J. Wilkinson)为了加工瓦特蒸汽机的汽缸而研制成功镗床开始,伴随出现了水和油在金属切削加工中的应用。到1860年经历了漫长发展后,车、铣、刨、磨、齿轮加工和螺纹加工等各种机床相继出现,也标志着切削液开始较大规模的应用。

19世纪80年代,美国科学家首先进行了切削液的评价工作。F. W. Taylor发现并阐明了使用泵供给碳酸钠水溶液可使切削速度提高30%~40%的现象和机理。针对当时使用的刀具材料是碳素工具钢,切削液的主要作用是冷却,故提出"冷却剂"一词。从那时起,人们把切削液称为冷却润滑液。

随着人们对切削液认识水平的不断提高以及实践经验的不断丰富,发现在切削区域中注入油剂能获得良好的加工表面。最早,人们采用动植物油来作为切削液,但动植物油易变质,使用周期短。20世纪初,人们开始从原油中提炼润滑油,并发明了各种性能优异的润滑添加剂。在第一次世界大战之后,人们开始研究和使用矿物油和动植物油合成的复合油。1924 年,含硫、氯的切削油获得专利并应用于重切削、拉削、螺纹和齿轮加工。

刀具材料的发展推动了切削液的发展,1898 年发明了高速钢,切削速度较前提高 2～4 倍。1927 年德国首先研制出硬质合金,切削速度比高速钢又提高 2～5 倍。随着切削温度的不断提高,油基切削液的冷却性能已不能完全满足切削要求,这时人们又开始重新重视水基切削液的优点。1915 年生产出水包油型乳化液,并于 1920 年成为优先选用的切削液用于重切削。1948 年在美国研制出第一种无油合成切削液,并在 20 世纪 70 年代由于油价冲击而使应用量提高。

近十几年来,由于切削技术的不断提高,切削液作为一个技术门类现在已经有很多衍生品,其品种和类型已经是非常繁多,按照润滑剂类型分类见图 3-1[1]

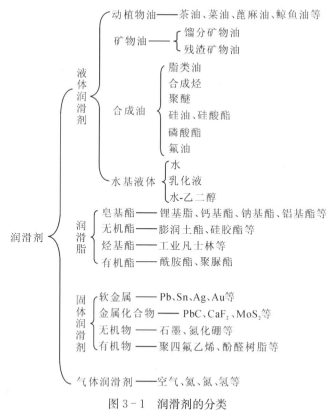

图 3-1　润滑剂的分类

但在实际应用中,对切削液的分类不会这样详细,通常只是按照其主要特性来进行大致分类,其分类如图 3-2。

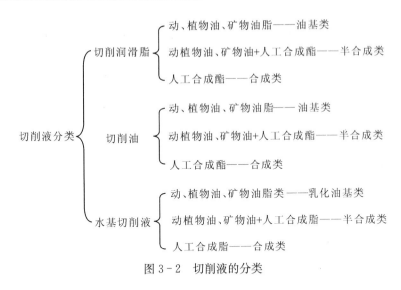

图 3-2 切削液的分类

从图 3-2 可以看出,依据基础润滑剂大致类型分为矿物(动、植物)油油基类(以下简称油基类)、半合成类和合成类三个大类。三个大类在润滑、防锈、冷却和清洗性能方面,存在较大的差异。一般来说润滑性能和防锈性能以油基类最好,合成类相对较差,冷却性能和清洗性能则是合成类最好,油基类相对较差。切削液在使用中需要将这四种性能综合发挥才能满足需要,在日常使用切削液时需要对这些特定的性能进行综合考虑加以合理利用。

长久以来人们都把切削液作为在金属切削加工中用于冷却刀具和工件、提高刀具的寿命和加工效率、降低生产成本和减少加工中切削热导致的被加工工件变形,得到较高加工精度的辅助手段。但是对于切削液的使用,在金属构件的功能属性影响方面却没有予以足够的重视。随着第二次世界大战后期喷气式飞机的出现,航空技术、燃气轮机技术得到了快速的发展和广泛的应用,一些如摩擦化学、材料微观破坏学等新兴学科的产生,为切削液的研究和应用注入了新的内涵。

3.1.2 切削液对金属的作用

切削液对金属的作用从根本上来说,就是对金属表面成形以及所形成的表面组织结构、物理及化学特性形式和性质等多方面的作用。一方面切削液在切削过程中承担了切削加工所需的冷却、润滑、防锈清洗等辅助功能的作用。另一方面也对表面的形貌,特别是粗糙度、残余应力、防腐蚀性能等多方

面的机械、物理化学性能产生影响。而这些性能对于金属构件,如透平叶片
等的影响都是非常大,在某些情况下甚至是灾难性的,所以研究切削液在这
些方面的影响显得非常重要。

通常认为切削液应用目的是为金属切削加工时提供润滑、冷却以及提高
和改善金属加工表面的加工质量、提高加工效率和刀具寿命等。随着现代工
艺技术的发展,切削液对金属构件内在质量的影响方面引起了人们的关注,
而当今切削液应用技术的研究,主要集中在对金属被加工表面的各种功能属
性性能和环保方面的影响。金属表面与切削液润滑剂的特性决定了润滑效
果,而润滑效果又会对金属表面的诸多特性产生影响。所以,要了解金属表
面结构与其内在质量之间的关联性,就必须了解金属表面的结构,以及在切
削过程中与切削润滑特性的关联。

真实的金属表面含有许多化学和物理性质不同的微观层面,在表层中存
在很多微裂纹和微孔等缺陷。

图 3-3 显示金属实体在机械加工中,受机械力的挤压、切削温度的作用
及氧化反应等外部因素影响下形成了各种层面。切削液对这些层面的形成
会产生影响,例如切削液的冷却性能影响加工硬化层硬化的程度,切削液的
成分和环境中的成分影响金属表面吸附层和氧化层的成分等。

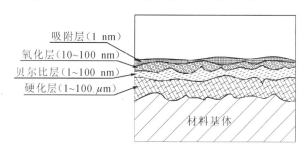

图 3-3　金属表面的结构组织

之所以要研究金属表面的结构,是因为加工过程所形成的金属表面性
质,对于产品性能、寿命和可靠性的重要性和影响是早已被人们所认识。而
切削液诸多化学和物理特性对于金属表面成形会产生作用,而这些作用决定
了金属表面各种性质和变化。包括被加工金属表面机械的、化学的、冶金的
以及其它方面的性质与变化。这些改变虽然是在非常薄的表层里,但是却可
以直接影响到零部件质量的好坏,在某些情况下甚至可以决定机加工金属构
件是否合格。了解表面改变状况,对于获得高质量金属构件是必须具备的基
本条件。这方面我们可以从金属表面完整性(Surface Integrity,SI)[2]来诠释

金属表面性质的重要性以及对于被加工金属构件质量的重要影响。

金属表面的形貌及性能对金属抗疲劳性能的影响也已为人们所知，因此在进行金属抗疲劳性能检测时，会将疲劳试件的表面研磨抛光处理，目的就是最大程度地消除表面粗糙形貌带来的影响。从图3-4可以看到铸钢件试件采用不同工艺所形成的加工表面对抗疲劳性能的影响。

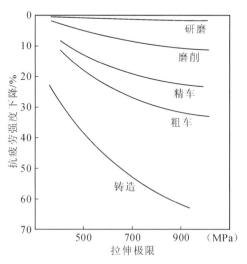

图3-4　不同加工工艺的铸钢件抗疲劳曲线

从图3-4可见，只有研磨工艺所获得试件的抗疲劳性能，与材料本身的性能非常接近。而其它工艺由于表面存在大量的微观凹凸缺陷形貌，使其抗疲劳性能都低于材料本身的抗疲劳性能，这就是表面形貌对金属构件加工质量的影响作用。

表面在学术上被简单地描述成一个物体的最外层。界面可以被描述成两个甚至更多个具有不同物理、化学或者二者皆有层的转换处。Hudson[3]将表面或界面定义成任何一种特性，如密度、晶体结构或方向、化学成分、磁性或非磁性顺序发生突然改变的系统。切削液在切削过程中参与其中，对于这些系统变化的影响是直接和广泛的，这些影响对于保证金属切削加工的质量有很大的意义和作用[4]。

切削过程实际上就是一个存在着很强机械力作用下的摩擦体系，切削液的作用就要利用相关的学科进行研究，如摩擦学[5]、摩擦化学、机械学、冶金学、材料学等相关学科。在与之相关的现代机械摩擦化学的研究中，金属表面浅表层的机械性能，对于机械零部件的运行状况有着很紧密的关联性。金属表面受不同环境条件影响，所形成吸附层的性质就有所不同。金属零部件在运行过程中,受表面环境的影响,其摩擦状态也有所不同。"边界润滑"结构的形成机理,可以由摩擦润滑学及摩擦化学(tribochemistry)[6,7]的研究来进一步说明。

摩擦就是两个相互接触的物体发生相对运动,或具有相对运动趋势时在接触面上发生的阻碍相对运动现象。

在古典摩擦学中摩擦力的大小通常采用下面的公式表示:

$$F = kN \qquad\qquad (3-1)$$

式中　F——摩擦力,其方向永远是与两个接触面的运动件的运动趋势方向
　　　　　相反;

　　　　N——法向载荷;

　　　　k——摩擦系数。

这里的摩擦系数 k 在古典摩擦学理论中是一个不变的常数,但是在切削液的研究中这个系数并不是一个常数,它是依据摩擦副的形式及分类,并随着摩擦类型和摩擦副的材料、金属表面的特性等多方面因素变化而变化的。

按摩擦副的运动形式分类有滑动摩擦、滚动摩擦、自旋摩擦等;按摩擦副的运动状态分类有静摩擦、动摩擦等;按摩擦副表面润滑状态分类则有干摩擦、边界摩擦、流体摩擦、混合摩擦、半干摩擦、半流体摩擦等。这些摩擦类型中的每一个摩擦形式,其摩擦系数都是独有的。其数值并不是一个常数,而是根据不同的润滑剂膜厚、表面形貌的综合状况来确定的。

传统古典摩擦力学理论是不太适用于切削液的摩擦研究的,这种摩擦力学未考虑运动表面微观上客观存在的凹凸现象对摩擦产生的影响,切削过程中这种客观存在的微观凹凸会对摩擦产生非常大的影响。切削液的摩擦研究,一般认为适用"边界润滑"理论。德国学者斯特里贝克(Stribeck)对滚动轴承与滑动轴承的摩擦进行了试验。探讨了运动速度、法向载荷和润滑剂的黏度等参数与摩擦系数之间的关系,并绘制了著名的斯特里贝克(Stribeck)曲线(图 3-5)。斯特里贝克曲线用摩擦系数作纵坐标,以横坐标来表示几种润滑方式。利用这条曲线可将润滑状态划分为三种主要类型:流体或弹性流体润滑、混合润滑(或称半液膜润滑)、边界润滑(或称薄膜润滑)。

从斯特里贝克曲线可以看到,"边界润滑"主要是指图 3-5 最左侧的区域。这个区域的摩擦系数是比较高的。

通常用润滑剂膜厚 h 与表面粗糙度综合值 $\overline{R}$ 的比值 λ 来描述各区域,见公式(3-2):

$$\lambda = \frac{h}{R} \qquad\qquad (3-2)$$

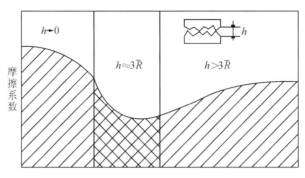

图 3-5　Stribeck 曲线

式中　h——润滑剂膜厚；

　　　$\bar{R}$——表面粗糙度综合值。

　　λ 为 0.4 时可定义为"边界润滑"状态,0.4～3 为"混合润滑"状态。采用切削液进行润滑的切削加工,其摩擦状态基本上都是处在"边界润滑"的区域内,极少部分为混合摩擦(即:干摩擦、边界润滑和流体润滑的混合状态)。所谓"边界润滑"就是表面摩擦磨损特性主要是受吸附在金属表面薄膜的化学特性,以及润滑剂的物理特性的影响[1]。由于切削液在巨大的摩擦条件下,润滑剂基本上不可能在做相对运动的两个作用面间形成足够厚度的润滑膜,来获得完全的流体润滑状态,这就决定了"边界润滑"这种状态不是单纯的油膜润滑,其摩擦系数的大小会受到多方面的因素影响,而这些因素是一个不断变化的状态,这就决定了这种状态下的摩擦系数并非是一个常量。

　　"边界润滑"主要是在金属表面生成金属皂膜,以减小接触面的摩擦系数,同时降低固体对固体接触时,受负荷作用所产生的机械损伤。表面生成金属皂膜的成分与金属表面接触的物质成分有关。因此,切削液中含有的各种成分会对金属皂膜形成产生影响,因为切削液是金属切削时最直接接触的物质之一。

　　"边界润滑"的作用机理是在法向载荷的作用下,在做相对运动的表面受微观凹凸结构的影响,微凸部分在压力作用下产生变形导致接触面积增加。部分接触点处的膜产生破裂,即相对运动界面发生金属与金属直接接触及黏附,另有很小部分表面由流体效应膜润滑承受部分载荷。同时相对运动两个面上的微凸部分呈交错啮合状态的凸出部,硬度相对高的凸出部会将较软的凸出部挤压剪切变形,形成犁沟现象(见图 3-6)。由于这些现象不是呈线性连续状态,故切削时的切削力(即切削摩擦力)会产出微交变的非线性状态,见图 3-6 中 L 段,为切削时测力计的切削力输出。

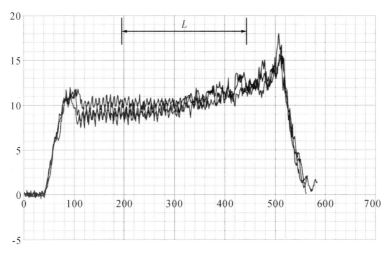

图 3-6 切削时切削力输出状态

图 3-7 是单一截面"边界润滑"机理模型,"边界润滑"的性能对润滑剂的要求如下:

(1)润滑剂的分子链环之间具有较强分子引力,可形成较高耐压膜。有效阻止表面微凸部将润滑剂膜挤破,达到润滑和减少磨损的目的;

(2)润滑剂膜抗剪强度低,减少润滑剂自身摩擦阻力;

(3)润滑剂生成膜具有高熔点,确保在高温条件下能产生有效的保护膜。

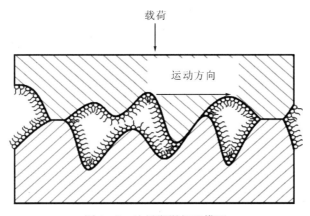

图 3-7 边界润滑机理模型

切削液相关成分及环境中的物质,如水汽、粉尘等的存在,会影响到表面的机械性质。如位能改变、表面硬度的 Kramer 效应,改变表面韧性的 Roscoe 效应、Joffeet 效应和 Rehbinder 效应。摩擦过程中这些效应都会对界面化学反应产生一定的影响。在切削及使用切削液的摩擦状况研究中,这些效应的影响是必须要考虑的。特别是 Rehbinder 效应对于那些主要以化学吸附模式产生润滑效果的切削液,研究其作用机理是必须考虑的关键因素之一。它对金属表面的成分、结构及相关物理、化学和机械性能具有决定性的影响。

金属切削采用切削液进行冷却润滑时,切削液实际上起着两大作用,第一是为切削过程提供润滑和冷却等作用,并以此来获得良好的加工表面和刀具寿命。而切削液的这种作用,很大程度取决于切削液中极性分子的作用。第二种作用是极性分子的存在,如果金属表面有微裂纹,或者由于表面粗糙度形成的凹谷,在外载荷作用下这种极性分子会使这些微裂纹或凹谷产生扩大趋势,即产生"劈尖效应"。如果切削液本身具有腐蚀性,那么这种"劈尖效应"对于被加工金属就是灾难性的。切削液的某些成分,如氯离子,对于奥氏体不锈钢而言切削温度在 $537.8\sim760.0$ ℃时,这种离子会使奥氏体不锈钢产生晶间(界)腐蚀。这种腐蚀有时甚至会直接导致产品报废。对于其它组织产生晶间腐蚀的条件,目前国外也有相关研究证明了这种危害的存在,国内尚无资料显示其它金相组织发生晶间腐蚀的具体条件,但国内外很多企业已对此制定了相应的控制技术规范。

由于摩擦界面的摩擦化学体系极为复杂,再加上各切削液生产商的不同研发体系和理念,就形成了切削液配方的多样性。切削液润滑时切削对象材质不同,或是使用环境空气中所包含的物质种类、微生物种类等因素不同,也决定了即使是同一种切削液配方,在金属表面所产生化学反应生成物也会有所不同。而这些生成物由于结构和性质的不同,包含的物理和化学性质也就不同,所产生的缺陷就具有不同的形式和性质。这些不同形式和性质的缺陷,在被加工金属件中的存在,就可能导致金属构件各机械性能发生变化。在材料的宏微观破坏学[8]中对于微裂纹、空洞等缺陷产生的条件和发展规律进行了相关研究。微观破坏力学中对于金属表面的微裂纹及空孔的影响是这样描述的:这些缺陷会使材料的实际有效截面积比理论值要小;当有效截面积受微观裂纹扩大的影响不断减小,切削液的化学和物理特性,如腐蚀性、劈尖效应等是可以导致表面微观缺陷增加和扩展,使材料的有效截面积减小而应力增加;当截面上的载荷应力 $[\sigma]\geqslant\sigma_b$ 时金属部件就会发生断裂。

由于切削液使用过程中产生不同的摩擦及化学反应结果,可以导致被加工金属表面产生一定的加工缺陷而影响到产品的内在质量。这些缺陷会因切削液品种和类型的不同而存在差异。再加上切削液的极性分子及皂化反应膜对金属表面微观裂纹产生的腐蚀和扩展,实际上变成了破坏质量的不稳定因素。

这些诱发产生微观破坏的微观缺陷被称为"缺陷源",微观缺陷源在外界因素的作用下会逐渐扩展成宏观裂纹,或最终导致金属部件断裂失效造成宏观破坏。有关宏微观破坏学方面的具体知识请见相关专业资料和书籍[8-15]。

在研究材料时人们希望以完美晶体为研究对象,但现实中所有的物质都不可避免地存在各种各样的缺陷[16]。在研究晶体结构时,通常都假设晶体中原子或分子排列绝对规则。而实际晶体中原子或分子多少都存在一定数量的偏离理想结构的区域,这便是晶体结构缺陷,简称晶体缺陷。晶体缺陷的种类很多,影响着晶体的力学、热学、电学、光学等方面的性质。依据晶体缺陷的几何形态特征,可分为以下 3 种类型:

(1)点缺陷。特征是在三维方向上的尺寸都很小,约一个或几个原子间距,也称为零维缺陷。例如空位、填隙原子、杂质原子等。

(2)线缺陷。特征是在两维方向上的尺寸很小,仅在另一维方向上的尺寸较大,也称为一维缺陷,例如位错。

(3)面缺陷。特征是在两维方向上的尺寸较大,只在另一维方向上的尺寸很小,也称为二维缺陷。例如晶体表面、晶界、相界和堆垛层错等。

切削加工时会产生巨大的机械摩擦,释放出来的巨大热能会将被加工金属切削区域的温度升高几百甚至上千摄氏度,同时存在的大量物理变化、化学反应、声波、震动等多种激发条件,为各种缺陷生成提供了充分的能量条件。而后在切削液的作用下温度会迅速降低。在材料热处理学中,我们了解到材料的点缺陷形成的机理。点缺陷根据形成机理可以分为热缺陷和杂质缺陷两种。

晶体中位于点阵结点上的原子并非静止不动的,而是以其平衡位置为中心做热振动,在一定温度下原子的热振动处于平衡状态。但是当受到外界因素影响时,一些原子获得足够的能量摆脱周围原子对它的束缚时,就会脱离平衡位置迁移到别处形成填隙原子,同时在原来的位置上出现空位。而热涨落所产生的空位和填隙原子有可能再获得能量回到原来的位置,或者跳到更远的间隙处。当空位和填隙原子相距足够远时,它们就会较长期地存在于晶体内部形成热缺陷。常见的热缺陷有以下 2 种。

原子脱离正常格点位置后形成填隙原子,称为弗伦克尔缺陷。如图 3-8(a)所示,形成弗伦克尔缺陷的空位和填隙原子的数目相等。原子脱离格点后并不是在晶体内部构成填隙原子,而跑到晶体表面上正常格点的位置,构成新的一层,如图 3-8(b)所示。在一定温度条件下,晶体内部的空位和表面上的原子处于平衡状态。这时晶体的内部只有空位,这样的热缺陷称为肖脱基缺陷。晶体表面上的原子跑到晶体内部的间隙位置,如图3-8(c)所示。在一定温度下,这些填隙原子和晶体表面上的原子处于平衡状态。这时晶体内部只有填隙原子。

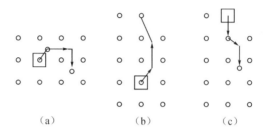

图 3-8　常见热缺陷
(a)弗伦可儿缺陷;(b)肖脱基缺陷;(c)只有填隙原

金属切削时都伴随很高的切削热,所以热缺陷是金属表面层里发生较多的由切削热引起的缺陷之一。切削液的冷却效果和润滑效果决定切削过程中所产生摩擦热的大小及各种激发因素的存在,间接影响这种热缺陷的产生。而切削液中的某些元素,如硫、氯、磷、碳等的存在,在切削摩擦的激发作用下,会在一定程度上被激活。我们知道组成晶体的主体原子称为基质原子。掺入到晶体中的异种原子或同位素称为杂质。杂质占据基质原子的位置,称为替位杂质缺陷,杂质原子进入晶格间隙位置,称为间隙杂质缺陷。

当杂质的原子半径小于晶体间隙尺寸时,杂质原子常以间隙杂质缺陷方式出现在晶体中。例如,碳原子进入面心立方结构的间隙位置形成奥氏体钢,就是典型的间隙杂质缺陷。因此,当切削液中含有某些元素原子,以这种方式侵入到材料的晶体中,而这种杂质对于材料的性能是有害的,那就必须对切削液中的这些杂质进行控制。因此,切削液中的各种化学元素在某些特定的条件下会成为产生这种杂质缺陷的诱因。所以选择切削液时应当注意根据加工材料的特性,有选择地避免切削液中会导致这种缺陷产生的元素存在。

材料的线缺陷和面缺陷,在很大程度上也都与材料所处的温度状态有关。所以切削产生摩擦热的大小对于这些缺陷的作用是非常明显的。由于切削液在整个切削过程中都对切削区域的温度存在影响和作用。所以材料的这些方面的缺陷形式和数量也会受到切削产生的摩擦热、切削液的冷却、切削液所含成分及润滑性能等方面的直接或间接的影响。

3.2　切削液对被加工金属表面及机械性能的影响

在上一节简单介绍了金属表面各种技术特征对实际应用有关的知识,也介绍了金属表面特性对于实际应用中的影响。从这些知识中可以了解到金属表面实际上是一个充满各种缺陷,并具有不同特性物理和化学层的一种存在体。它的各种特性在实际应用中被各种需求所采用。对于像燃气轮机这样的机械零部件,所需求的就是金属表面特性能满足机械装置所需的服役功能,须具备稳定、可靠且具有较长使用寿命的特点。而这些需求很多是由金属表面的各种特性所决定,金属表面的大多数特性是由机械加工过程形成和确定的。切削液在多数情况下参与机械加工过程中,因此,对于金属表面的形成具有相当影响,也是决定金属加工件产品质量的重要因素之一。本节对于这方面存在的影响及实验情况进行简要的分析和介绍。

3.2.1　切削液对被加工金属表面组织与结构的影响

1. 对表面化学元素含量的影响

透平叶片在成型过程中,都必不可少的需要采用各种机械切削加工工艺,这些机械加工工艺实施过程中,大多数均需使用切削液。经过这些工艺成型的金属机械加工表面,实际上就是一个充满各种缺陷的表层。金属被加工表面的金相组织和结构,与通过常规热处理后的金属组织和结构有很大的不同。由于表面的形成是在巨大机械力的作用下摩擦产生高温,将表面温度瞬间(大约 10^{-4} s,甚至更短时间)提高到几百摄氏度,甚至上千摄氏度,然后受环境因素的影响温度又很快降低至 200～300 ℃,直至达到室温平衡状态。在水基切削液参与切削的情况下,金属表面的温度则更快地下降至 50～60 ℃,甚至更低,并在更短的时间内降到室温平衡状态。这样金属被加工表面结晶体的组织结构变得极为复杂。无论是升温时的金相转换还是降温的过程中,表面组织都产生大量的缺陷,如热缺陷、杂质缺陷等。由于各种配方及类型的切削液,在冷却性能和润滑性能方面都存在差异,其最后对金属加工表面特性的形成也就存在差异。而切削液中的某些成分也可能对被切削金属的表面化学元素的含量变化产生影响。如在磨削含有钴元素材料时,切削液中的三乙醇胺会使钴元素从材料中析出已经被多个实验所证明。而我们也可以假设切削液中的其它成分,会对被切削金属材料中的其他重要化学元素含量产生某种影响。为了验证这些假设,采用乳化和半合成两个品种的切削液,并分别结合含铬量较多含铁量相对较少的耐热合金(以下简称高铬耐热合金)与含铁量较多含铬相对较少的耐热合金(以下简称低铬耐热合金)材料进行切削实验,以了解不同组合所产生的加工表面变化存在的差异。图3-9为采用含氯乳化型切削液加工后低铬耐热合金表面产生的盐蚀情况。

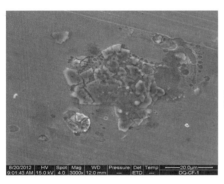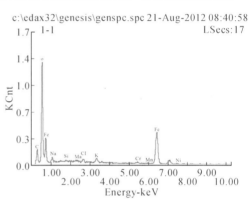

图3-9 含矿物油的乳化型切削液与低铬耐热合金铣削表面上存在的盐蚀现象及能谱

利用能谱分析测试了不同切削液条件下已加工表面一定深度(20 μm)范围内的 Cr 元素变化,每隔 2 μm 测试一个数据点,测试结果如图3-10(e)和(f)所示。图3-10(e)中组4、6为高铬耐热合金分别采用乳化型和半合成型切削液切削时表面 Cr 元素的变化曲线。图3-10(f)中组1、3为低铬耐热合金分别采用乳化型和半合成型切削液切削时表面 Cr 元素的变化曲线。

实验发现含 Cl$^-$ 的乳化型切削液在加工高铬耐热合金材料时会造成加工表面 2~4 μm 深度的 Cr 元素含量较正常值低。加工表面 Cr 元素含量降低,将导致工件表面的抗腐蚀性能下降。因此,含有较多的 Cl$^-$ 切削液加工含 Cr 材料时表面存在氧化反应区域较多的现象。

低铬耐热合金材料加工后表层白色贫 Cr 的铁素体含量明显增加。乳化型切削液和干切削相对于半合成切削液,加工表面铁素体的增加明显,Cr 元素含量降低显著。半合成型切削液所对应的加工表面金相组织变化轻微。从实验结果来看不同切削工艺条件所产生的组织结构差异很大。这种组织结构中存在着大量的裂纹源及其它非理想结构差异,这就必然会使被加工零部件的机械性能产生差异。因此,正确选用有针对性的切削液,在一定程度上可以改善表面的金相组织结构,达到获得较为理想的表面质量和性能。

（a）高铬耐热合金+乳化型切削液

（b）高铬耐热合金+半合成型切削液

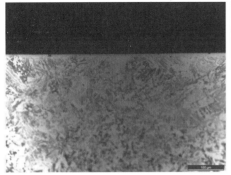

（c）低铬耐热合金+乳化型切削液

（d）低铬耐热合金+半合型成切削液

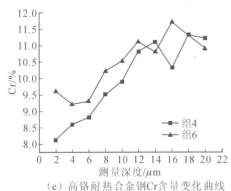

（e）高铬耐热合金钢Cr含量变化曲线

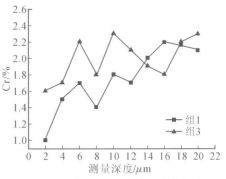

（f）低铬耐热合金钢Cr含量变化曲线

图 3-10　金属表面 Cr 含量变化曲线

　　在前面实验发现了切削液影响表面 Cr 元素含量，当然这不是切削液对金属表面化学元素变化的全部影响。为此选择了含化学元素种类较多的一种高铬耐热合金材料来进行相关影响的研究。

　　对该材料先进行了铣削加工，然后进行表面元素的能谱检测，测出各元素在铣削加工后在表面的具体含量。测试完各元素含量后对试件进行抛光打磨,再进行基体部的化学元素含量测试。然后进行各元素含量变化情况的对比。表3-1为材料的基本化学元素含量表,表3-2则是加工后各化学元素与基体的含量对比表。

表3-1 材料的基本化学元素含量

元素	C	Si	Mn	S	P	Cr	Mo	V
含量	0.08~0.13	≤0.1	0.35~0.65	≤0.01	≤0.015	10~12	0.10~0.40	0.15~0.25
元素	Ni	Co	W	B	Al	N	Nb	Creq
含量	0.3~0.7	2.5~3.5	2.4~3.0	0.01~0.04	≤0.015	0.01~0.035	0.05~0.12	≤10

为了确保测试数据的准确性,实验中采用多试件、多检测点测试的方式来消除数据误差。从表3-2的数据来看,主要变化是材料基体重要元素Co

表3-2 试件表面化学元素含量对比表

切削液1♯				切削液2♯			
试件1				试件2			
元素	铣削后		基体		元素	铣削后		基体	
	重量%	元素含量%	重量%	元素含量%		重量%	元素含量%	重量%	元素含量%
Cr K	11.61	12.64	10.84	11.96	Cr K	11.46	12.48	10.83	12.03
Mn K	0.77	0.78	0.85	0.88	Mn K	0.68	0.71	0.85	0.89
Fe K	84.56	85.64	80.03	82.22	Fe K	84.63	85.82	78.58	81.25
Co K	未测出	未测出	3.55	3.46	Co K	未测出	未测出	4.16	4.07
W M	3.05	0.94	4.74	1.48	W M	3.21	0.99	5.59	1.76
试件3				试件4			
元素	铣削后		基体		元素	铣削后		基体	
	重量%	元素含量%	重量%	元素含量%		重量%	元素含量%	重量%	元素含量%
Cr K	11.44	12.47	10.75	11.92	Cr K	11.53	12.57	10.85	12.02
Mn K	0.64	0.66	1.06	1.12	Mn K	0.91	0.94	1.17	1.23
Fe K	84.67	85.86	78.83	81.39	Fe K	84.24	85.47	79.08	81.54
Co K	未测出	未测出	3.97	3.88	Co K	未测出	未测出	3.66	3.58
W M	3.25	1.00	5.38	1.69	W M	3.32	1.02	5.24	1.64

元素发生了明显的减少,多数情况下铣削面检测不出这种元素的存在。同一试件铣削面的 W 含量比基体下降较多,Cr 元素在表层 2～4 μm 时,含量有明显减少。总之,切削液配方的变化使金属表面元素含量发生了变化。对于表面功能有确定要求的金属零部件,在选择切削液时必须考虑影响材料元素含量变化这一因素。因为每个元素在合金钢中都有对应的功能,如,W 元素的减少可以使材料的高温工况条件下的强度下降,缺少或者减少某个元素的含量必然会改变其相应的功能效能。再者就是在观察表面缺陷并对其进行能谱分析时发现,在测量的缺陷凹坑中都含有 Al_2O_3 颗粒物。通过反复试验排除刀具涂层带来 Al_2O_3 颗粒物可能性后,可以判断这些 Al 是材料本身含有的。这些 Al_2O_3 颗粒物对加工表面完整性影响很大,是非常有害的因素。但这些有害因素与切削液无关,所以试验检测时应当与切削液的影响予以区分开来,如图 3-11 所示。

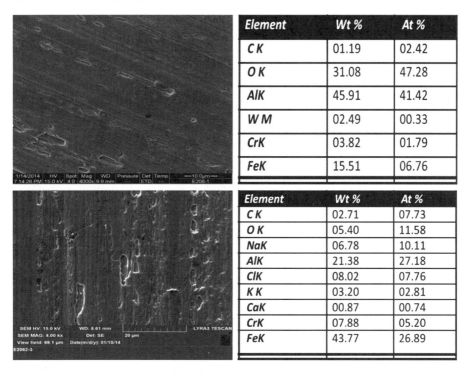

Element	Wt %	At %
C K	01.19	02.42
O K	31.08	47.28
AlK	45.91	41.42
W M	02.49	00.33
CrK	03.82	01.79
FeK	15.51	06.76

Element	Wt %	At %
C K	02.71	07.73
O K	05.40	11.58
NaK	06.78	10.11
AlK	21.38	27.18
ClK	08.02	07.76
K K	03.20	02.81
CaK	00.87	00.74
CrK	07.88	05.20
FeK	43.77	26.89

图 3-11　加工表面的缺陷及 Al 含量检测情况

2. 对被加工金属表面粗糙度的影响

不同切削液对于被加工金属件的疲劳性能也有比较大的影响。与理想状况比较,由于工艺性造成的疲劳性能降低是客观存在的。这种差异主要表现之一为各种切削工艺所获得的粗糙度不同。而切削液的不同,产生粗糙度方面的影响也存在不同。

表面粗糙度对于被加工金属零部件的影响主要表现形式如下。

(1)影响零件的耐磨性。越粗糙的表面,有效配合接触面积越小,接触点压强也就越大。当施加载荷时容易出现超过这些触点承载力的状况,这就容易导致轴的尺寸快速减小、孔的尺寸增大的磨损现象。

(2)影响配合性质的稳定性。对间隙配合来说表面越粗糙就越易磨损,使工作过程中间隙增大;对过盈配合来说,装配时会将微观凸峰挤平,实际有效过盈尺寸就减小了,从而降低了联结强度。

(3)影响零件的耐腐蚀性。粗糙的表面,腐蚀性气体或液体易通过表面的微观凹谷渗入到金属内层,造成金属材料表面内的腐蚀。这种腐蚀往往不易被肉眼观察到而易被忽略。

(4)影响零件的密封性。粗糙的表面之间难以严密地贴合,气体或液体通过接触面间的细微缝隙产生渗漏。

(5)影响零件的接触刚度。零件结合面在外力作用下,抵抗接触变形的能力为接触刚度。机器的刚度在很大程度上取决于各零件之间的接触刚度。

(6)影响零件的测量精度。零件表面粗糙度会直接影响测量的精度,尤其是在精密测量时。表面波峰和波谷的大小对于精密测量的影响是非常大的。

(7)影响零部件的表面电学特性。在静电环境中,峰尖点放电效应可以形成尖端放电,从而在表面产生微观电腐蚀点,使表面成为腐蚀源。

(8)影响零部件抗疲劳性能。粗糙的表面存在更多的微观缺陷,如微观凹谷和尖峰。微观凹谷的尖点存在应力集中,在机械运行中受载荷的影响,有扩展缺陷的趋势,这往往是机械失效的诱因和根源。

此外,表面粗糙度对零件的镀涂层、导热性和接触电阻、反射能力和辐射性能、液体和气体流动的阻力、导体表面电流的流通等都会有不同程度的影响。

由于切削液的润滑、冷却等性能随着配方和类型的变化,有着非常大的差异,因此作用在切削过程中所产生的影响必然存在差异,从表面纹理和形貌来看是非常明显的。在东方汽轮机有限公司与清华大学融亦鸣、王罡、姜峰等老师的联合研究中,采用不同的切削液与干切对比观察了这方面的影响。实验的工艺参数为固定的一组,而切削试件材料和切削液各两种,见表

3-3,切削后加工表面的对应形貌如图 3-12 所示。

表 3-3　工件材料、切削液及切削工艺参数

编号	工件材料	切削液	切削工艺参数
a	低铬合金	乳化型	
b	低铬合金	干切	切削速度 158 m/min
c	低铬合金	半合成	每齿切削量 0.12 mm
d	高铬合金	乳化型	刀具直径 32 mm
e	高铬合金	干切	切削深度 1 mm
f	高铬合金	半合成	

图 3-12 分别为同一切削条件下,采用不同切削液切削和干切已加工表面的形貌参数,主要参数是粗糙度值和纹理。从数据上可以看出各切削条件的粗糙度值以及纹理还是有很大差异。即使是使用切削液的情况下,如乳化型切削液纹理对比图 3-12(a)与(d)比较,半合成切削液纹理对比图 3-12(c)与(f)比较,粗糙度值仍然存在很大差异。这就使得要想获得理想的切削表面,切削液的性能是否能满足获得所需要粗糙度的要求,成为一个不得不考虑的因素。

粗糙表面本身就是一种缺陷,对于具有较好钝化性能且具备较低电位的切削液会较容易产生期望的保护效果。钝化本身会对金属表面产生一定的保护作用,但是钝化保护膜的形成,会在金属表面产生一定数量的氧化反应,生成一定数量的氧化物(膜)。形成钝化膜的本质就是一种腐蚀现象,这对于尺寸精度要求高的场合就是一种不利影响。切削液电位的高低也会使得这个反应转换成氧化物表面物质的总量有所不同。那些电位高、腐蚀量大的

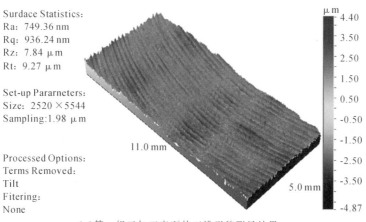

（a）第一组已加工表面的三维形貌测量结果

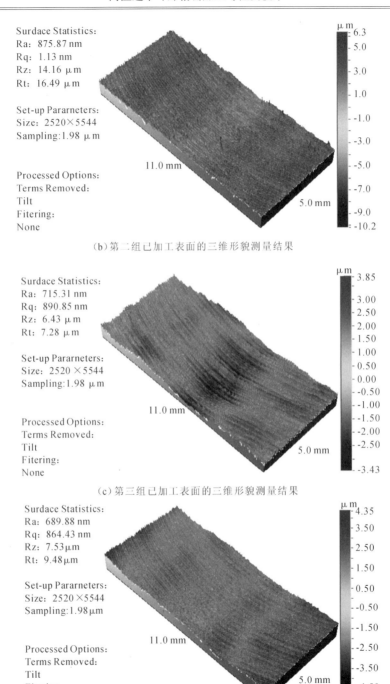

（b）第二组已加工表面的三维形貌测量结果

（c）第三组已加工表面的三维形貌测量结果

（d）第四组已加工表面的三维形貌测量结果

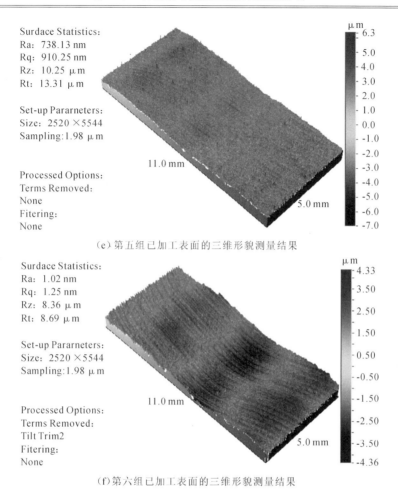

Surdace Statistics:
Ra: 738.13 nm
Rq: 910.25 nm
Rz: 10.25 μm
Rt: 13.31 μm

Set-up Pararneters:
Size: 2520×5544
Sampling:1.98 μm

Processed Options:
Terms Removed:
None
Fitering:
None

11.0 mm

5.0 mm

（e）第五组已加工表面的三维形貌测量结果

Surdace Statistics:
Ra: 1.02 nm
Rq: 1.25 nm
Rz: 8.36 μm
Rt: 8.69 μm

Set-up Pararneters:
Size: 2520×5544
Sampling:1.98 μm

Processed Options:
Terms Removed:
Tilt Trim2
Fitering:
None

11.0 mm

5.0 mm

（f）第六组已加工表面的三维形貌测量结果

图 3-12　不同切削液条件下已加工表面的三维形貌

切削液,会使得比较粗糙的表面和高电位切削液一起作用,放大缺陷所产生的不利影响。同时使金属零部件表面发生裂纹及裂纹扩大的危险增加。

　　切削液对于粗糙度的影响是事实存在的,不同的切削液所形成的粗糙度和表面纹理不同也是必然的。以图 3-13 为例,两种切削液均为乳化型切削液,仅仅是配方不同。但是它们在同一工艺条件下加工同一试件形成的表面纹理仍有明显的差异。

　　从前面各种实验情况来看,切削液对表面形貌和粗糙度的影响基本上是粗糙度值的大小、表面纹理的规则性以及切削时非期望流动所产生的不规则形貌等形式。这里面实际也包含了对机械性能,如残余应力、微硬度等的影响。在多数情况下我们会认为图 3-13(a)的表面比图 3-13(b)的表面质量

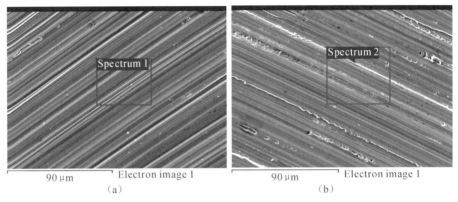

图 3 - 13　不同切削液所产生的金属加工表面纹理
(a)乳化型切削液 1♯;(b)乳化型切削液 2♯

要好,因为这种表面上面的非期望流动所产生缺陷会比较少。一些拉伸疲劳试验的结果也印证了这一点。但是实际生产中采用接触式粗糙度仪进行测量时,往往是图 3 - 13(a)的粗糙度值要高于图 3 - 13(b)。所以按照测量的粗糙度值来判断,我们又会认为图 3 - 13(a)的表面质量不如图 3 - 13(b)的好,这种结论有可能是错误的。因为图 3 - 13(b)中的非期望流动所产生的填谷削峰效应,会导致采用接触式粗糙度仪产生误判,并且这种情况的表面存在较大的有害拉应力。在实际生产中通常会采用粗糙度样板和手持接触式粗糙度仪来检测粗糙度,这两种检测方法所得出的结果其实不够准确,有时甚至是错误的。为了保证测量结果的正确性,建议应采用白光干涉仪等高精度光学全景测量仪器,并结合切削实验预设工艺条件对抗疲劳性能的影响进行精确设定及控制,保证获得可靠的表面质量,而不是依赖于接触式表面粗糙度仪的读数。

金属机加工表面纹理的差异对表面质量的影响已有很多论述,这里就不再详述了,这方面的内容可以参考有关的文章[2,17]。

3. 对被加工金属表面腐蚀的影响

在东方汽轮机有限公司与复旦大学宁西京教授等人的联合研究中,对不同配方切削液在环境与加工工艺的适用性等方面进行了实验研究。研究发现不恰当地使用切削液会产生与需求相反的结果。就切削液对金属表面的腐蚀形式来说分接触腐蚀、电化学腐蚀、浓度差腐蚀和电位差腐蚀等多种形式。接触腐蚀是切削液常规检测的一项重要指标。由于材料对不同化学物质的敏感性不同,因此,产生腐蚀的结果也就不一样。例如不同配方的切削液在具有一定静电电位的环境中,所产生的表面腐蚀现象就有所不同,见图3-14。

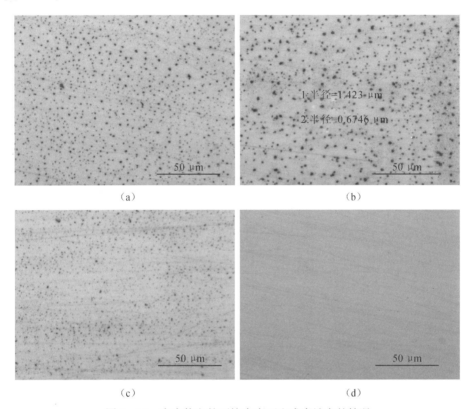

图 3-14　在有静电的环境中表面生成腐蚀点的情况

图3-14中的实验材料均为同一种低铬耐热合金材料。实验采用四种不同型号的切削液。从图中材料放大 100 倍的表面情况来看,图 3-14(a)、(b)、(c)三图腐蚀斑点的密度和大小均不同。而图 3-14(d)的表面几乎看不到任何腐蚀斑点。说明切削液的不同所产生微观腐蚀程度也有所不同。当然这是微观条件下的腐蚀现象,通常肉眼无法直观地发现。采用 SEM 进行能谱检测可以看出,在这些腐蚀点碳元素的含量大幅度增加,同时出现了硫元素的谱峰;在这些腐蚀点和参照点的对比中,我们发现硫元素是它们之间最大的差异,这表明这些点主要是由硫元素参与的化学反应形成的。而切削液中也恰恰含有一定量的硫元素和碳元素。而其中一种切削液在实验中没有产生腐蚀点,这种切削液虽然含有硫元素,但含量极少。因此,对于铁、碳含量较多的材料,与含有较多硫元素的切削液在静电环境中接触,当静电电

位达到一定值时就会导致加工面发生腐蚀。

至于宏观腐蚀人们可以用肉眼观察到,并且这也是人们常常用来判断切削液质量好坏的一个标准。而微观腐蚀常常需要使用专用仪器来进行检测,由于肉眼无法直接观察到,所以这部分腐蚀现象常常会被忽略。但是宏观腐蚀往往是由微观腐蚀发展而来的,可以说没有微观腐蚀就不会有宏观腐蚀。因此,可以说微观腐蚀是宏观腐蚀的源头,等到发展成了宏观腐蚀往往已造成了加工表面实质性的破坏。所以在进行切削液性能判断时,采用微观腐蚀性能作评判标准更为科学准确。

3.2.2 切削液对被加工零部件机械性能的影响

前面我们对切削液对金属加工件表面的金相组织、化学元素含量、表面形貌等多方面的影响进行了介绍,这些影响最终都将对金属的相关机械性能产生相应的影响,下面就介绍这方面的关联影响。

1. 对被加工金属表面残余应力的影响

由于金属切削加工时伴随着巨大的机械摩擦作用所带来的数百摄氏度甚至上千摄氏度的高温,使得金属表面切削后在空气或切削液的作用,急剧降温所产生的加工硬化层形成非常大的残余应力。残余应力的状态和大小对于材料的强度和抗疲劳寿命都有很大的影响。不良的状态和大小有时甚至可以直接导致零部件的报废。因此,研究切削液对残余应力的影响也是非常必要的。以高铬耐热合金和低铬耐热合金为研究对象,观察不同切削液对表面残余应力的影响。使用乳化型和半合成型切削液对高铬耐热合金进行铣削,可以发现其残余应力的分布状况如图 3-15 所示。

从图 3-15 可以看出,不同切削液对于不同的被切削材料的残余应力影响是不同的。无论是残余应力的形式还是大小都有着明显的差异。而这种差异对于被切削金属的机械性能所产生的影响也是不同的。从测量结果可以看出,低铬耐热合金材料使用半合成型切削液时,得到的已加工表面残余应力最小;而高铬耐热合金材料使用乳化型切削液时,得到的已加工表面残余应力最小。利用半合成型切削液加工高铬耐热合金材料得到的已加工表面残余应力最高,甚至超过了干切削时已加工表面的残余应力。因此,在选择使用切削液时,残余应力的影响趋势是选择使用何种切削液必须考虑的因素之一。

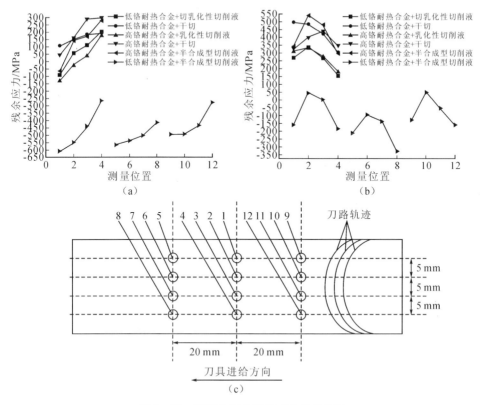

图 3 - 15　不同方向的残余应力分布情况

(a)已加工表面在进给方向的残余应力分布；(b)已加工表面在切宽方向的残余应力分布；
(c)残余应力检测点分布

2. 对被加工金属部件抗疲劳性能的影响

　　加工零部件的抗疲劳性能是决定零部件是否合格的关键指标之一。在日常生产中常常需要对零部件材料的机械性能指标进行控制，以达到满足零部件在机械设备中所承担功能的需要。零部件的抗疲劳性能绝大多数是由材料的各项性能指标来保证的。但有一部分则是由机械加工工艺所形成的，在图 3 - 4 中显示各种切削工艺对于零部件抗疲劳性能的影响。

　　作为切削工艺中的工艺条件之一，切削液对于材料抗疲劳性能的影响是客观存在的。当然，切削液对零部件抗疲劳性能的影响，不如零部件材料本身的机械性能那样直接，但也绝不是可以忽略的因素。本节前面所介绍的切削液对于金属表面的各种影响，都可以间接影响到金属零部件的抗疲劳性能。

　　前面我们进行的相关实验，已经显示了切削液对机械切削加工金属表面形貌、纹理、粗糙度、微腐蚀等多方面的影响差异。不同类型和不同配方的切削液，在这些方面的影响形式和规律以及作用的大小不尽相同，这也就间接说明了不同的切削液，对被加工金属件各种性能的影响及作用大小也存在差异。

通常我们可以比较直观地观察各种切削液在同样的工艺切削条件下所形成的表面。这些表面的形成又大多受切削过程中切削刀具状况的影响，其中很重要的因素是刀具积屑瘤。图 3-16 就是干切（无切削液切削）和 4 种乳化型、1 种半合成型切削液，在同一工艺条件（即同一机床、同样工艺参数等工艺条件）加工同一材料时，车刀前刀面上的积屑瘤的情况。

刀片积屑瘤从多到少排列	刀片表面照片100×	刀片积屑瘤从多到少排列	刀片表面照片100×
干切	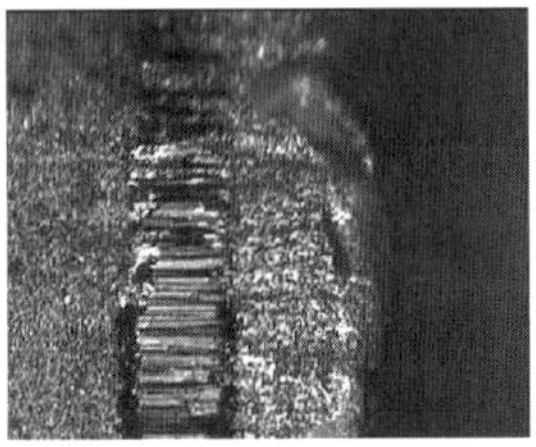	1#乳化型切削液	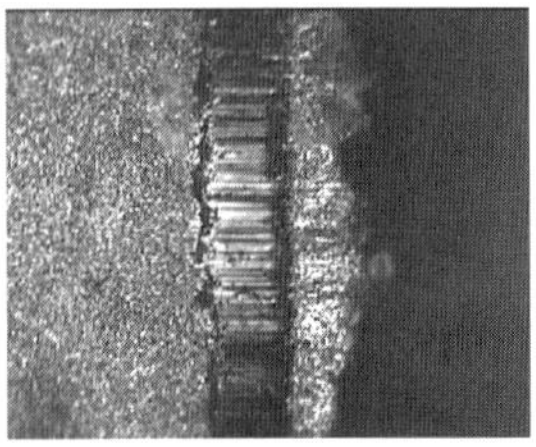
2#乳化型切削液	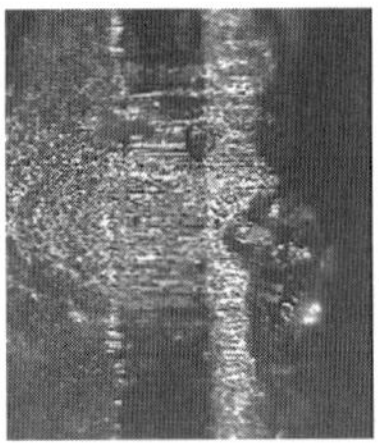	3#乳化型切削液	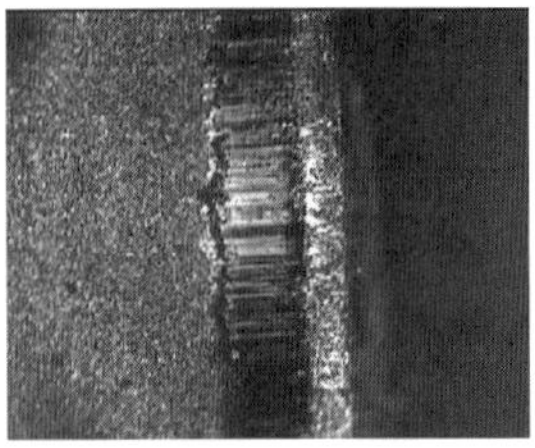
4#乳化型切削液	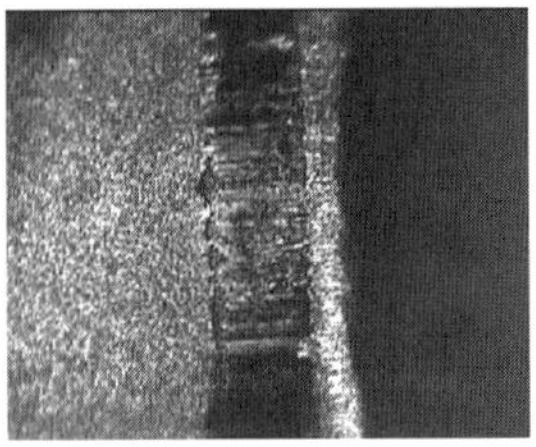	5#半合成型切削液	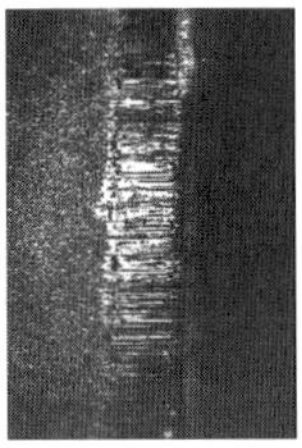

图 3-16　刀具前刀面积屑瘤残留情况

从图 3-16 中可以看出与干切（无切削液状态）相比，使用切削液对减少刀具前刀面残留积屑瘤的情况要大大好于干切状态。但是即使是使用切削

液,使用不同的切削液其刀具前刀面的积屑瘤残留量也依然有所不同,并且
不可能做到完全消除,情况最好的半合成切削液仍然有少量的积屑瘤。这就
会给加工时的被加工表面的质量产生不同的影响。刀具积屑瘤对加工表面
产生撕裂,对切屑侧向塑性流动也会有较大的影响。表面过多的撕裂会破坏
金属表面的完整性,从而影响到被切削零部件整体机械性能。当然积屑瘤不
是影响金属加工表面质量的唯一因素,但却是很重要的因素之一。

　　图 3-17(a)中为加工所期望获得的较为正常表面(更接近于理想表面的
状况),图 3-17(b)黑色部分为撕裂和非期望侧向流动的非正常表面。正常
表面有较为优良的机械性能,而撕裂表面等非正常表面会产生较多的拉应
力。这种现象使被加工件机械性能及防腐蚀性能等有所下降。事实证明非
正常表面的缺陷数量与危害因素要远高于正常表面,非期望表面内存在的不
良因素,严重时会影响到机械运行的可靠性和稳定性,甚至导致严重的事故
发生。为此在发达国家的很多航空航天、核电、燃机、蒸汽透平、高精机械设
备装置制造企业中,都将切削液的这些影响因素列为保证产品质量必须考虑
的要素之一,将切削液的正确选择和应用,作为寻求能够最大限度地获得正
常表面的加工要素。

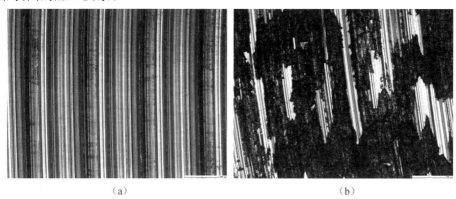

（a）　　　　　　　　　　　　　　　　（b）

图 3-17　已加工表面的正常情况和犁沟现象

3.3　应用环境对切削液性能的影响

3.3.1　环境对切削液性能的影响

　　切削液的使用环境对切削液本身、工艺系统和被加工金属部件都会产生
影响。环境中的各种气体、粉尘、水蒸气、杂油、自来水(或其它用于稀释切削

液的稀释剂)、杂质、温度、湿度、风、阳光、热源、化学挥发源、辐射源、电磁场等,都可以使得切削液在使用过程中发生成分及性能的变化。而成分和性能的变化,又可对加工表面产生不同于切削液原始状态作用条件下得到的表面状态和质量。特别是当切削液使用过一段时间后这种情况会越来越明显。使用过一段时间的切削液,加工表面质量会较新鲜原始状态切削液的加工质量有所下降,有时甚至会大幅下降以至不能够满足表面质量的要求,而在实际应用中常常会忽略这一点。例如一个大量进行各种焊接作业的周围存在着大量的有害气体及粉尘、热源和化学挥发源等,这些物质混入水基切削液后常常会导致不可预见的腐蚀现象,腐蚀发生的频率及严重程度都大大高于正常的环境。而人们往往会主观地把发生腐蚀的原因,归咎于切削液的质量不合格或防锈性能不良所造成,这是不正确的。切削液虽然具有一定的防锈能力,但毕竟不是专用防锈液。因此,其防锈性能也是有局限的,过多强调防锈性能可能削弱对切削液应当具有的功能,这样就得不偿失。所以研究使用环境中对切削液有影响的因素,对于正确使用和维护切削液是非常必要的。特别是当出现腐蚀、切削液过快变质等不利情况突发时,应当仔细分析环境因素可能造成的影响,而不是一味盲目地更换切削液的品种和型号。选择切削液时应结合使用环境等因素,选择能够适应使用环境的切削液,即选择具有良好环境兼容性的切削液,是切削液应用的基础之一。

3.3.2 微生物活动对切削液性能的影响[18]

引起切削液变质的原因之一是微生物活动,微生物活动所引起的切削液有效成分的减少、有害物质增加的现象在日常应用中最常见,也是最容易为操作人员所感受的一种状况。

切削液中的微生物种类有很多种,可以在不同的环境中生长繁殖。微生物的种类主要是细菌和真菌。细菌根据生物学分类,细菌的分类见表3-4。真菌根据不同形态学特征分类,影响金属加工液的真菌主要是丝状霉菌或单细胞的酵母菌。

在实际应用中采用微生物测试条来判断细菌和真菌的含量是一种简单易行的方法。但是这种方法无法判断微生物的确切的种类信息,采用实验室培养基并结合微生物分类图谱对比判定微生物的种类,是卫生防疫机构通常采用的方法。这种方法也可以用于切削液的管理中,以帮助对日常切削液中微生物含量及种类有针对性的管理。

表 3-4　细菌分类

特　性	细菌种类
需氧量	
需要氧气	专性好氧菌
不耐氧气	专性厌氧菌
有氧、无氧都能生长	兼性好氧菌(厌氧菌)
生长温度	
要求＜20 ℃	嗜寒菌(嗜寒的)
要求 20～40 ℃	嗜温菌(嗜温的)
要求＞40 ℃	嗜热菌(嗜热的)
耐盐性	
需要 2 mol/L NaCl	喜盐生物(嗜盐的)
耐 2 mol/L 的 NaCl,但更喜欢＜2 mol/L NaCl 的环境	耐盐生物(耐盐的)
能量源	
无机分子(如氨、阳光)	无机营养菌
有机分子	有机营养菌
营养学	
二氧化碳	化能自养菌
有机分子	化能异养菌
pH 值要求	
pH＜6	嗜酸菌
pH 6～9	嗜中性菌
pH＞9	嗜碱性菌

　　微生物活动对操作人员的健康和切削液的正常使用都有很大的影响。在健康方面,当一种或多种微生物侵入人体并繁殖时会发生感染。不同感染的症状反映了繁殖、组织侵袭、毒素和其它代谢产物以及机体免疫反应的综合作用。造成金属加工液环境中感染最常见的原因是伤口处理不当。轻微的表皮伤口和擦伤都会将大量的细菌和真菌等微生物引入皮下组织,若伤口没有清洗或处理不当,会使病菌增生并大幅增加引起感染的概率。通常这些伤口感染不容易传染给他人,所以这些感染性疾病是非传染性的。

　　金属加工液环境里感染性疾病的风险是有限的,而且没有任何证据表明金属加工业工人感染性疾病的发生率与普通人群不同。良好的个人卫生习惯是预防感染最有效的手段。

　　对切削液的影响则是由于生物腐败及生物活动附带造成的经济损失。生物腐败和生物修复代表了生物降解过程的两个方面,生物降解是指微生物体把大分子有机物分解成较小分子有机物的一系列过程。生物降解最终把有机分子转化成二氧化碳和废能量。直接生物降解包括微生物把培养基转化成产品的新陈代谢过程,间接生物降解包括微生物导致或促使培养基分解的其它方式。

　　切削液绝大多数组分是可生物降解的。生物降解能力是废液可处理性的一个重要要求,多数切削液系统为金属加工液生物降解提供了最佳环境。使用浓度为 3%～10% 的金属加工液,其中水、基础油和其他有机和无机类的物质,为微生物的活动提供营养。工作时液体循环使切削液暴露在空气中,生物膜聚集体和静置区域又给厌氧菌新陈代谢提供了很好的环境。悬浮的金属颗粒(磨屑、切屑和残渣)也给微生物提供了生长条件。由于微生物的降解作用可以促使切削液的有效成分被分解成非切削液所需物质,从而导致切削液的有效功能丧失,使切削液失去应有的作用。如当乳化剂(石油磺酸钠等)被分解,则切削液的乳化性能就会丧失出现油水分离的现象。硫酸还原菌等可生成氢化酶,这种酶去除钝化的作用会加速电化学腐蚀过程,使金属加速产生腐蚀。再者各种细菌活动分泌的代谢物,如硫化还原菌产生的硫化氢、沼气等有害气体,硝化还原菌产生的硝酸盐和亚硝酸盐等有害物质,可损伤人们的呼吸系统和身体健康。这些物质很多可以使切削液内的酸性物质增加,使切削液的 pH 值下降呈酸性状态进而使金属被腐蚀。总之,切削液中的各类微生物既有有益于切削液的方面,如有人们期望利用的可对废切削液进行降解处理的细菌;同时也有危害切削液的方面,如消耗切削液的有效成分使切削液丧失必要功能的细菌。因此,了解微生物活动对于使用和管理好切削液是非常有益的。对于更详细的微生物的分类、检测、处理等更准确的方法和信息可以参考这方面的有关书籍,如 Jerry P. Byers 主编的 *Metalworking Fluids*,王恒所编著的《金属加工润滑冷却液》等[1,18]。

3.3.3　切削材料对切削液性能的影响

　　切削液的使用就是为了在切削金属时为其提供必要的辅助作用,同时也承担了一定的加工质量保障功能。被加工材料是切削过程中切削液必然要接触的,同时被加工金属在加工中所产生的切屑也会接触切削液。不同的金属对切削液所产生的影响也有所不同,如铸铁产生的石墨粉尘,铸钢、铸铁及锻造金属件所产生的氧化物粉尘,有色金属所产生的不稳定化合物等,都会对切削液及其性能产生不利影响。包括使切削液的导电率大幅提高所产生的电化学腐蚀,使切削液的流动性下降、清洗性能下降等降低切削液使用效果的状态等。在感官上产生切削液变色、气味发生改变、细菌繁殖加快等多方面影响。所以被加工金属的性质是切削液选择和使用必须要考虑的因素之一,也是切削液合理应用的依据之一。

由于大多数工厂很难做到一台金属切削设备只加工一种金属部件,所以多数情况下都是不同的金属或合金在同一台设备上加工,这样就会有很多种金属混合进同一切削液中,切削液成分就会随着切削液使用时间的增加变得越来越复杂,切削液中会有越来越多原来成分中没有的元素出现。这样就使得切削液的作用变得不可预测。有些元素,如含有铁元素的合金的铁屑,在铁化菌的作用下,从原来的金属材料中分离出来成离子形式存在于切削液中。而这些铁元素又会随着切削液在切削过程中发生一些不必要的作用。在一些实验中就发现某些不含铁元素的材料,经过加工后表面会有铁元素存在,并且能谱检测也说明该材料表面含有铁元素,使得原来不会发生铁锈的材料,如铝合金、铜合金等加工件上出现铁锈的非正常情况。因此,国外某些先进的高端企业,将这种情况定义为切削液的某元素污染,并将这种情况的控制指标定为加工质量的保证措施之一。日常使用切削液时,及时清理堆积的切屑是防止这些影响发生的有效措施。由于我国在这方面的研究才刚刚起步,技术上与国外先进企业存在很大差距,这也是加工技术落后于国外先进企业的重要原因之一。开展这方面的应用研究是改善和提高我国制造技术水平的一项重要任务。

3.4　切削液的日常应用及维护

3.4.1　切削液的现场使用

1. 切削液的混配

切削液的混配主要关注切削液对水质的要求。必须根据切削液对水质的要求,选择合适的稀释用水来保证切削液的各项性能完美发挥。现在水基切削液的稀释用水要求主要是两类,一种是去离子水,另一种是硬水。但即使是硬水也必须按切削液所规定的硬度范围来选用混配切削液的稀释水。

目前去离子水切削液主要是北美地区和日本采用,而欧洲大多采用德国 DIN 标准的 H12(大约为 200 ppm)左右的硬水。所以切削液的混配第一步就是根据切削液的种类确定稀释用水。

第二步则是根据切削液厂商推荐,或实验优化的结果确定好需要的最佳稀释浓度。

第三步就是按最佳稀释浓度计算好所需的稀释用水的体积和切削液浓缩液的体积。然后将浓缩液导入稀释水中混合搅拌,直到切削液的浓缩液完全均匀地与稀释用水混合完毕为止。当然也可以借助自动混合装置自行调配好稀释用水和浓缩液的混合比例。

2. 切削液的浓度控制

对于每一个应用场合都有不同的最佳使用浓度。这个浓度值的最佳值一般是按照切削液生产厂家的推荐,或者用户自行试验优化后所得到的结果来确定。

切削液在使用过程中不断地被工艺系统和工件带走或蒸发,导致切削液的浓度产生变化而偏离最佳值。因此在使用过程中必须经常对切削液的浓度值进行观察和检测,当浓度偏高或偏低时就要进行必要的调整,一般要求把切削液的有效浓度控制在最佳浓度值的±1%的范围之内。

3. 切削液的 pH 值的控制

pH 值是检测切削液性能的重要指标。切削液的 pH 值会随着使用时间增长发生变化。pH 值的变化一方面可以反映出切削液中微生物活动的情况,另一方面也可以反映出切削液性能的变化和发生变质的情况。日常使用时可以根据 pH 值的变化及时调整添加剂,或对微生物进行杀灭等方式来改善 pH 值,使 pH 值保持在一个稳定的工作状态下。通常 pH 值不得超过切削液规定值的±1.5,超出这个范围就应当进行调整。

4. 切削液中杂质(油)含量的控制

切削液中的杂油和杂质对切削液的使用性能影响很大。通常杂油可以降低切削液的实际有效浓度,使切削液的润滑、防锈性能降低,影响切削液的使用效果。及时清除杂油和杂质可有效保证切削液使用效果,并且有效保证产品质量。所以切削液中杂油和杂质的含量一般都不允许超过切削液总容积的 3%。

5. 切削液中微生物含量的控制

切削液中微生物的存在是一个客观现象,微生物分有害和无害两种。对于有害细菌和真菌在切削液中的危害作用有以下几种情况。首先这些细菌和真菌会将切削液的有效成分作为食物加以消耗,其次是排泄物可以污染切削液,使切削液发生变质。这样就使切削液使用效果大大降低,从而发生一系列的不良反应。通常切削液中的细菌总量(采用微生物培养条检测)不应超过 10^3,真菌不应超过＋＋。超出这个范围就应当进行相应处理。

6. 水质控制

切削液中用于稀释原液的水质,必须按照切削液生产厂商的要求来选择。目前国际上切削液稀释剂要求分为两大类型,即硬水型和去离子水型。

对于需要采用硬水的切削液,其消泡性能是依赖于硬水中的钙镁离子。如果使用了去离子水则会使切削液的消泡性变差,甚至无法使用。

而去离子水型切削液通常已含有足够的高效消泡剂,这种切削液可以有效避免水中离子对金属加工表面的影响,所以相对可靠性较高。但同时这种切削液配方往往对水中钙镁离子极为敏感,如果使用硬水稀释这种切削液可能会产生较多的皂化反应使切削液有效成分大为下降,从而降低切削液的有效性能。所以控制好稀释介质的种类是保证切削液日常应用是否正常的关键条件之一。

3.4.2　切削液的现场检测与维护

1. 浓度检测和维护

现场一般采用折光仪来检测切削液的浓度。折光仪的工作原理是利用水和切削液对光折射率的不同来进行检测的。所以使用折光仪进行浓度检测时要注意进行折光仪的对零校正,具体方法参看折光仪的说明书。

使用折光仪检测出读数,浓度值按下面公式计算:

$$浓度＝切削液的折光系数×折光仪的读数$$

(注:切削液的折光系数见厂家提供的参数或自行检测)

折光仪(图 3-18)检测切削液浓度时,常常遇到的一个问题就是折光仪的读数只能反映出水和混入水中的基础油(酯)的比例,并不能区分是否是切削液的基础油(酯),还是混入切削液中的设备润滑油。混入设备的润滑油往往不利于切削液工作,这些润滑油的混入减少了实际切削液的真实浓度,使得切削液的各项工作指标偏离最佳值。所以采用折光仪检测现场浓度是不能简单的直接在现场取液检测,而是应当将现场取的切削液放在干净的容器中静置 24 h 以上,取容器中部的切削液采用折光仪检测。这时的浓度比较接近实际浓度,可以避免混入杂油对浓度检测产生的影响。

图 3－18　手持式折光仪

现场浓度的维护主要是及时清除切削液表面的浮油,防止其再次混入切削液并发生乳化从而破坏切削液的有效成分和结构。清除的方式可以采用撇油器等简单有效的装置。对于已经混入切削液的杂油需采用专用装置进行定期清除,使切削液的状态保持在一个良好的范围内。清除杂油的方式有高速离心机、精密过滤和静置等。

2. pH 值的检测和维护

在日常观察和检测中,经常使用 pH 值试纸和 pH 值检测仪检测 pH 值,这两种方法各有优缺点。pH 试纸有携带比较方便并且体积小重量轻等优点,缺点是读数不直观,需要凭经验来保证检测精度,其误差值较大。pH 仪(计)则大多采用数字显示,读数直观且精度较高。缺点是受气温、电池状况等因素的影响,读数不稳定且仪器保管要求比较高、携带不方便等。图3－19为电子笔式 pH 计。

图 3－19　电子笔式 pH 计

通常随着使用时间的增加,切削液中的有效成分会有一定的损耗,切削液的 pH 值也会随着降低。当 pH 值下降到一定程度时就必须对 pH 值加以调整,调整的方法通常有两种。第一种是往切削液中补充新鲜的切削液,另一种方法是添加专门的 pH 值调节添加剂。当上述两种方式不能有效提高 pH 值时,就应当考虑更换切削液。

3. 杂质(油)的检测和维护

杂质(油)对切削液的有效成分影响较大。杂油可以混入切削液中降低切削液的乳化均匀性,并且使切削液的乳化颗粒增大。杂质混入切削液后常常会再次进入切削区破坏加工表面的质量。

对于杂质(油)的检测最有效的方法是采用量杯取样静置法,静置 72 h 后观察量杯刻度计算出杂质(油)所占百分比。当杂质(油)所占百分比超过 3% 时就应当进行清理。对于杂油可以采用撇油、过滤或高速离心机进行分离去除。对于杂质一般是采用滤纸(芯)进行过滤去除,也可以采用高速离心机进行分离。对于滤纸(芯)的过滤直径的选择必须看过滤切削液种类对滤纸的要求。过大的过滤直径不能有效地去除杂质,而过小往往会使切削液的过滤速度太慢,甚至造成切削液的溢出。所以选择滤纸(芯)时过滤直径一定要适中。一般来说乳化液的过滤直径以 50 μm 左右为宜,半合成液以 35 μm 左右为宜,合成液以 20 μm 左右为宜。

4. 微生物的检测和维护

微生物主要是指在切削液内的真菌和细菌群落。就如前面所提到的微生物控制里所说的那样,微生物在切削液中的存在对切削液有着很大的影响。

微生物在切削液中的活动所产生和消耗的物质,都会改变切削液的有效成分和状态。所以对微生物的检测是日常管理工作的一项重要工作内容。在使用现场对微生物的检测可以采用以下几种方法。

第一种方法是结合 pH 值的检测来判断微生物的活动情况是否超出允许范围。主要是观察切削液的 pH 值在一个时间段内是否出现连续的较大幅度的下降。当切削液出现连续下降并且经过调节 pH 值仍然不能稳定时,就可以认为微生物活动超出允许范围(这种方法的缺点是无法判断微生物是真菌还是细菌,而是否属于微生物活动引起的 pH 值下降需要一定的现场经验来判断)。这时就必须采用添加杀菌剂的方式来加以控制。

第二种方法是采用细(真)菌培养条在使用现场进行切削液采样测试。采用培养条一般根据气温情况会放置 48 至 72 h,然后与样片对比来判断细

(真)菌的含量。这种方法比较直观可靠并能有效观察到细(真)菌含量的情况,是比较可靠的测量方法,操作简单方便。缺点是比对样片判断细菌数量准确度不高,但对于切削液的现场管理是能够满足要求的。

前面两种方法无法知道微生物的准确信息,一般都采用广谱杀菌,这样就会将有益细菌也一并杀掉。有益细菌是指那些存在切削液中,对切削液有效成分无影响或影响很小,并且会对有害细菌产生一定抑制或杀灭作用的菌群,对于这类菌群应当加以保护。

第三种是采用现场取样通过培养基进行培养,然后使用专门仪器和生物样本来对微生物的种类进行分类、计数。这种方法的优点是微生物的种类和数量都很明确,现场处理可以做到准确、及时、目标明确,处理起来比较容易和恰当。可以有针对性地杀灭有害微生物,保留有益微生物。这种检测方法的缺点是对检测人员专业水平要求较高,不便在现场检测而且检测过程复杂;需要修建专门的实验室和配置实验设备,投资较大,不利于一般人员掌握和使用。

对于微生物的数量控制通常是通过添加调节剂调节 pH 值,将 pH 值维持在一定的水平上。合适的 pH 值可以有效减少或抑制微生物的繁殖和生物活性,这种方法在日常维护中应是首选方式。

当调节 pH 值不能有效控制切削液中的微生物活动时,就应当结合细菌条培养或微生物培养基检测的方式进行检测。检测出是真菌还是细菌超标后,有针对性地添加杀菌剂。切记,只能是真菌超标时添加杀真菌剂,细菌超标时添加杀细菌剂。如果真菌超标添加了杀细菌剂,或者细菌超标添加了杀真菌剂,所得到的效果正好相反,反而会加重微生物的破坏情况。所以在使用杀菌剂之前必须分清是杀细菌还是杀真菌。

当无法通过施加添加剂或杀菌的方式对微生物活动加以控制时,就必须考虑彻底更换切削液,并对机床的各个系统进行全面的清洗和杀菌。

3.4.3　废液处理

切削液的废液处理是当今切削液应用的一个难题。切削液废液中含有多种化学物质,并且含有大量的有害微生物。下面就水基切削液的废液处理进行简单说明。

水基切削液的废液处理主要分为物理处理、化学处理、生物处理和燃烧处理等方式,如图 3-20 所示。

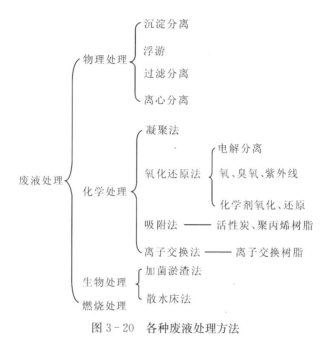

图 3 - 20　各种废液处理方法

　　物理处理主要是采用非化学的方法将切削液中的颗粒类杂质从切削液中分离出来。主要方法是采用密度差（这里指水与杂质的密度）进行沉降和浮游分离，利用具有一定过滤能力的滤材进行分离或利用高速离心装置进行分离。

　　化学处理主要是将物理处理中未被分离的细微杂质、胶状体等有害物质进行处理。主要是采用凝聚剂（如聚氯化铝、碳酸铝土等），或有机凝聚剂（聚丙烯酰胺）等将细小悬浮颗粒等有害微小杂质从切削液中凝聚分离出来，利用氧、臭氧等氧化剂进行氧化还原处理分解有害化合物并将其分离，利用活性炭等吸附类材料对废液中的有害物质加以吸附分离，利用离子交换树脂对废液中的有害物质进行交换处理和分离。

　　生物处理是利用某些细菌等微生物的生物活动，对化学和物理方法难以进行处理的有害物质加以分解处理，其典型的方法就是菌渣法和散水床法。

　　燃烧处理有直接烧去法和蒸发浓缩法。蒸发浓缩法采用蒸馏方式进行油水分离，然后将浓缩废油进行燃烧处理。

　　随着科技的进步不断有新的技术对废弃切削液加以环保处理，使得切削液对环境的影响降低到最小。但是无论哪种处理技术都需要大量的资金和人力物力，所以发展环保自然降解的切削液，以及尽可能少的使用切削液，减少废液的产生才是最根本的方法。从这点来看强化切削液的日常管理和正确的选择切削液是非常必要的。

3.4.4 切削液的经济性评估

切削液的经济性的评估是一个复杂的统计系统,需要结合多方面的经济数据来综合判定。但是在实际应用中由于很多单位都将切削液归在润滑辅料类中,把切削液作为一般润滑剂或油品来进行管理,并未将其作为一个单独的技术来进行管理。因此,多数情况下,切削液的经济性评估都采用简单单项指标来判定,这是很不科学的。科学的经济性评估是高技术切削液应用的一个前提,对于提高切削加工的技术水平有着深远的意义,下面就来简单介绍这方面的评估方法。

切削液的经济性是由切削液使用成本与其所产生的直接和间接经济效益的比值来确定的,这是毫无疑问的,也是所有使用切削液用户所认可的。但是由于大家对切削液的使用成本以及所带来的直接和间接经济效益的组成结构认识不同,对同一种切削液的经济性评价结果会产生很大的差异。如何认定切削液的使用成本和经济效益是问题的关键,下面分别讨论这两方面的大致组成。

1. 切削液使用成本的大致组成

使用成本总额=切削液原液采购运储+各种添加剂采购运储+稀释混合(稀释剂制作或采购)+机床灌装和添加+日常维护+废液清理及机床清洗+废液运储及处理+相关人工支出+其他支出

2. 产生的直接和间接效益的大致组成

总经济效益=提高的加工效率+减少的刀具消耗+减少的不良品率+减少的辅助时间+提高的资金流动+减少的废液处理+提高的产品质量+提高的品牌声誉+减少的售后服务费用+减少的生产周期+提高的加工设备实际利用率+减少的相关人工成本支出+环保、健康等社会效益+其他效益

上面所列的使用成本和经济效益组成结构内容,可以作为一般切削液经济性评估时参考。对于各企业的经济性评估应当至少选取一年为周期的统计数据,并结合企业的具体情况来调整组成结构进行切削液的经济性评估。

目前很多用户只是简单地采用刀具寿命的提高,以及防锈性能、贮槽寿命这些不全面的单项指标来对比评估切削液的经济性就有失客观。通常,良好的切削液所带来的提高设备利用率、品牌声誉、售后服务支出、环保、减少的辅助时间等方面的经济效益往往被忽略。而这些方面的经济性总量是相当可观的,有时比提高刀具寿命所产生的经济效益大得多。因此,否定切削液的应用价值,忽略这些方面的经济效益进行的经济性评估,往往是捡芝麻丢西瓜的做法,这样是很不科学的,也有失公允。所以建立科学的切削液评估体系对于提高切削液的应用水平,以及整个企业的加工工艺水平和经济效益是很有意义的。

3.5　切削液的研究趋势

当今世界随着环境的日益恶化,很多领域都将环保概念引入其中。当然由于人们的意识和知识水平受当时科技水平的局限,加上各国在工业发展过程中对物质利益的追逐,一段时间人们将环保因素置于次位。为此人们在这方面都付出了沉重的代价,许多河流、土地、空气被污染。人们看不到曾经看见过的蓝天白云、呼吸不到富有负氧离子的新鲜空气,甚至吃没有任何污染的新鲜水果、蔬菜和粮食成了奢望。现代化给人们带来丰富物质的同时,却将健康和幸福带离了人们。为此,还一个干净的蓝天、清澈的绿水、无污染的大地成了新时代的追求。在这种大背景下,环保而绿色的切削液应用技术得到了快速的发展。在发展和实践中目前最常见的是采用机械或其它物理、化学方式对使用过的切削液进行再生利用,以减少废液的产生和排放对环境的污染。再者就是采用可再生资源,如变性植物油、废弃食用油(如地沟油等)、改性动物脂肪等作为基础润滑脂进行切削液的生产,以减少对石油资源的依赖。还有就是采用无消耗或低消耗切削液技术,如 MQL、低温空冷、干式和风冷切削技术来达到环保应用切削液的目的,这类技术在国内外成为当下应用研究的主流,在某些领域和场合有较迅猛的发展趋势。

3.5.1　MQL 切削润滑技术

MQL 润滑技术是指在满足切削加工工艺要求的前提下,采用刚好能满足需要的最小用量润滑剂来进行切削的润滑技术。在实际应用中基本上是采用喷雾方式,将空气与润滑剂混合进行冷却和润滑。这种方式的优点是消耗的润滑剂量极小,且由于润滑剂是一次性使用,不存在润滑剂变质的情况。切削液的管理和使用较为简单,维护成本低;缺点是针对满足不同切削工艺和加工材料的使用,需要庞大的原始切削数据库来保证最小量润滑剂的准确性,并且冷却装置也必须具备非常精确的控制系统。这就使得这项技术的应用,需要较多的投资和专用设备来保证。这无疑造成该项技术广泛应用的难度,同时这项技术还容易受使用环境等多种因素的影响,如工件旋转、周围空气扰动等产生的空气紊流和温度的变化等的影响,这些因素都会改变最小润滑剂量。如果没有挥发气体回收装置的情况下,蒸发出去的润滑剂依然会对周围空气产生污染。因此,实际应用中难以保证切削液的环保性和各项性能的稳定,间接对加工质量的稳定性造成不利影响。

3.5.2　低温气体冷却润滑技术

低温气体冷却润滑技术是采用液氮、干冰等低温介质,同时添加适量的防锈和润滑添加剂来进行冷却和润滑的一项技术。这项技术具有不消耗或少消耗化石类的一次性资源、不污染或少污染环境、提高刀具使用寿命和加工表面粗糙度等优点,是一个很有发展前途的环保冷却润滑技术。低温气体冷却介质的液氮、二氧化碳(干冰)等都是大气层中存在的物质,可谓取之不尽用之不竭。特别是液氮,是工业制氧过程中的副产品,采用它作为冷却介质可谓是废物利用,不需要配备专用设备和场地,具有投入小利用率高的特点,可以充分利用制氧设备的能力就可获得,所以其经济性不用质疑。但这种技术的缺点是冷却性能不稳定,易使加工工件表面、机床和刀具系统表面发生腐蚀,容易导致某些材料产生低温脆性,生成过多的微裂纹使金属的机械性能变差等,而这些缺点也是这项技术使用范围有限而不能推广的原因。

3.5.3　鼓风冷却切削技术

鼓风冷却包含这几种形式:第一种是直接采用鼓风设备将空气加压吹向切削区进行冷却。第二种是采用压缩、冷凝的方式,使喷管出口的温度降低再将气体吹向切削区。这种低温气体冷却装置相对直接使用空气冷却复杂,其工作原理是利用压缩空气经冷风机后,产生 $-50 \sim -60$ ℃ 的低温冷风,在一定压力和流量下,并配置微量油雾化装置,在数控机床上,实施干式或半干式冷风切削。这种装置代替了冷却液实施润滑、降温和排屑的作用,使切削点低温化,可以减小切削应力,延长刀具的使用寿命,提高单位时间金属去除率,提高产品精度和加工质量,从源头上杜绝污染,实现清洁环保的绿色加工,达到节能增效的目的。

鼓风冷却设备可以利用冷风机使设备出口温度保证在$-10 \sim -50\,℃$左右,冷风流量 $0 \sim 30\ Nm^3/min$,压力 $0.4 \sim 0.6\ MPa$,设备出口一般采用不锈钢真空保温软管输送低温冷风气流,设备配置低温微量油雾化装置,根据机床的使用情况,可以设计专用喷射装置,固定于机床主轴,从而实现低温冷风微量油雾化切削加工。

鼓风冷却设备不需要太大的资金投入,对设备的改动较小,而且没有污染空气,对资源的消耗也较小,所以单纯从环保的角度来说是非常好的技术。这种技术因低温冷凝的效果,切削区会产生较多的水汽凝结,而刚加工出来的金属表面具有较高的活性,所以水汽易使金属表面产生腐蚀现象。并且这种技术对于刀具材料也有较高的要求。

鼓风冷却技术不添加任何化学制剂,只需添加一套加压的泵气装置或冷凝装置即可。因而没有污染空气和消耗资源的缺点。其缺点与低温冷却润滑技术相似,但程度上更严重,效果更差,特别是巨大的噪音危害人的听觉系统。这种技术还对刀具材料要求很高,所以不是所有场合都适用。

3.5.4　干式切削技术

纯粹意义上的干式切削就是在切削金属时不采用任何冷却润滑介质进行切削加工。干式切削技术是随着高速切削技术、刀具涂层技术的进步、新型刀具材料应用等切削技术发展以及现代数控机床设计理念的进步应运而生的。干式切削不是简单的停止切削液的应用,而是通过优良的刀具、先进的机床设计来补充停止使用切削液后造成的切削温度过高、刀具寿命下降、排屑困难等问题。

通常意义上切削液的四个主要作用是冷却、润滑、排屑和防锈,但是随着高速切削技术的发展,进行一般材料的切削时切削速度可以达到 $1000\ m/min$ 以上,使得切削液的效果得不到充分的发挥。另一方面刀具涂层技术已经由最初单一涂层发展到了多层复合涂层,刀具可以在较高切削温度下仍然保持良好的寿命,使得干式切削成为可能。涂层技术的另一个发展方向是"自润滑刀具",即在刀具表面涂覆 MoS_2 等,使刀具本身具有减摩、抗磨作用,具备一定的润滑功能,实现清洁化生产。另外,陶瓷、CBN 等新型刀具材料的应用使切削刀具在高达 1000 ℃ 的切削温度下也可以获得较好的切削效果,也为干式切削技术的发展提供了新的思路。

为了保证机床自身良好的排屑效果,新型数控机床在进行设计时往往会考虑将床身设计成斜坡形式,使切屑可以依靠自身重力进行去除。为了适应干式切削下机床由于较高切削热产生精度丧失,可以设计床身内部循环冷却,保证机床自身的热平衡。

干式切削与湿式切削相比是一种极其环保的切削加工技术,并且在某些应用领域可以提高生产效率,降低生产成本,但是这种切削技术对于切削刀具、机床提出了较高的要求,应用不当时会造成工件热变形过大,精度超差,工件表面发生腐蚀等。而涂层材料在刀具上的应用会对某些金属材料产生危害,例如,硫元素可对某些材料产生晶间污染,铝元素氧化后生成的三氧化二铝是切削加工面微观缺陷空洞形成的主要因素。因此,某些零件加工时不允许有这些元素的涂层存在,如核电核岛部分的加工对于硫、氯、铝等金属元素是需要严格限制的,甚至不允许含有。这就使得这项技术不能应用于这些场合,由此可见这项技术的应用是有局限性的。

3.5.5 其它环保技术

其它的环保技术还有采用可再生资源,如植物油、人工合成类润滑脂切削液技术等,这些环保技术都是为了更大限度利用资源和减少环境污染,目前大多是处于开发和研究的阶段。

必须看到由于新技术发展历史较短,无论是适用的理论还是实际应用的数据积累都还存在不足。相关应用配套装置的技术和实用性方面,也难以适应广大应用领域的技术要求。特别是在切削过程中,被加工金属加工质量存在的不确定性、波动性相对于传统切削液润滑技术有所增加。因此,这些具有低污染、低消耗资源的环保绿色切削液应用技术的普及有一定的局限性。大多数技术仍然处于探索研究和实验性应用阶段,全面普及和应用还有相当长的路要求走。

3.6 小 结

切削液作为金属成形过程中的重要因素,对于金属机械加工产品的质量和品质有着重要的影响,重视这个因素的作用并开展针对性的研究是现代企业必不可少的环节。本章介绍了切削液的发展、分类及对金属作用的机理；实验及分析了切削加工时切削液对金属表面化学成分、粗糙度、腐蚀及机械性能的影响；阐述应用环境、生物活动、切削材料对切削液质量的重要影响；介绍了切削液的日常应用、维护要求及切削液应用技术的新研究趋势。

由于切削液对金属构件性能的研究国内尚处于起步阶段，相关作用机理的研究还不够完善，不少问题目前还不能给出准确的定论，我们的宗旨就是要开拓这方面的研究，最终促使国内机械加工产品的内在质量有质的飞跃。

参考文献

[1] 王恒. 金属加工润滑冷却液 [M]. 化学工业出版社，2008.

[2] Davim J P. Surface Integrity in Machining [M]. London：Springer，2010.

[3] Hudson J B. Surface Science：An Introduction[M]. Boston：Butterworth-Heinemann，1998.

[4] Astakhov V P. Surface Integrity—Definition and Importance in Functional Performance[M]. London：Springer，2010.

[5] Quinn T F J. Physical Analysis for Tribology [M]. Cambridge University Press，1991.

[6] Heinnike G. Tribochemistry[M]. Münich：Askademic-Verlag，1884.

[7] Bowden F P. Ridler KEW[J]. Proc Roy Sco，Series A，1936，154（883）：640 - 650.

[8] 周益春，郑学军. 材料的宏微观力学性能 [M]. 北京：高等教育出版社，2009.

[9] 杨卫. 宏微观断裂力学 [M]. 北京：国防工业出版社，1995.

[10] Rice J R，Rosengren G F. Plane strain deformation near a crack tip in a power-law hardening material [J]. Mechphys Solids，1968，16：1 - 12.

[11] Rice J R. A path independent integral and the approximate analysis of strain concentration by notches and cracks [J]. Appi Mech，1968，35：379 - 386.

[12] Kachanov L M. Introduction to continuum damage mechanics [M]. Dordrecht，the Netherlands：Martinus Nijhoff Publishers，1986.

[13] 杨卫，马新玲，王宏涛，等. 纳米力学进展 [J]. 力学进展，2002.

[14] 杨卫，王宏涛，马新玲，等. 纳米力学进展（续）[J]. 力学进展，2003.

[15] 哈宽富. 断裂物理基础 [M]. 北京：科学出版社，2000.

[16] 耿桂宏. 材料物理与性能学 [M]. 北京：北京大学出版社，2010.

[17] Petropoulos G P, Pandazaras C N, Davim J P. Surface Texture Characterization and Evaluation Related to Machining [M]. London：Springer，2010.

[18] 〔美〕杰里. P. 拜尔斯. 金属加工液 [M]. 2 版. 傅树琴，译. 北京：化学工业出版社，2011，7.

第4章 燃气轮机透平叶片的加工精度检测

4.1 燃气轮机透平叶片及其型面检测技术概述

4.1.1 燃气轮机透平叶片的特点与检测要求

燃气轮机在航天、航空、能源等领域都有非常广泛的应用。作为燃气轮机上最为重要的核心零件,透平叶片结构复杂、描述参数众多。而且燃气轮机透平叶片的形状误差对能量损耗有较大的影响,直接关乎到燃气轮机的能量转换效率。因此,为了确保叶片检测结果的有效性,对所获取检测数据的准确性提出了极高的要求。此外,燃气轮机上叶片零件的数量较大,故如何在确保精度的同时提高检测的效率就显得尤为重要。

4.1.2 燃气轮机透平叶片检测技术现状

叶片型面检测总体上来说属于空间自由曲面测量,由于其对检测精度与检测效率的要求都较高,传统的曲面检测方法并不适于叶片型面的检测。

根据测量方式的不同叶片型面检测分为接触式测量与非接触式测量两大类(见图4-1)。接触式测量通过传感测量头与待测工件的接触,记录工件表面点的坐标值,目前应用最为广泛的接触式测量设备是三坐标测量机(Coordinate Measuring Machine,CMM)。非接触式测量方法主要是基于光学、声学、磁学等原理,将物理模拟量通过适当的算法转换为工件表面的坐标点。

1. 接触式方法

1)专用量具测量法

接触式测量方法是国内外叶片生产中最早应用的检测方法,叶片生产现场主要采用标准样板法及专用量具法。专用量具测量方法操作简单,而且是全型线测量,测量结果可靠;但精度低,人为测量误差较大,不能测量型面的

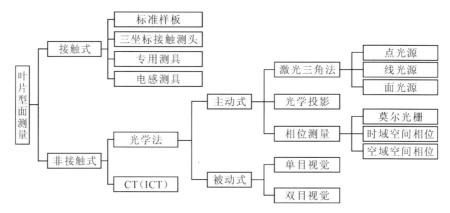

图 4-1　叶片型面主要测量方法示意图

复杂参数。专用量具测量方法是一种定性测量方法,测量精度只有 0.1 mm 左右。南京航空航天大学戴勇针对其应用的局限性做了研究,提出了基于电子样板的发动机叶片型面检测方法。航空工业 625 所结合光学应用研制一种叶片型面光学机械仪,用于代替样板测具检查压气机叶片型面偏移、偏斜及扭转等参数。

2)接触式三坐标测量法

目前接触式 CMM 已经在叶片型面检测中得到广泛应用(见图 4-2),其显著优点是精度高,可达到±0.5 μm[1]。CMM 应用于叶片型面测量主要有:一是为叶片外形检测设计专门软件;二是恒接触扫描测头替代原有的触发探头;三是叶片制造厂家根据自身生产形式编写检测软件。美国利尔精密公司(Lenr Precision)对两台 Sheffield 坐标测量机进行了内部编程,开发叶盆型面检验软件。美国数字电子公司(EDA)利用 TPS-CAN 软件在坐标测量机上对叶片进行检定。

目前,国外著名的三坐标测量机生产厂家有海克斯康(HEXAGON)、德国的蔡司(Zeiss)和莱茨(Leitz)、意大利的 DEA、美国的布郎・夏普(Brown Sharpe)、日本的三丰(Mituyoto)、英国的 Ren-

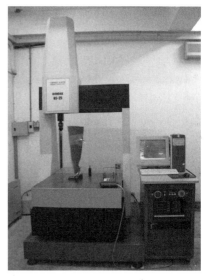

图 4-2　三坐标测量机检测叶片

ishaw 和瑞士 SIP 公司等。国内的三坐标测量机与国外相比,测量精度方面还有一定的差距,一些院校和单位基于三坐标原理也进行了叶型测量的研究。图 4-3[2]为哈尔滨某企业研制的接触式 YP02 型专用叶片测量仪,测量误差不大于0.003 mm。

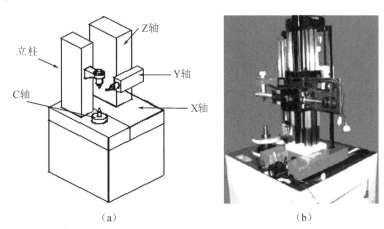

（a）　　　　　　　　　　　　　　　（b）

图 4-3　YP02 型专用叶片测量仪

（a）结构简图；（b）实物图

接触式三坐标测量机测量时测头和叶片型面相接触,会造成测头磨损或叶片表面划痕;由于测头半径的三维补偿问题,使其难以检测小而薄型叶片型面边缘(最薄处 $R=0.07$ mm),且对细微部分的测量精度也较低;对叶片型线和型面逐点测量的效率太低,尽管目前很多三坐标机都配置了专门的曲线曲面连续扫描测量软件,但仍然没有从根本上解决问题,目前多用于叶片的计量室检测[3]。

在利用三坐标测量机进行叶片三维轮廓测量中,国内外开展的相关研究主要集中在三坐标机开发、高精度测头研究以及各种数据处理高精度测量算法等方面。

2. 非接触式方法

1）光学投影法

光学投影测量法是为了代替样板比对应用比较早的叶片型面非接触测量方法[4]。美国先驱工程设备有限公司研制的"叶片边缘投影仪"采用"光学横切面"投影法对叶片进行投影测量;美国通用电气公司设计的 Brown & Sharpe Micro PCR 叶片测量仪(见图 4-4),对叶片前缘进行切面投影或用显微镜观察,它的测量重复性可达 0.003 mm。英国 Taylor Hobson 公司研制的"Blade edge microscope"(见图 4-5),采用"光学横切面"投影法,得到 20 倍的叶片影像与标准样板比较,测量精度可达 0.4%;哈尔滨工程大学张立勋等对叶片的边缘轮廓检测技术进行了研究,设计了一种航空发动机叶片工作边缘图像处理系统[4]。投影测量大多采用宽束准直平行光投影,比较适合扭曲度不大的叶片的测量,对扭曲叶片截面的测量无能为力;主要用于叶型的定性测量,若用于叶型的定量测量,效率不比三坐标测量法高,并且工件的安装麻烦,环境要求高。

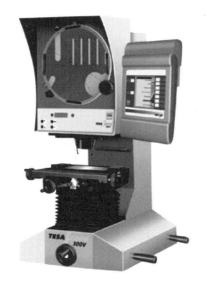

图 4-4　布朗·夏普叶片投影测量仪　　　　　图 4-5　叶片轮廓投影测量仪

2)激光三角法

激光三角法是目前最成熟、应用最广的非接触测量方法,测量速度快,准确度高,精度可达 1 μm。由于激光三角法在自由曲面三维测量上的优点,国内外针对其在叶片型面检测中的应用进行了大量的研究工作。应用最广泛的有点、线激光三角法。

点光源法类似于接触测量中的扫描测头,结构简单,分辨率高,体积小,易于实现高精度测量,但对被测表面的粗糙度、凸凹程度、漫反射率和倾角敏感,存在"阴影效应",测量效率也较低。以色列 Robomatics 公司(Robomatics Technologies Ltd)的 VIDI 叶片三维激光测量系统[5](见图 4-6),三角法激光测头在沿 X 轴和 Y 轴方向移动,叶片固定在旋转台上沿着 Z 轴垂直移动。VIDI 系统参考工作距离 150 mm 时,测量精度可达±0.01 mm。德国 Steintek

公司的 Maxos 叶片类多轴旋转超速光学测量机如图 4-7[6]所示,单点白光测距传感器装在全方位双轴连续旋转测座上对在高精度转台上的叶片进行测量。Maxos 测量精度受叶片表面光洁度的影响,非光洁表面:$\pm 10\ \mu m$;光洁表面:$\pm 2\ \mu m$。俄罗斯萨留特机械制造企业 2002 年也提出研制"高精度叶片几何尺寸激光检验系统和检验叶身型面的光学机械式激光仪器"。

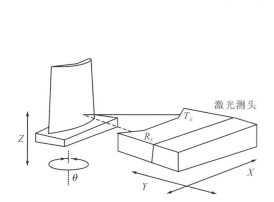
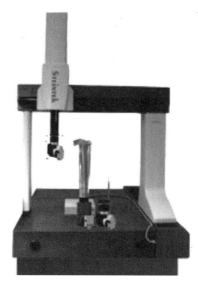

图 4-6　VIDI 叶片三维激光非接触测量系统　　图 4-7　Maxos 全自动叶片类光学测量机

　　清华大学采用激光三角法测头,研制了 BLM001 型航空压气机叶片型面四坐标测量仪(见图 4-8)[7],测量范围为 200 mm×200 mm×200 mm,精度可达0.01 mm。西安航空发动机公司研制了 DGJ-3 型叶片检测仪,采用光栅、光针技术测量叶片曲面参数。

　　早在 20 世纪 70 年代中期 Popplestone 和 Agin 等人就首先提出了采用线光源法获取测量物体的三维信息。进入到 80 年代末 90 年代初,基于线光源法的三维表面测量方法已日趋成熟[8-13],并有叶片型面检测产品面世,但国内起步较晚。美国米勒(Metron)公司 2002 年研制的 MsG2 扫描和测量系统,采用线扫描测量叶片型面,精度为 $\pm 25\ \mu m(3\sigma)$。Livingstone 使用同步扫描激光位移传感器和五轴机器人,实现了潜艇螺旋桨叶片的测量。激光线扫描式具有测量速度快、测量数据量大、对测量对象型面的光学特性要求不高等优点,但是扫描光条中像素空间位置的获取采用平均法,降低了测量精度;测量环境光照要求较高,测量条件相对比较恶劣的生产现场会降低测量精

图 4 - 8　BLM001 型航空压气机叶片型面四坐标激光测量仪

度;在大型叶片测量中测量需要进行配准和拼合,影响了线扫描测量的精度与应用,大多是利用通用的三维型面检测系统针对叶片反求工程进行型面测量。国内外比较具有代表性的三维型面线扫描测量系统有:美国 Delimitek 公司的 FlexMe 柔性三维激光线扫描系统,绝对精度 0.05 mm(3σ);德国 WERTH 的 Video-Check-IPHA400 多功能测量机,测量误差 0.5 + L/500 (μm);英国 RENISHAW 公司的 CYCLONE2 高速扫描仪,其扫描精度为 0.05 mm;台湾智泰公司的 LSH 四轴激光线扫描仪,其扫描精度为 ±0.05 mm。深圳特得维公司以美国波士顿光学仪器公司为依托研制了 TDV-1500 型彩色三维线扫描系统。

　　在国内的激光测量研究中走在前列的有重庆大学、大连理工大学、天津大学、上海大学、华中科技大学和国防科技大学、西安交通大学、中科院光机所、南京航空航天大学、浙江大学等,在叶片检测上的应用不断见诸报道[14]。图 4 - 9 为西安交通大学精密工程研究所研制的激光线扫描三维轮廓测量设备。

　　投影光栅法是一类主动式全场三角测量技术,由 Takeda 等人 1982 年首先提出[12,14]。国内外针对相移法、变换法的应用和光栅投影技术做了大量的研究工作,并根据实际应用开发了很多的精密三维测量系统。由于光学投影硬件技术的瓶颈限制,使得光栅投影的精度相对较低,影响了其在高精度叶片型面测量中的应用。中国科学院研究生院王军博士对航空发动机叶片三维轮廓测量方法做了研究,提出了全数字化(DLP)正弦投影光栅系统,测量误差不超过 0.02 mm。

　　3)其他非接触法

　　近年来,国内外在利用电子经纬仪对大型叶片测量的研究较多,因为测

图 4-9　激光线扫描三维轮廓测量仪

量速度慢、精度低,主要用于大型水轮机叶片的检测中。法国阿尔斯通公司、GE 加拿大公司利用两台 Leica 经纬仪采用交会法测量叶片表面。杨金华[15]等采用三坐标测量机和双电子经纬仪对水轮机叶片进行综合测量。

　　基于摄影测量的单、双目视觉由于测量精度较低,在叶片型面的高精度检测中应用的研究报道不多,广泛应用于机器人和机械臂自导引系统中。系统的测量精度主要受摄像机或物体移动位移精度的影响。挪威 KEN 公司采用有两台红外摄像机的 Metronor 测量系统,利用近距离摄像测量学原理测量叶片表面。杨永跃[4]等对风力机叶片检测中的机器视觉技术进行了研究,提出智能化机器视觉快速测量策略。

　　计算机层析扫描测量法(CT,ICT)不仅可以测量物体的表面形状,而且可以非破坏地对物体的内部构造进行测量,其在叶片检测中主要应用型面和内部结构检测[16]。美国的 Rochester 大学、California 大学,法国的 ERSF 实验室等在 ICT 技术研究中都取得相当的成就。目前,美国 EG&.G 公司、劳伦斯利物莫尔国家实验室、德国西门子公司以及日本、英国、法国、加拿大等国都在从事 ICT 的研制。我国从 1988 年起开始研制 ICT 设备,较国外起步晚近 20 年。在叶片检测应用上,ICT 的研究和应用仍然很落后,至今没有相应的检测设备和检测工艺,不过国内的众多学者也做了很多应用方面的研究。尤其值得一提的是,西北工业大学从 1994 年开始,在国内率先尝试将 ICT 技术应用于 CAD/CAM 领域,基于工业 CT 对航空发动机涡轮叶片的检测技术进行了研究。CT、ICT 法的成本高、精度低，对环境要求也高，可测零件的尺寸和材料有限，只能获得一定厚度截面的平均轮廓(目前的最小层厚只能达到 1 mm)，因而不可能广泛应用于叶片型面测量，但对于叶片内部构造的测量是一个很有效的方法。

综合上述内容，将常用叶片测量方法的比较列于表 4-1 中。

表 4-1　叶片测量方法比较　　　　　　　　　　　(单位：mm)

检测部位		检测方法	效率	测量精度	成本	测量特点
接触法	叶身型面	标准样板	很高	0.05～0.081	低	操作简单，现场测量，效率高，精度低；只能测量叶片边缘。人为影响大，不能测量复杂参数
		摇摆测具	较高	0.02～0.04	较低	
		坐标测量机	很低	0.001～0.003	高	精度高，过程繁琐，不适宜现场测量
		电感测量仪	较低	0.01～0.02	较高	测量过程繁琐、现场测量，对于较小叶片的测量布局困难
	叶片边缘	卡板测量法	低	0.04～0.06	较低	精度低效率低，不适合批量检测
		标准样件比对	低	0.08～0.15	较低	精度低，人为影响大
		圆弧样板	低	0.04～0.08	较低	精度低
非接触法	叶身型面	CT、ICT 法	低	＞1	高	针对叶片型面和内部结构进行检测
		光栅投射法	高	0.01～0.05	较低	主动式全场三角测量，测量精度受硬件条件的限制；易受环境光的干扰，不适宜现场测量
		光学三角法	高	≤0.001	较低	不受叶片材质限制，结构简单，分辨率高，可以实现非接触复杂型面测量，速度快，采样频率高，激光光斑小，可以测量微小结构
		光学投影	较高	0.02～0.08	高	叶片表面影响测量效果，适合弦宽不大的叶片
		双目视觉	高	＞0.1	较高	精度较低，高精度的叶片型面检测不适合
	叶片边缘	公差带投影	低	0.04～0.08	较高	只测叶片边缘。人为影响大，不能测量复杂参数
		边缘投影	低	0.01	较高	只测叶片边缘。人为影响大，不能测量复杂参数

4.2　燃气轮机透平叶片型面的复合式测量原理

如前文所述,针对燃气轮机透平叶片这种复杂曲面类零件的测量方法主要有两大类,即接触式方法和非接触式方法。综合分析二者的优缺点发现,接触式方法具有很高的精度。但是由于这种方法在测量的过程中要求测头与被检叶片表面始终保持接触,在大批量检测的过程中很容易造成测头的磨损而影响测量的精度。同时还会造成叶片表面的划伤,影响其工作的性能。此外接触式方法测量的速度较慢。因此,接触式方法不适合叶身型面的测量。非接触式方法虽然在精度上相比于接触式方法有一定的下降,但是在测量的过程中测头无需与被检叶片表面保持接触,从而有效避免了磨损与划伤的问题。况且非接触式方法在测量的速度上要远远快于接触式方法。

考虑到燃气轮机透平叶片的特点以及检测要求,为了满足检测的高效率应选择非接触式方法来测量叶身型面。由于叶身型面上需要检测的通常都是某些特定的位置(如沿叶高方向的若干特征截面),而从设计的角度确定这些特定位置的基准是叶片的叶根。考虑到叶根基准特征的测量数据量较小,而精确性的重要性则要远远高于效率,故应采用接触式方法来测量叶根基准特征。综上所述,叶片检测数据获取系统选用一种复合式方案,即采用接触式方法测量叶片的叶根基准特征;采用非接触式方法测量叶片的叶身型面。该方案可同时发挥接触式方法精度高和非接触式方法效率高的优点,实现对燃气轮机透平叶片的快速、高精度测量。接下来将分别对选用的接触式和非接触式测量原理与方法进行具体阐述。

4.2.1　接触式测量方案

高精度接触式测头包括触发式和模拟式两类。其中,在测端接触被检件后仅发出瞄准信号的测头称为触发式测头,亦称开关测头;除发出信号外还能进行偏移量读数的称为模拟式测头。这里采用基于模拟式电感原理实现对叶片叶根基准特征的测量。该方法充分发挥了接触式方法精度高的优势,可以精确获取被检叶片基准特征的检测数据。经过研究与对比分析,这里选用瑞士 TESA 公司的 GT31 杠杆测头作为获取叶根基准特征检测数据的传感器,如图 4-10(a)所示。

TESA GT31 杠杆测头基于电感原理,通过内置线圈感应与铁芯位置相

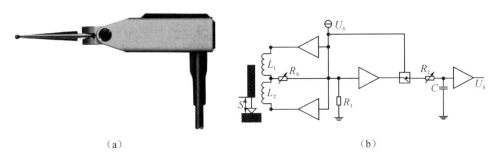

（a）　　　　　　　　　　　　　（b）

图 4 - 10　TESA GT31 杠杆测头及其工作原理

(a)实物图;(b)原理图

对应的交流输出电压,如图 4 - 10(b)所示。初始状态下与测头探针相连接的铁芯位于电子零位,线圈感应到的输出电压为零。当探针与被测件接触时会使铁芯的位置发生变化,对应线圈的电感值发生变化并产生输出电压信号。该模拟信号在通过放大、整流以及数字转换后,通过电压计或者数显装置显示输出。TESA GT31 杠杆测头的具体参数及技术指标见表 4 - 2。

表 4 - 2　TESA GT31 杠杆测头技术指标

测量范围/mm	移动范围/mm	接触力/N	工作频率/Hz	重复性/μm	误差/μm
± 0.3	0.7	0.1	25	0.1	$0.2 + 50 \cdot L^2$

　　TESA GT31 杠杆测头的输入位移量和输出电压量的特性曲线如图 4 - 11所示。当位移量 S 在测头规定测量范围 L 内时,其输入与输出基本成线性关系;当位移量超出测量范围 L 时,则测头传感器的非线性误差很大。

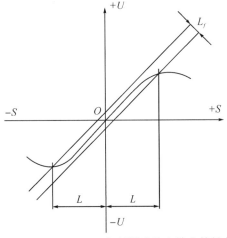

图 4 - 11　TESA GT31 杠杆测头输入输出特性曲线

故应尽可能避免测头的位移量超出测量范围。

4.2.2　非接触式测量方案

高精度非接触式测头通常主要基于光学、电学、磁学等原理实现对检测数据的采集和获取。在本文的研究工作中，基于激光三角原理实现对叶片叶身型面的测量。该方法充分发挥了非接触式方法在兼顾较高精度的同时效率高的优势，可以实现对被检叶片叶身型面的快速、高精度测量。经过研究与对比分析，这里选用日本 KEYENCE 公司的 LK—G30 激光位移传感器作为测量叶片叶身型面的测头传感器，如图 4 - 12 所示。

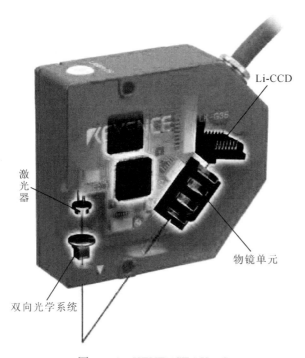

图 4 - 12　KEYENCE LK—G30

KEYENCE LK—G30 激光位移传感器基于激光三角原理，主要由半导体激光器、聚焦镜头和位置探测单元组成，如图 4 - 13 所示。半导体激光器 LD 发射出一束激光，经会聚透镜 L_1 照射到被测物体表面的点 O（物光点）处并发生漫反射；部分散射光被接收透镜 L_2 接收，会聚并投射到光电位置探测元件 PSD 上的 O' 点（像光点）。如果被测物体与激光三角位移传感器间发生相对移动时，其物光点发生位移 x，从而引起像光点在 PSD 的光电接收平面上发生位移 x'，进而使得光电元件的输出信号发生变化。通过分析此输出信号的变化，即可求得物光点位移 x 与像光点位移 x' 之间的关系[17]：

$$x = \frac{ax'}{b\sin\theta_0 - x'\cos\theta_0} \qquad (4-1)$$

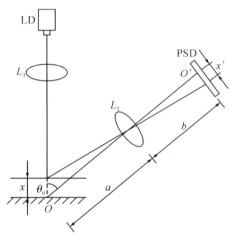

图 4 - 13　激光三角原理

KEYENCE LK—G30 激光位移传感器的具体参数和技术指标见表4 - 3。

表 4 - 3　KEYENCE LK-G30 激光位移传感器技术指标

安装模式	漫反射	镜面反射
参考距离	30 mm	23.5 mm
测量距离	±5 mm	±4.5 mm
光源	650 nm 红色半导体可见激光、2 类(GB7247.1)、4.8 mW	
光点直径约	$\Phi30\ \mu m$	
直线性	±0.05%的 F.S.(F.S.＝±5 mm)	
再现性	0.05 μm	
采样频率	20/50/100/200/500/1000 μs(可选择 6 种级别)	

4.2.3　复合式测头系统

这里结合接触式电感测量原理和非接触式激光三角测量原理设计了一

种复合式测头系统,如图 4 - 14 所示。该系统在结构上首先将非接触式激光三角测头 KEYENCE LK—G30 和接触式杠杆测头 TESA GT31 分别与各自的安装支架固定,然后两测头的安装支架通过刚性连接固定在一起,确保两个测头之间的相对位置恒定不变。

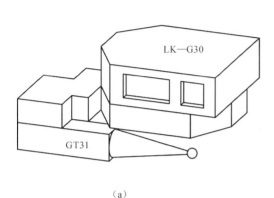

（a）　　　　　　　　　　　　　　　　　　　（b）

图 4 - 14　复合式测头系统

（a）模型结构；（b）实物图

4.3　燃气轮机透平叶片复合式测量的关键技术

4.3.1　复合式测头系统测量数据的融合

高精度电感测量法测量叶片基准,建立基准后再采用非接触式单光束激光三角法测量叶片叶身型面。由于接触式测头和光学测头安装位置不同,其结构形状不同,测量原理也不同,测量的数据就会位于不同的坐标系下（见图 4 - 15）,为了便于数据的统一和处理,需要找出这两个坐标系的对应关系。标定的方法是将激光测量坐标系下的测量数据坐标变换到接触式测量的坐标系下,实现数据的坐标统一。具体标定过程如下:

（1）首先在测头安装座上安装好复合式测头,保证安装位置正确可靠;

（2）分别用电感测头和激光测头对测量机工作台面上固定位置的标准球进行测量;

（3）对测量所得数据进行处理,分别拟合出标准球的球心坐标,在接触式测量坐标系 $OXYZ$ 下球心坐标为 $p(x, y, z)$,在光学测量坐标系 $O'X'Y'Z'$ 下球心坐标为 $p'(x', y', z')$;

（4）在这两个坐标系下球心的坐标位置关系为

$$
\begin{bmatrix} x' \\ y' \\ z' \end{bmatrix} = \begin{bmatrix} l_1 & m_1 & n_1 \\ l_2 & m_2 & n_2 \\ l_3 & m_3 & n_3 \end{bmatrix} \begin{bmatrix} x - x_0 \\ y - y_0 \\ z - z_0 \end{bmatrix} \tag{4-2}
$$

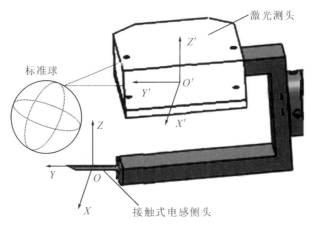

图 4 - 15　测头坐标系之间的关系

由式（4 - 2）可知，方程有 12 个未知数，因此重复上述测量步骤，测得 12 组以上球心坐标数据，采用 $n > 12$ 组对应球心坐标建立超静定方程组，应用最小二乘法求解。其中：$\boldsymbol{M} = \begin{bmatrix} l_1 & m_1 & n_1 \\ l_2 & m_2 & n_2 \\ l_3 & m_3 & n_3 \end{bmatrix}$ 为旋转矩阵，$\boldsymbol{S} = \begin{bmatrix} x_0 \\ y_0 \\ z_0 \end{bmatrix}$ 为平移矩阵。

4.3.2　系统转台的标定与数据拼合

由于采用复合式叶片型面测量法，在实际采用激光三角法测量叶身型面的过程中光线被遮挡，往往需要多次不同方位的测量才能获得叶片型面的数据。故提出了一种改进悬臂式坐标测量机构，增加旋转台结构以缩小悬臂长度，在测量中主要为工作台旋转以及悬臂的小位移运动，一次完成 360°旋转测量叶片截面线轮廓数据。由于测量中转台有回转运动，回转中心标定结果直接影响着叶片型面测量点的坐标转换结果，影响到叶片型面的测量精度[18]。

1. 回转中心标定系统设计

在基于非接触光学测量系统中,很多是直接利用光学测量系统实现转台中心的标定,如采用标准球或标准圆柱进行扫描,然后拟合数据求圆心;由于光学测量精度的影响,其求取转台中心精度较低[19]。

如直接采用光学测头进行转台回转中心的标定,其精度受激光测头精度的限制。为了保证加工、检测基准的统一,设计了高精度电感接触式的叶片基准测量系统,则可以利用此基准测量系统进行转台中心标定。转台中心标定过程只有转台旋转运动,无其余三轴几何运动误差的影响,可以精确地采集转台中心数据[20],实现叶片型面测量系统转台中心的高精度标定。整个测量系统的目标精度为 5 μm,而基准测量的精度可达 0.1 μm,则标定过程中的测头误差也可以忽略。经过转台中心标定后进行测量,如果同时采用误差补偿技术则可以更精确地表达叶片型面真实情况。

2. 三点法回转中心标定

由于在标定测量过程中只有转台旋转运动,在实际测量中需要结合标准球进行。标定测量原理如图 4 - 16 所示。

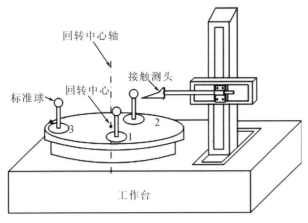

图 4 - 16　转台中心标定原理

实际进行转台中心标定时,把标准球置于回转工作台某一固定位置,首先保证 Z 轴固定,在 XY 平面内实际测量标准球上 A、B、C 三点(见图 4 - 17)其坐标分别为 $A(x_A, y_A)$,$B(x_B, y_B)$,$C(x_C, y_C)$,利用 A,B,C 求此位置球的截面圆心坐标[21],其原理如图 4 - 17 所示。

设此时圆心为 $O(x_0, y_0)$ 及圆半径为 R,从圆心 O 向 BC 作垂线,交于 M

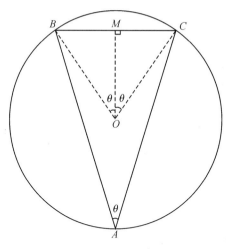

图 4 - 17　三点法求圆心

点。由三角形及圆的性质可知:$BM=CM$,$\angle BOM=\angle COM=\theta$。由三角原理求得:

$$\begin{cases} x_0 = [x_B + x_C + (y_B - y_C)\cot\theta]/2 \\ y_0 = [y_B + y_C + (x_C - x_B)\cot\theta]/2 \\ R = S_{BC}/(2\sin\theta) \end{cases} \quad (4-3)$$

如图 4 - 16,利用式(4 - 3)求得标准球位置 1 时的圆心坐标 $O_0(x_0, y_0)$,然后转动回转工作台到位置 2,并保持标准球与转台不发生相对运动;同时保持测头 Z 向不变,求取标准球在位置 2 时的截面圆心 $O_1(x_1, y_1)$。继续转动回转工作台到位置 3,求取此时的标准球截面圆心 $O_2(x_2, y_2)$。利用求取位置 1、位置 2、位置 3 的标准球截面圆心坐标 $O_0(x_0, y_0)$,$O_1(x_1, y_1)$,$O_2(x_2, y_2)$,根据公式(4 - 3)即可求取回转工作台的回转中心 $O(x, y)$。

3. 最小二乘法回转中心标定

为了提高回转中心的标定精度,需要测得多于三个点的坐标,此时通常采用最小二乘拟合法求取标准球截面圆心与回转工作台的回转中心[22]。

最小二乘拟合圆是所有测量点到该圆距离的平方和最小的圆[23][24]。最小二乘拟合圆求取圆心原理如图 4 - 18 所示。设 $p_i(x_i, y_i)$ 为测量点的坐标值,采样点数为 n,$O'(A, B)$ 为最小二乘圆圆心,R 为最小二乘圆半径。则最小二乘法拟合圆的曲线方程为

$$(x - A)^2 + (y + B)^2 = R^2 \quad (4-4)$$

展开,并简化可得圆曲线的方程形式:

$$x^2 + y^2 + ax + by + c = 0 \qquad (4-5)$$

其中：

$$\begin{cases} A = -a/2 \\ B = -b/2 \\ R = \dfrac{\sqrt{a^2 + b^2 - 4c}}{2} \end{cases} \qquad (4-6)$$

测量点 $P_i(x_i, y_i)\, i = 1, 2, \cdots, n$，到最小二乘圆心的距离为 d_i，则：

$$d_i{}^2 = (x_i - A)^2 + (y_i - B)^2 \qquad (4-7)$$

$$\delta_i = d_i{}^2 - R^2 = x_i{}^2 + y_i{}^2 + ax_i + by_i + c \qquad (4-8)$$

根据最小二乘拟合圆定义，则求最小二乘圆的参数目标函数为

$$F(a,b,c) = \min \sum_{i=1}^{n} \delta_i{}^2 = \min \sum_{i=1}^{n} \left[x_i{}^2 + y_i{}^2 + ax_i + by_i + c \right]^2 \qquad (4-9)$$

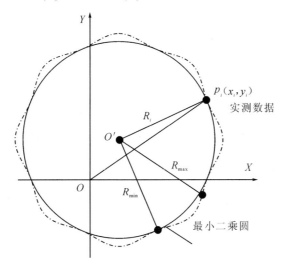

图 4 - 18　最小二乘圆法原理图

根据极值条件，对 a, b, c 求偏导，令偏导等于 0，得到极值点，比较所有极值点的函数值即可得到最小值。则

$$\begin{cases} \dfrac{\partial F(a,b,c)}{\partial a} = \sum_{i=1}^{n} 2(x_i{}^2 + y_i{}^2 + ax_i + by_i + c)x_i = 0 \\[2mm] \dfrac{\partial F(a,b,R)}{\partial b} = \sum_{i=1}^{n} 2(x_i{}^2 + y_i{}^2 + ax_i + by_i + c)y_i = 0 \\[2mm] \dfrac{\partial F(a,b,c)}{\partial c} = \sum_{i=1}^{n} 2(x_i{}^2 + y_i{}^2 + ax_i + by_i + c) = 0 \end{cases} \qquad (4-10)$$

展开计算,求解方程组得到关于 a,b,c 的最终表达式:

$$\begin{cases} a = (HD - EG)/(CG - D^2) \\ b = (HC - ED)/(D^2 - GC) \\ c = -\Big[\sum_{i=1}^{n}(x_i{}^2 + y_i{}^2) + a\sum_{i=1}^{n}x_i + b\sum_{i=1}^{n}y_i \Big]\Big/N \end{cases} \quad (4-11)$$

其中:

$$\begin{cases} C = N\sum_{i=1}^{n}x_i{}^2 - \sum_{i=1}^{n}x_i\sum_{i=1}^{n}x_i \\[2mm] D = N\sum_{i=1}^{n}x_i y_i - \sum_{i=1}^{n}x_i\sum_{i=1}^{n}y_i \\[2mm] E = N\sum_{i=1}^{n}x_i{}^3 + N\sum_{i=1}^{n}x_i y_i{}^2 - \sum_{i=1}^{n}(x_i{}^2 + y_i{}^2)\sum_{i=1}^{n}x_i \\[2mm] G = N\sum_{i=1}^{n}y_i{}^2 - \sum_{i=1}^{n}y_i\sum_{i=1}^{n}y_i \\[2mm] H = N\sum_{i=1}^{n}x_i{}^2 y_i + N\sum_{i=1}^{n}y_i{}^3 - \sum_{i=1}^{n}(x_i{}^2 + y_i{}^2)\sum_{i=1}^{n}y_i \end{cases} \quad (4-12)$$

利用式(4-6)求出最小二乘圆圆心 $O'(A,B)$。在实际应用中利用转台转动,进行多次测量求取多个位置的标准球截面圆心坐标,然后对多个($n>$3)位置圆心坐标进行最小二乘法拟合求得回转工作台回转中心。

根据叶片型面测量特点设计的复合式叶片型面测量系统,不但充分发挥了激光非接触法测量方法的优点,而且接触式基准测量系统还可应用于叶片型面测量转台中心的标定。利用接触式基准测量系统实现叶片型面测量系统转台中心的高精度标定,提高了叶片型面的测量精度。

4. 数据拼合原理

叶片型面测量系统采用的激光三角测头为单向的位移测量测头,要实现物体三维型面的测量必须要在四轴坐标测量系统下完成。测量过程中 $XYZW$ 轴四轴联动,根据工件表面形状规划路径测量,通常是一次测量完当前视角下的可见的表面,然后再旋转到下一个测量方位,整个截面只需要从几个不同的测量方位就可以测量完毕。

通过高精度电感测头标定出转台的回转中心,转台圆光栅获得叶片型面测量时的旋转角度,则测量数据绕转台回转中心进行旋转拼合。在转台处于零点位置时,利用激光测头对叶片型面进行扫描,测量数据点在机器坐标下坐标为 $P(x_p, y_p, z_p)$。在转台旋转过 θ 角度后,测量叶片型面数据点在机器

坐标系下坐标为 $Q'(x'_q, y'_q, z'_q)$。$Q'(x'_q, y'_q, z'_q)$ 是经过转台的旋转使得叶片型面上处于 θ 角度的位置型面的点 $Q(x_q, y_q, z_q)$ 处于零点位置进行测量所得。如果在旋转测量过程中系统的 XYZ 轴不变,则其测量的 P 点和 Q 点坐标相同,而实际上 P 点和 Q 点为叶片型面上不同位置上的点。如果要获得实际机器坐标系下 $Q(x_q, y_q, z_q)$ 点的坐标,根据空间解析几何可知,只要绕转台的旋转轴线进行旋转变换即可。则绕转台旋转的测量数据拼合问题就转化为在机器坐标下 $Q'(x'_q, y'_q, z'_q)$ 点绕转台轴线旋转变换为 $Q(x_q, y_q, z_q)$ 的问题,旋转角度为 θ。

由空间解析几何可知,设空间点 $Q'(x'_q, y'_q, z'_q)$ 绕轴线旋转 θ 角到 $Q(x_q, y_q, z_q)$,旋转轴上点 $O(x, y, z)$,旋转轴的方向余弦为 (n_1, n_2, n_3),则其变换矩阵为:

$$\begin{bmatrix} x'_q & y'_q & z'_q & 1 \end{bmatrix} \cdot \boldsymbol{T}_{1t} \cdot \boldsymbol{T}_{2rxt} \cdot \boldsymbol{T}_{3ry} \cdot \boldsymbol{T}_{4rz} \cdot \boldsymbol{T}_{5ry} \cdot \boldsymbol{T}_{6rx} \cdot \boldsymbol{T}_{7t}$$
$$= \begin{bmatrix} x_q & y_q & z_q & 1 \end{bmatrix} \tag{4-13}$$

其中

$$\boldsymbol{T}_{1t} = \begin{bmatrix} 1 & 0 & 0 & 0 \\ 0 & 1 & 0 & 0 \\ 0 & 0 & 1 & 0 \\ -x_A & -y_A & -z_A & 1 \end{bmatrix}, \boldsymbol{T}_{2rx} = \begin{bmatrix} 1 & 0 & 0 & 0 \\ 0 & \cos\alpha & \sin\alpha & 0 \\ 0 & -\sin\alpha & \cos\alpha & 0 \\ 0 & 0 & 0 & 1 \end{bmatrix}$$

$$\boldsymbol{T}_{3ry} = \begin{bmatrix} \cos(-\beta) & 0 & -\sin(-\beta) & 0 \\ 0 & 1 & 0 & 0 \\ \sin(-\beta) & 0 & \cos(-\beta) & 0 \\ 0 & 0 & 0 & 0 \end{bmatrix}, \boldsymbol{T}_{4rz} = \begin{bmatrix} \cos\theta & \sin\theta & 0 & 0 \\ -\sin\theta & \cos\theta & 0 & 0 \\ 0 & 0 & 1 & 0 \\ 0 & 0 & 0 & 1 \end{bmatrix}$$

$$\boldsymbol{T}_{5ry} = \begin{bmatrix} n & 0 & -n_1 & 0 \\ 0 & 1 & 0 & 0 \\ n_1 & 0 & n & 0 \\ 0 & 0 & 0 & 1 \end{bmatrix}, \boldsymbol{T}_{6rx} = \begin{bmatrix} 1 & 0 & 0 & 0 \\ 0 & n_3/n & -n_2/n & 0 \\ 0 & n_2/n & n_3/n & 0 \\ 0 & 0 & 0 & 1 \end{bmatrix}$$

$$\boldsymbol{T}_{7t} = \begin{bmatrix} 1 & 0 & 0 & 0 \\ 0 & 1 & 0 & 0 \\ 0 & 0 & 1 & 0 \\ x_A & y_A & z_A & 1 \end{bmatrix}$$

图 4-19 为其绕空间轴旋转示意图。

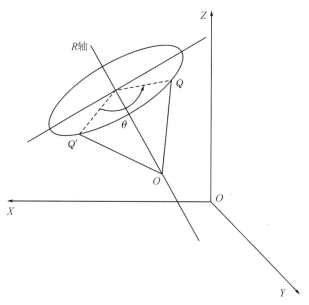

图 4-19　绕空间轴旋转示意图

4.3.3　系统的误差分析与补偿

叶片型面测量采用复合式测量方式,由于叶片型面测量精度要求较高,必须采用高精度的测量机械系统。在现有的加工条件下,为了保证叶片型面测量精度,系统误差补偿技术成为重要手段。叶片型面测量系统由三正交轴 X, Y, Z 与回转 R 轴组成,系统误差主要有系统本身误差与测量条件相关联的各种因素引起的误差。

在测量系统设计中,机械部分的精度对系统测量精度有着直接的影响。针对研制的大型叶片高精度四坐标测量系统,深入研究其机械部分的几何误差补偿问题,以提高系统的测量精度。由上面分析可知,几何误差主要有定位误差、直线度运动误差、角度运动误差、垂直度运动误差[25]。假设叶片型面测量系统符合准刚体模型且没有热变形,刚体上某一点的总位移可以看作是刚体的角位移和线位移两个基本位移的矢量和。设计的叶片型面测量系统,有三个正交坐标轴 X, Y, Z 和一个旋转轴,如图 4-20 所示。

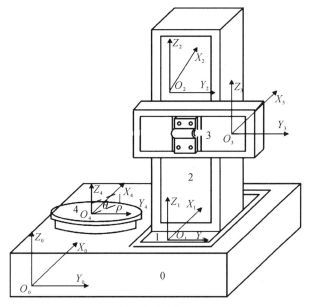

图 4-20　叶片型面测量系统几何模型

1. 正交轴几何误差分析

1)定位误差

当某运动部件移动理论距离时,运动部件的实际位置与理论控制位置之差称为定位误差。定位误差主要受标尺误差的影响,叶片型面测量系统采用闭环控制,此标尺误差包括光栅标尺的读数系统误差、刻线误差及细分误差等多个方面。设计的叶片型面测量系统测头安装在 Y 轴,测量时左右运动,测量线与标尺(基准线)在同一直线上,符合阿贝原则。X,Z 轴标尺在测量空间以外,X,Z 轴均不符合阿贝原则,因此,在任何位置的定位误差都包括标尺误差与阿贝误差:离标尺越远,阿贝误差影响越大。

2)直线度运动误差

由于导轨的约束,叶片型面测量系统中运动部件应该沿直线运动。由于导轨系统的制造误差(直线度、平面度、表面形状等),运动部件的实际运动轨迹偏离了应循的直线方向,由偏离运动直线方向产生的误差称为直线度运动误差。

3)角运动误差

由于导轨系统不完善,叶片型面测量系统运动部件沿其导轨作直线运动时,不仅会产生直线度运动误差,同时还会产生绕三根轴回转的角运动误差。角运动误差又可分为滚转误差、偏摆误差、俯仰误差。滚转误差为绕运动方向转动产生的误差;偏摆误差为绕与运动方向垂直的竖直轴转动产生的误差;俯仰误差为绕与运动方向垂直的水平轴转动产生的误差。

4)垂直度误差

由于安装误差的存在,X,Y,Z 轴之间并不垂直,夹角不等于 $90°$,此时轴线相互之间存在垂直度误差。垂直度误差不同于其他各项运动误差,它基于 2 个运动方向,不是 X,Y 或 Z 单一位移的函数误差,而是纯量误差。实际测量中,测量系统是沿存在直线度误差轴线运动,运动轴线的定义不同,则求得的垂直度误差也不同。

采用 X 轴分析过程对 Y,Z 轴分别进行分析可知 Y,Z 轴运动副也分别存在三项直线运动误差、三项转角运动误差。当系统存在安装误差时,X,Y,Z 轴线不完全垂直,则存在轴线垂直度误差 $\varepsilon_{xy},\varepsilon_{yz},\varepsilon_{zx}$。分析结果如图 4 - 21 所示。

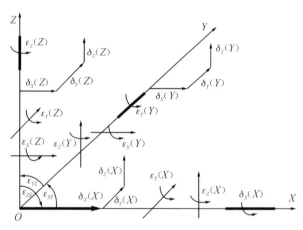

图 4 - 21　三轴几何误差分析结果

由分析结果知,叶片型面测量系统三正交轴运动部件几何误差共 21 项,见表 4 - 4。

表 4 - 4　几何误差参数表

运动部件	线性误差			转角误差			坐标系	垂直误差
	X	Y	Z	X	Y	Z		
X	$\delta_X(X)$	$\delta_Y(X)$	$\delta_Z(X)$	$\varepsilon_X(X)$	$\varepsilon_Y(X)$	$\varepsilon_Z(X)$	X,Y	ε_{XY}
Y	$\delta_X(Y)$	$\delta_Y(Y)$	$\delta_Z(Y)$	$\varepsilon_X(Y)$	$\varepsilon_Y(Y)$	$\varepsilon_Z(Y)$	Y,Z	ε_{YZ}
Z	$\delta_X(Z)$	$\delta_Y(Z)$	$\delta_Z(Z)$	$\varepsilon_X(Z)$	$\varepsilon_Y(Z)$	$\varepsilon_Z(Z)$	Z,X	ε_{ZX}

2. 旋转轴 R 误差分析

叶片测量时,工作转台需要旋转,因此还要考虑旋转 R 轴转台的几何误差。理想情况下,旋转轴只有一个转动自由度,则存在定位误差,即当实际转动角度与理论转动角度不符合时的误差[26]。由于旋转轴系的制造误差、受力、润滑等因素的影响,实际旋转轴线偏离其理想轴线,产生径向、轴向跳动,就产生了其他各项几何误差。

叶片型面系统中回转轴线与 Z 轴平行,建立柱坐标系 $O_r R\theta Z_r$,Z_r 为回转轴线方向。同时考虑叶片型面测量结果的表示,建立直角坐标 $O_r X_r Y_r Z_r$,则:

$$\begin{cases} x = \sqrt{r^2 - z^2}\sin\theta \\ y = \sqrt{r^2 - z^2}\cos\theta \\ z = z \end{cases} \tag{4-14}$$

转角 θ 的定位误差直接影响叶片型面 X,Y 坐标测量结果,轴向跳动影响 Z 坐标测量结果。由于存在制造、装配误差,如图 4-22 所示旋转轴 R 的运动副沿 Z_r 轴旋转时,实际回转轴线偏移为 Z'。Z' 在空间直角坐标系 $O_r X_r Y_r Z_r$ 的 X,Y 向投影分别与回转轴 Z_r 成一小角度 α_{rx} 和 α_{ry}。此时 P 点坐标(R,θ,Z)的直线度误差可以分解为空间坐标系 $O_r X_r Y_r Z_r$ 直线度误差分量 $\delta_x(\theta)$,$\delta_y(\theta)$,$\delta_z(\theta)$。绕回转轴线 Z' 的转动误差也可以分解为空间坐标系 $O_r X_r Y_r Z_r$ 角度误差分量 $\varepsilon_x(\theta)$,$\varepsilon_y(\theta)$,$\varepsilon_z(\theta)$。直线位移误差主要是由于轴系的制造误差引起;转角误差主要由分度元件的刻度误差、安装偏心、读数误差和轴系运动

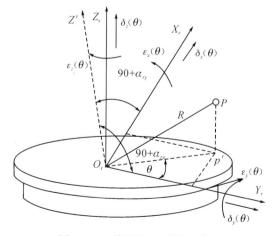

图 4-22　旋转轴 R 轴误差分析

误差引起。由于装配误差,转轴 Z_r 与测量机 X,Y 轴存在垂直度误差 ε_{rx} 和 ε_{ry}。叶片型面测量经一次装卡,在 X,Y 向产生偏移 Δ_{ax} 与 Δ_{ay} 误差可不计[27]。

3. 激光位移传感器误差分析与补偿方法[28,29]

由激光三角法测量原理可知,传感器设计参数是以光束垂直入射被测物面为基准。当传感器入射光束与被测物面不垂直时,就会产生倾角误差。由于物面的倾斜改变了散射光场相对于接收透镜的空间分布,使得会聚光斑在线阵 CCD 光敏面上光能质心的位置相对于垂直入射时发生了改变。若仍使用垂直入射时的标定模型来计算位移量,必然要产生误差,这就是物面倾斜产生测量误差的根本原因。研究并补偿激光位移传感器的倾角误差,可以有效提高其对自由曲面测量的精度。

如果能够推出会聚光斑在线阵 CCD 光敏面上的光能质心位置与物面倾角的关系,就可以定量地分析激光位移传感器倾角误差的变化规律。当被测物面发生了倾斜时,被测物面上物光点的法线与入射光束将会不再重合。物面倾斜测量的原理如图 4 - 23 所示,其中相关符号的含义如下:

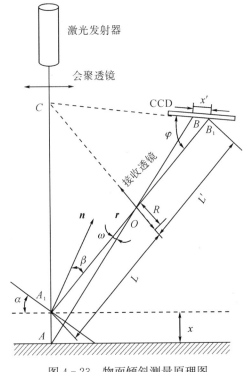

图 4 - 23 物面倾斜测量原理图

α——被测物面法线与入射光束的夹角(假定物光点的法线相对入射光束顺时针转动时,α 为正值;反之,α 为负值);

x——存在倾角时被测物面的位移量;

$\boldsymbol{r}$——从物光点指向接收透镜的矢量;

R——接收透镜的有效半径;

ω——物光点反射光束与接收透镜光轴的夹角;

x'——有倾角时光斑在线阵 CCD 光敏面上的位移量;

β——$\boldsymbol{r}$ 与 $\boldsymbol{n}$ 的夹角;

$\boldsymbol{n}$——被测物面的法线。

由于激光照射在物体表面上,发生的散射现象是非常复杂的,为了便于定量分析,假设被测物件表面理想漫反射无吸收。如图 4 - 24 所示,根据朗伯(Lambert)定律,散射光场的光强分布为:

$$I(\omega) = I_0 \cos\omega \tag{4-15}$$

式中　$I(\omega)$——方向单位立体角内的散射光功率;

　　　ω ——物面法线 $\boldsymbol{n}$ 与散射光束的夹角;

　　　I_0 ——法线 $\boldsymbol{n}$ 方向的光强值。

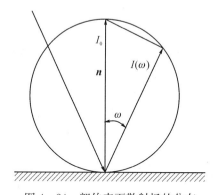

图 4 - 24　朗伯表面散射场的分布

把入射光束和接收透镜光轴构成的平面定义为接收面,先前的研究成果表明,对测量精度影响最大的因素是物面法线在接收面内的倾斜角。依据这一主要研究,接下来给出详细推导过程。如图 4 - 25 所示,dS 表示接收透镜上与接收面垂直的条形面元。由于透镜的直径很小,所以可近似认为:光束在此面元上的散射光强均与其中心处一致。那么,条形面元 dS 在单位时间内接收的光能量为:

$$dE = I\cos(\theta_0 - \theta)d\Omega \tag{4-16}$$

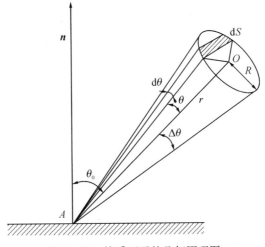

图 4 - 25　接受面元的几何原理图

图 4 - 25 给出了接收面元示意图,其中,$d\Omega$ 为条形面元 dS 对物光点所张的立体角,r 为 AO 即由物光点到接收透镜中心的距离。

$$d\Omega = dS/(r/\cos\theta)^2 = (1/r^2)\cos^2\theta dS \tag{4-17}$$

$$dS = 2(R^2 - r^2\tan^2\theta)^{1/2}\frac{r}{\cos\theta}d\theta \tag{4-18}$$

将式(4-17)和式(4-18)代入式(4-16)中,在以激光三角法测量物体的位移时,由于物光点到接收透镜 L 的距离 r 远远大于透镜的半径 R,又因 θ 很小,可以近似认为:$\sin\theta = \tan\theta$,那么得到算式:

$$dE = 2I_0\frac{R}{r}(\cos\theta_0\cos\theta + \sin\theta_0\sin\theta)\left(1 - \frac{r^2\sin^2\theta}{R^2}\right)^{1/2}\cos\theta d\Omega \tag{4-19}$$

以向量 r 为基准,假定当 θ 角逆时针转动时,θ 为正值,反之为负值。如果把接收透镜在垂直于接收面 $\theta = \beta$ 分成两部分,假设这两部分接收的光能一样,那么,β 就是接收透镜收到的光锥中光能质心线的角位置,由式(4-19)可得:

$$\int_{-\Delta\theta}^{\theta_1} dE = \int_{\theta_1}^{\Delta\theta} dE \tag{4-20}$$

由图 4 - 23 可知,当 $\left(\dfrac{x}{L}\right)^2 \ll 1$ 时,由三角函数余弦定理可得下面公式:

$$r = L - x\cos\beta \tag{4-21}$$

从图 4 - 25 中可以看出,由于 θ 角很小,在积分限 $-\theta$ 到 θ 范围内,有近似公式 $\tan\theta \approx \sin\theta$,$\sin\theta \approx \tan\theta$,$\cos^2\theta \approx \cos\theta$,$\theta_0 = \beta - \alpha + \gamma \approx \beta - \alpha$,所以:

$$\theta_1 = \left(\frac{R}{L}\right)^2 \left[1 + 2\left(\frac{x}{L}\right)\cos\beta\right]\tan(\beta - \alpha) \qquad (4-22)$$

上式中 θ_1 代表光锥中光能质心线在接受透镜的角位置。光能质心线在线阵 CCD 光敏面上的照射点就是光敏面上接收到会聚光斑的光能质心。下面求光能质心线在该照射点位置的计算方法。

如图 4-26 所示，光能质心线 PA 经透镜折射后，入射到线阵 CCD 光敏面上的 C 点处。P 的像点为 P'，像距 b' 与物距 a' 满足下式：

$$b' = \frac{a'f}{a' - f} \qquad (4-23)$$

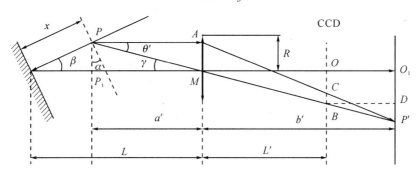

图 4-26　光斑的光能质心示意图

像点 P' 与光轴的距离 O_1P' 可以表示为：

$$O_1P' - PP_1\left(\frac{b'}{a'}\right) = \frac{xf}{(a' - f)\sin\beta} \qquad (4-24)$$

又由于光线 PM 在线阵 CCD 光敏面上的入射点 B 与光轴的距离 OB 满足式：

$$OB = \frac{b'x\sin\beta}{a'} \qquad (4-25)$$

因为 $\triangle AMP' \backsim \triangle CBP'$，故有：

$$CB = \frac{AM \cdot BP'}{MP'} \qquad (4-26)$$

根据几何关系 $AM \approx a'\theta'$，可知：

$$AM \approx r\theta'\left[1 - \left(\frac{x}{L}\right)\cos\beta\right] \qquad (4-27)$$

$$MP' = \frac{rb'}{a'} = \frac{rf}{a' - f} \qquad (4-28)$$

$$BP' = \frac{DP'}{\sin\gamma} = \frac{O_1P - O_1D}{\sin\gamma} = \frac{O_1P - OB}{\sin\gamma} \qquad (4-29)$$

又因为：

$$\sin\gamma = \frac{x\sin\beta}{r} \qquad (4-30)$$

将式(4-24)、式(4-25)和式(4-30)代入式(4-29)中，即得：

$$BP' = \frac{L'fx\sin\beta}{L(L-f-x\cos\beta)} \qquad (4-31)$$

再将式(4-27)、式(4-28)和式(4-31)代入式(4-26)中，整理可得：

$$CB = \frac{\theta'L'x\cos\beta}{L} \qquad (4-32)$$

光能质心线的投射点 C 的离轴距离 OC 为：

$$OC = OB - CB \qquad (4-33)$$

将式(4-26)和式(4-32)代入式(4-33)中可得到：

$$OC = \frac{L'x\sin\beta}{L-x\cos\beta} - \frac{L'x\sin\beta}{L}\theta' \qquad (4-34)$$

根据以上推导，可以分析由于物面倾斜而造成的误差：如果激光位移传感器标定时入射光束为垂直入射，即物面无倾斜时，$\theta' = \theta_1\mid_{\alpha=0}$；如果激光位移传感器标定时入射光为以倾角 α 入射，即物面有倾斜时，$\theta' = \theta_1\mid_{\alpha\neq0}$，那么，倾角误差可表示为：

$$E_\alpha = OC\mid_{\theta'=\theta_1,\alpha\neq0} - OC\mid_{\theta'=\theta_1,\alpha=0}$$
$$= \frac{R^2L'x\cos\beta}{L^3}\left(1+2\frac{x}{L}\cos\beta\right)\left[\tan\beta-\tan(\beta-\alpha)\right] \qquad (4-35)$$

从上式可知，式中变量只有物面倾角 α 和物件位移量 x，其余为激光位移传感器的设计参数，均为常数。通过分析可得以下三点结论：

当物面的倾角 α 一定时，激光位移传感器的测量误差随测量景深的增大而增加；

当物面的位移量 x 一定时，激光位移传感器的测量误差随测量物面倾角的增大而增加；

当 $\alpha > 0$ 时，激光位移传感器测量误差的正负号与物体位移的正负号相同；

当 $\alpha < 0$ 时，激光位移传感器测量误差的正负号与物体位移的正负号相反。

上面的推导过程是假定在被测物面为理想条件，满足朗伯定理而进行的。在公式的推导过程中，也对一些数值作了近似处理，尽管从实验计算出的理论结果与实际测量值还有一定偏差，但从工程应用的角度出发，推导出的可量化的误差模型对实际测量精度的提高,具有一定的应用价值。

4.3.4　燃气轮机透平叶片型面测量路径的规划

大型燃气轮机透平叶片种类繁多、数量较大,每台燃气轮机都有成百上千个叶片,叶片型面的测量不但要考虑高精度的问题,高效率自动测量也是难题之一。叶片测量根据目的的不同可分为两类,一是检测模式,即由设计数学参数模型以检测叶片加工质量;二是反求模式,即通过叶片实物获得测量数据以反求出叶片设计参数。针对形状为空间自由曲面的叶片型面的自适应测量,特别是反求测量模式的路径规划一直很难解决。由叶片的设计造型可知,叶片的检测主要采用截面线扫描模式。根据叶片型面测量的目的和条件,分别对两种测量路径规划方法予以阐述,以解决叶片型面高效率自动测量问题。

1. 叶片型面测量路径约束条件

由叶片型面设计造型过程可知,叶片型面测量采用截面扫描方式,首先沿叶片型线进行点测,再沿型线垂直方向逐步扩展至整个型面。采用点式激光三角法连续测量叶身型面,由于叶身型面的形状变化,要求测头始终保持在测量景深范围内(见图 4-27)。

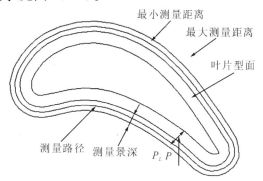

图 4-27　叶片扫描测量示意图

叶片型面测量路径规划的目标是根据测点及测头信息,对待测点进行规划,满足激光测头的工作要求,得到能够反映曲率变化的测点,即满足:

$$D_w - \frac{1}{2}\text{DOV} \leqslant |P_L P| \leqslant D_w + \frac{1}{2}\text{DOV} \tag{4-36}$$

式中　D_w——激光测头的工作距离(给定参数);

DOV——激光测头的景深；

P_LP——激光测头到被测点之间的距离。

$$|P_LP| = \sqrt{(x_L-x)^2 + (y_L-y)^2 + (z_L-z)^2}$$

式中 x_L, y_L, z_L——激光测头中心的坐标值；

　　　　x, y, z——叶片型面上相应的点坐标值。

在叶片型面测量过程中，首先要保证激光测头工作在景深范围内（见图 4-28）[30]。由于燃气轮机叶片扭曲度较大，所以必须进行测量路径规划，保证测头能工作在最佳位置。

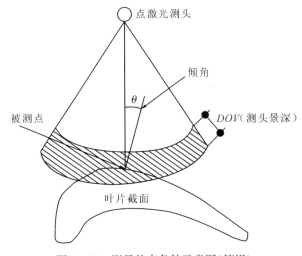

图 4-28   测量约束条件示意图（俯视）

由于激光三角法测量精度随倾角的增加而降低，虽然采用直射式激光三角测量法，原理上消除了倾角误差，但在实际中很难保证测量入射光与被测点的法线重合。在实际测量中，保证激光测头工作在景深范围且与叶片型面不发生干涉、满足倾角 θ 要求是叶片型面测量路径规划的主要研究内容。

2. 测量路径规划研究现状

针对叶片测量这种截面线扫描方式的传统路径规划方法主要有圆弧外延法、曲面三角形法，曲线拟合与外插等算法[31-36]。李维诗等[37]提出了利用圆弧直线插值法；鞠华提出了圆弧外延法，其涉及到矢量计算，计算量大、效率较低；曲面三角形法利用了叶片型面的几何特性，但处理过程繁琐。

针对反求模式，C. Menq 和 F. L. Chen[38] 开发了基于 CMM 未知自由曲面接触式测量系统，沿法线方向测量自由曲面，但它只能用于测量光滑曲面；

Chen L-C[39]提出了视频图像辅助的测量方法,这是一种结合预测手段的自动测量方法。张丽艳[40]提出了人工规划法,先在未知的被测物体进行人工测点规划,然后进行数据测量。王平江等人提出了准等弧长测点预测法。王春等提出了"速度圆矢量分解法",对测头运动速度进行"切线矢量"分解以实现表面的自动跟踪测量,此方法利用测头速度信息而较少利用待测曲面的几何信息,精度较低。平雪良[41]提出了无 CAD 模型的灰色理论预测模型法。洪军采用多项式插值的方法来实现自动跟踪测量。现有方法大多针对三坐标测量机测量路径规划进行研究,而针对非接触法的自由曲面测量比较少[42-47]。针对激光三角法测量特点,结合前人研究成果把叶片型面测量分为检测模式(CAD 模型已知)、反求模式(CAD 模型未知),并对两种模式下的叶片型面测量分别提出了闭合 B 样条插值以及 BP 神经网络预测两种路径规划算法。

3. 基于检测模式的闭合 B 样条插值叶片测量路径规划

由叶片型面设计、加工过程可知,叶片型面的设计主要是利用 B 样条拟合数据点生成叶片型线,然后扩展至整个型面。相反,当已知叶片型面数学模型时,进行型面测量时应该可以利用 B 样条插值生成测量路径[48]。基于此,提出了利用闭合 B 样条曲线进行叶片型面测量路径的规划。

对于已知叶片型面模型,则设计型线理论点(检测目标点)已知。实际检测中如何根据理论数据点及测量路径约束条件,求出实际测头位置是关键点。提出了首先采用闭合 B 样条插值法求得已知叶片型面理论曲线;然后根据测量约束条件(入射光线与测点垂直),求取叶片理论点的法矢;最后根据景深限制在被测点法矢方向上取最佳位置作为测量路径规划位置。叶片型线整体为一个封闭光滑曲线,为了提高在叶片型面整体的检测精度,通过采样闭合 B 样条求取叶片型线,并采用拟追赶法反求 B 样条插值曲线的控制顶点。叶片型线测量路径规划示意如图 4-29。

基于闭合三次非均匀 B 样条的叶片型面测量路径规划算法具体实现流程如图 4-30 所示。

(1)读取被测理论型面线坐标点集 $P_i(i=0,1,\cdots,n)$,并序列化;

(2)根据 $N+1$ 个理论型面点 $P_i(i=0,1,\cdots,N+1)$ 构造节点矢量,算出相应的基函数;

(3)求取三次 B 样条插值曲线的反算控制顶点方程组;

(4)拟追赶法求解反算控制顶点方程组,得控制顶点 $V_{Pj}(j=0,1,\cdots,N+1,N+2)$;

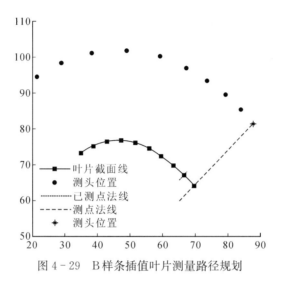

图 4 - 29　B 样条插值叶片测量路径规划

(5)求解样条插值曲线 $P(x)$；

(6)计算被测点的法矢 k；

(7)沿法矢方向求取测量位置；

(8)重复(1)—(7)直至叶片型面被测点计算完毕,并保存所求测量路径。

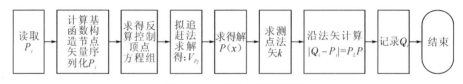

图 4 - 30　算法实现流程图

为了验证闭合三次非均匀 B 样条插值路径规划效果,我们用某一型号叶片的某一个截面轮廓理论数据为实例进行试验。针对叶片截面理论数据生成闭合 B 样条曲线及测量路径如图 4 - 31 所示,测量路径符合叶片曲率变化,且路径变化在景深范围内,满足了高精度叶片型面测量的要求。

4. 基于反求模式的 BP 神经网络叶片测量路径规划

在连续自动扫描时,由于被测面的形状变化,要求测头始终保持在最佳测量范围内以提高测量精度和测量效率,所以要根据被测表面的形状,使测头和工件表面保持固定距离,使得测头的运动轨迹尽可能与被测表面变化近似,如图 4 - 32 所示。

根据叶片理想测量过程,设计 BP 神经网络规划模型。利用已测型面点

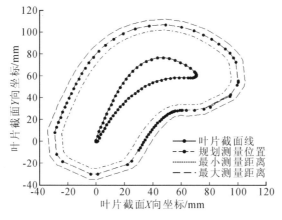

图 4-31　测量路径规划效果

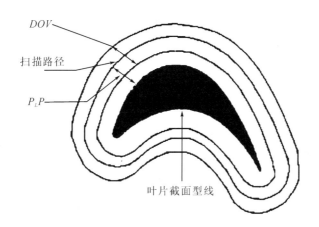

图 4-32　叶片测量过程示意图(俯视)

数据和已测点测头坐标数据分别动态训练网络及作为前端输入,进行下一测头位置的规划。其基本思想及实现过程可以用图 4-33 表示。

BP 神经网络路径规划模型设计步骤如下。

1)网络结构设计。

根据 Hecht-neilsen 定理,在给定的均方差 $\varepsilon > 0$ 的前提下,一个三层的神经网络可以逼近一个任意的连续非线性函数。针对叶片型面测量特点(型线为测量单位)选择多输入单输出的三层 BP 网络。输入层节点 n 确定为 10,对应已采样点测头坐标 $q_i(x_i, y_i, A_i)$;输出层节点 m 选择为 1,对应预测点测头坐标 $q_{i+1}(x_{i+1}, y_{i+1}, A_{i+1})$;隐含层节点 N 根据 $N = \sqrt{n+m} + a (a \in [0, 10])$

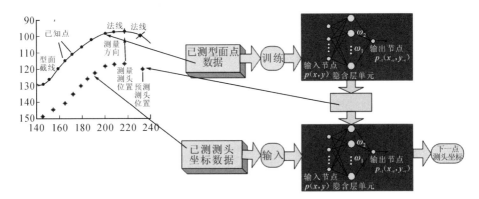

图 4 - 33 叶片测量规划基本实现过程

选择为 14。网络的结构如图 4 - 34 所示。

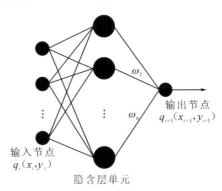

图 4 - 34 设计三层 BP 神经网络

2)网络参数的确定

神经网络的关键就是变换函数的确定和修改连接权值系数的算法。在输入层与隐层之间选择 Sigmoid 激活函数,确保隐层的输入值在 -1 到 1 之间;输出层节点应该用线性函数,所以在隐层和输出层之间选择 Purelin 激活函数,这样整个网络输出可以取任意值。从系统建模的观点来看,学习过程就是一个参数辨识的过程。由于没有叶片型线的函数描述,用已采样点作为训练样本,最速下降法训练网络,均方误差 $\mathrm{MSE} = \dfrac{1}{2k} \sum_{1}^{k} (p_i - p_i')^2$ 作为目标函数,其中 p_i,p_i' 为实际输出和期望输出点,k 为样本数。

3)学习样本的确定

网络的参数确定以后,必须获得一组数据样本,用来训练多层网络权值。对于实际测量中,在景深与倾角的约束条件下,将前次测得型面点实际坐标

$p_i(x_i,y_i,A_i)$ 数据可以认为是真实可靠的,记录这些数据作为样本数据输入神经网络模型中进行网络的训练,调整网络的权值和阈值,使网络达到要求。实际测量中又可以把测头实际点坐标输入训练好的网络从而预测出下一采样点位置,充分发挥了神经网络的自主学习能力,使测量采样路径跟随叶片型面曲率变化。

4)复杂曲面高精度测量自适应路径规划实现及实验结果分析

路径规划算法实现过程如下。

(1)网络建立及初始化

①参数设定:设定期望误差最小值 goal,设定最大循环次数 epochs,设定修订权值的学习速率;

②网络初始化。

(2)获取网络训练样本

①选取叶片型面曲率变化较小处手动等弧长 ΔS 测 $N(5 \leqslant N \leqslant 11)$ 点 p_i,并记录对应测头位置 q_i;

②利用三次 B 样条等弧长 ΔS 插值外插出 $11-N$ 点;取已测叶片型面点 $p_{i-10},\cdots,p_{i-1}$ 为训练样本、$p_i(i \geqslant 11)$ 为期望输出。

(3)训练网络

①选定网络初始权向量,计算梯度向量的初始值;

②沿负梯度方向计算网络各层输出矢量 A 和网络误差 E;

③计算各层反向传播的误差变化 D_2 和 D_1,并计算各层权值的修正值及新的权值;

④再次计算修正后的误差平方和 $\text{MSE} = \dfrac{1}{2k} \sum_1^K (p_i - p_i')^2$;

⑤检查 MSE 是否小于期望误差最小值,若是,训练结束;

⑥如网络样本过小出现死循环,则转(2)外插出第 $10-N$ 点。

(4)利用训练好网络,取叶片测点对应测头位置 $q_{i-9},q_{i-8},\cdots,q_i$ 点作为输入,求得 q_{i-1}。

(5)计算 p_i 点法线方向,四轴联动,使测头运动到 q_{i-1} 位置,判断测头位置 $D_w - \dfrac{1}{2}\text{DOV} \leqslant |P_L P| \leqslant D_w + \dfrac{1}{2}\text{DOV}$,如为正,则测得叶片型面点 p_{i+1};否则转①修改期望误差最小值 goal,重新进行网络训练。

(6)转(2),以 $p_{i-9},p_{i-8},\cdots,p_i$ 为输入样本、p_{i+1} 为期望输出训练网络,利用训练好网络求出 q_{i+2} 及 p_{i+2}。

(7)重复上述过程至整个型线测量完毕。

工件转台与测头的联动控制算法如下：

①利用 BP 网络模型规划出测头位置及下一测量点法线方向。

②转台运动，使测量方向与下一测量点法线方向一致，联动 X,Y,Z 三轴使测头向规划出的测头位置运动。

③运动到预测位置后，此时测量方向与法线方向一致，完成测量。如图 4－35 所示。

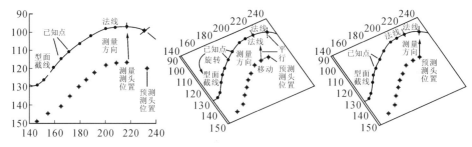

图 4－35　四轴联动测量示意图

为了验证神经网络路径规划效果，特利用某一型号叶片的某一实测截面轮廓数据（三坐标测量数据）为仿真测量实例进行测量，仿真结果如图 4－36 所示。利用研究算法，针对此截面线生成测量规划路径图像如图。从图中可以看出测头路径曲线符合叶片曲率变化趋势，并且测头路径变化在景深范围内，验证了路径规划方法的正确性。

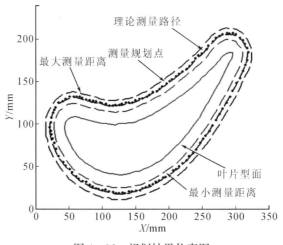

图 4－36　规划结果仿真图

4.3.5　测量数据的预处理与轮廓度评价

为进行叶片型面测量数据的后续处理、测量参数提取及测量结果评价等,特别是在反求测量模式下获得的为叶片型面点云数据,必须对叶片测量数据进行预处理。主要针对激光非接触法测量的叶身型面数据进行滤波、修补预处理以及叶片截面轮廓度误差的评价。

1. 叶片型面测量数据的特点

使用不同的测量方法及测量软件获取工件数据的组织方式不同。通过分析叶片型面测量的特点可以看出:测量方式主要采用环切式扫描,数据在同一截面线上高度方向上相等;文件的每一行存放三个浮点数,分别代表测量数据点的 X, Y, Z 坐标值;测量系统获取的点云数据以文本文件的格式存储。

X_1, Y_1, Z_1

X_2, Y_2, Z_2

……

X_n, Y_n, Z_n

(1)测量数据在同一截面的 Z 值相同,数据可以认为是等值线方式,数据处理等工作可以在 X, Y 二维平面中进行,大大简化数据处理难度和提高处理速度。

(2)同一截面线的数据的排列方式由测量目的决定,但每一截面线上的数据是有序的。不同截面线间的距离根据测量目的采用等间距或不等距分布。

(3)由于测量光线的遮挡、叶片型面气孔的存在,原始点云数据存在数据缺失。

综合叶片型面测量数据的特点看出,虽然数据点之间没有明显的拓扑信息,但其坐标中隐含拓扑关系,给叶片截面点云数据的组织、存储以及后续处理带来了方便。

2. 数据平滑滤波

由于实际测量过程中受到各种人为或随机因素的影响,使得测量结果包含噪声。为了降低或消除噪声对数据处理及检测结果的影响,必须对测量数据进行滤波。滤波主要是剔除坏点、对测量点云进行平滑。数据平滑滤波算法主要包括高斯滤波、平均滤波以及中值滤波等方法[49]，如表 4 - 5 所示。

表 4 - 5 常用滤波算法

滤波方法	函数表达式	特点
高斯滤波	$g_a(t) = e^{-\pi(\frac{t}{a\lambda_c})^2}/(a\lambda_c)$，$\lambda_c$ 为截止波长；a 为常量；t 为空间域变量	低通滤波器，能较好地保持原始数据的形貌
均值滤波	$P_i = \dfrac{1}{2N+1}\sum_{n=-N}^{N}h(n)p(i-n)$；$h(i) = \dfrac{1}{2N+1}(1,\cdots,1,\cdots,1)$	把滤波窗口内各点的统计平均值作为测量数据的值
滑动平均滤波	$\begin{cases}P_i = (p_{i-1}+p_i+p_{i+1})/3 & (i=1,2,\cdots,m-1)\\ P_0 = (5p_0+2p_1-p_2)/6\\ P_m = (p_{m-2}+2p_{m-1}+5p_m)/6\end{cases}$	利用最小二乘法原理对离散数据进行线性平滑的方法
中值滤波	$y = \begin{cases}x_{i(n/2)} & n\ 为奇数\\ [x_{i(n/2)}+x_{i(n/2+1)}]/2 & n\ 为偶数\end{cases}$，$x_{i1}\leqslant x_{i2}\leqslant\cdots\leqslant x_{in}$	把当前滤波窗口内各点的中值作为测量滤波数据处理

对于常用的滤波算法，简单平均法容易，滤波的效果比较差。加权平均滤波对于噪声有较好的平滑能力，但边缘区域上采样点的 Z 向差值较大时会造成边缘失真；当采样点存在脉冲噪声时，加权平均会将噪声的影响扩散到其周围数据点，造成形状失真；中值滤波常用来消除具有粗大误差的"坏点"。三种滤波的效果对比示意如图 4 - 37 所示。

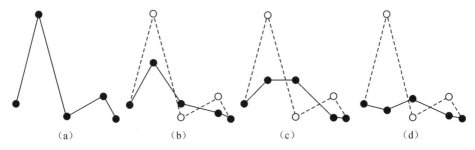

图 4 - 37 三种常用的滤波方法比较
(a)原始数据；(b)高斯滤波；(c)平均值滤波；(d)中值滤波

3. 数据修补

叶片型面测量采用激光三角法测量原理，由于光线遮挡等测量方法上的限制,以及叶片型面上存在气孔等,会造成测量数据中出现"孔洞"或数据"空白区"。在反求扫描测量时,测量数据存在缺失区域对后续数据处理、参数辨识、重构、快速原型制造等都有很大的影响,必须对其进行修补。目前已经开展了对于数据的残缺修补的研究,邱泽阳等[50]根据孔洞所在部位与周围曲面具有一定连续性,提出了基于局部离散数据点的孔洞修补;彭林法等[51]针对残缺点云数据的位置和特征进行分类处理。

叶片型面测量数据在同一截面上可认为是平面曲线,采用一种基于曲线拟合的数据修补算法进行数据修补。算法避免了在曲面域内计算,简单易行。具体步骤为:

(1)对截面线扫描线数据序列化;

(2)对指定扫描线进行样条曲线插值;

(3)在数据缺失区间离散化拟合曲线为数据点列;

(4)离散数据点列补充到数据缺失区。

充分考虑叶片型面造型特点,采用三次 B 样条插值算法进行数据修补,使插值数据和原始截面线吻合。图 4-38 为一条残缺截面线的修补效果。其中图 4-38(a)为原始数据,图 4-38(b)为线性插值后的结果,图 4-38(c)为采用三次样条曲线插值后的结果。

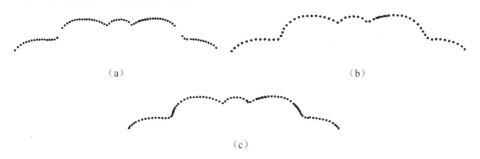

(a)　　　　　　　　　　　　　　　　　　(b)

(c)

图 4-38　测量数据修补对比

(a)原始残缺数据;(b)线性插值后点云数据;(c)三次样条插值后点云数据

4. 基于弦长不变特征的叶片截面轮廓匹配与评价

从叶片型面设计、检测的特点分析可知,型面检测主要检测其截面线。对应检测型线的轮廓度是评判叶片是否合格的简易方式,所以针对叶身型面的检验项目中包括有各截面形状误差(轮廓度)的检测。由于测量误差,型面测量数据与理论数据可能会产生偏转、平移,由于检测设备不同,检测数据导入同一坐标系时的偏转、平移可能更大[52][53]。为了进行叶片型面截面线轮廓度误差的评价,首先要进行数据的匹配,下面阐述基于不变特征进行叶片型面测量数据匹配的方法[54]。

1)特征不变的叶片截面线匹配原理

根据叶片型面造型可知,通过全部型面截面线可以很好地求取叶片型面的形状。如不存在叶片制造误差及测量误差,则截面测量数据经过何种整体几何变换,都应该具有和标准截面数据一致的几何形状,同样可以认为测量数据经过几何反变换得到标准数据而几何形状不变。根据此理论,只要选取不变的几何特征,则测量截面数据都可以经过相反的几何变换和理论数据完全吻合。由于几何形状的一致性,则其几何要素也应该相同。为了算法的简便性,选取对应两点之间的距离为不变特征进行运算,如图 4-39 所示,即选取测量数据与理论数据截面上的对应两点,如无误差的存在,经过何种的几何误差变换其两点距离(弦长)对应相等 $D=D'$。

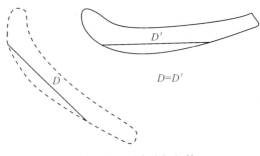

图 4-39 对应弦长相等

2)弦长不变叶片截面线匹配算法实现

基于特征不变理论,叶片截面线轮廓的匹配首先需要根据对应弦长不变特征从测量结果中得到对应的理论数据;然后根据数据对应关系进行几何反变换,求取坐标变换矩阵;利用坐标变换矩阵完成测量结果与标准数据的坐标匹配。

由于采用截面环切法进行测量,叶片截面线的 Z 向坐标在测量同一截面线时不变,所以在此坐标匹配中一般可以不考虑,截面线测量结果可以表示为 X,Y 平面内,简化了算法的复杂度。设 n 为该截面轮廓的测量点数

$$P = \{p_i(x,y) \mid 0 \leqslant i < n\} \tag{4-37}$$

设测量截面理论曲线为 $C'=f(u)$(若理论数据为离散点,通过 B 样条插值曲线得到),u 为曲线参数。则测量数据中任意两点 p_i,p_j 间弦长为

$$D_{ij} = \mid p_i p_j \mid, 0 \leqslant i \leqslant n, 0 \leqslant j \leqslant n, i \neq j \tag{4-38}$$

从叶片截面线的特征可以看到,在全部测量数据内按弦长 D_{ij} 搜索求测

量点 p_i 对应的理论点 p'_i，则很难避免多元解。为了提高算法搜索效率，避免出现二义性，按照叶片型面线的特点把截面线分为叶背 $C_1 = f_1(u)$、叶盆 $C_2 = f_2(u)$ 两部分分别进行搜索。

取点 p_i 并判断其为叶盆、叶背曲线上的点，同时取处于同一曲线上的 p_j，p_k 两个测量点（$i \neq j \neq k$），沿着 $C_1 = f_1(u)$（或 $C_2 = f_2(u)$ $D'_{jk}(i) = D_{jk}(i)$）的 u 增长方向搜索对应点 p'_i。如图 4 - 40 所示，计算 p_i，p_j，p_k 的对应弦长 D_{ij}，D_{ik}。在理论曲线 C_1（或 C_2）上任取一点 p'_i 为圆心，分别以 D_{ij} 和 D_{ik} 为半径就参数 u 的增长方向，求得对应交点 p'_j 与 p'_k。$D_{jk}(i)'$ 是理论数据中根据 p_i 建立的与 $D_{jk}(i)$ 对应的弦长，如果不存在误差，则 $D'_{jk}(i) = D_{jk}(i)$，根据对应弦长的偏差之和为最小，建立以下目标优化函数

$$F = \min \sum (D_{jk}(i)' - D_{jk}(i))^2 , 0 \leqslant j < n, 0 \leqslant k < n, j \neq k, j \neq i, k \neq i$$

$$(4 - 39)$$

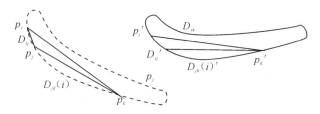

图 4 - 40　叶片截面线对应弦长的获取

对目标函数进行优化计算与求解，即可求得测量点对应的理论点。在研究中叶片型面视为刚体，有了对应测量数据的对应理论叶片型面数据点，利用最小二乘法求其坐标变换关系。完成一条截面线的对应点后，按照此方法扩展至整个叶片型面，对所有截面线测量结果与理论数据的坐标建立变换关系，完成叶片整体轮廓的坐标匹配。叶片型线对应点搜索算法过程如图 4 - 41 所示：u_f，u_l 为拟合理论 B 样条曲线首末点的参数；u_c 为搜索点参数；S_D 为对应弦长的偏差之和；$S_{\min}$ 为已搜索点中 S_D 的最小记录值；$u_{\min}$ 为已搜索点中 S_D 的最小记录值 $S_{\min}$ 对应的参数值。

（1）利用理论截面线数据，得到当前检测截面的理论轮廓曲线；

（2）按一定步距进行搜索，求取在精度允许范围内与测量点对应的理论点；

（3）计算在理论曲线上与 i 点相关的所有对应弦长，计算

$$S_D = \min \sum [D_{jk}(i)' - D_{jk}(i)]^2 \qquad (4 - 40)$$

（4）以 $S_{\min}$ 所对应的理论曲线参数值 u_c 进行计算，求得理论轮廓点 P'_i。

为了提高算法的计算效率,在搜索计算对应弦长时加入新的约束条件:限定对应弦长之差$|D_{jk}(i)'-D_{jk}(i)|$的最大超差值,只选取部分特征点参与对应点的搜索计算。

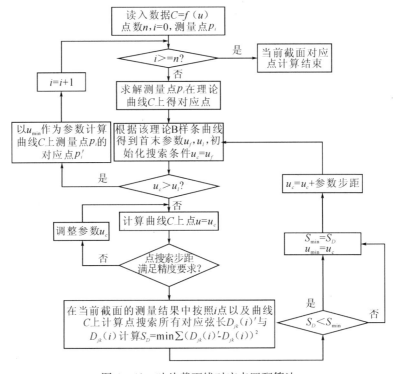

图 4-41 叶片截面线对应点匹配算法

根据齐次坐标变换原理,设测量数据点 p_i 的坐标为 $p_i=[x_i,y_i,1]$,其对应的理论数据点 p_i' 的坐标为 $p_i'=[x_i',y_i',1]$ 有

$$P\begin{bmatrix} \boldsymbol{R} & O \\ \boldsymbol{T} & 1 \end{bmatrix} = P' \tag{4-41}$$

其中,$\boldsymbol{R}=\begin{bmatrix} a & b \\ c & d \end{bmatrix}$ 为旋转变换矩阵;$\boldsymbol{T}=[m \quad l]$ 为平移变换矩阵。通过 n 组对应点建立超静定方程组:

$$\begin{cases} ax_0 + cy_0 + m = x_0' \\ ax_1 + cy_1 + m = x_1' \\ \qquad \cdots \\ ax_{i-1} + cy_{i-1} + m = x_{i-1}' \\ bx_0 + dy_0 + l = y_0' \\ bx_1 + dy_1 + l = y_1' \\ \qquad \cdots \\ bx_{i-1} + dy_{i-1} + l = y_{i-1} \end{cases} \qquad (4-42)$$

采用最小二乘优化法求超定方程组式(4-21)的待求未知系数$[a, b, c, d,$ $m, l]^T$。为了防止非刚性变换,加入约束条件:

$$\begin{cases} a^2 + c^2 = 1 \\ b^2 + d^2 = 1 \\ ab + cd = 0 \end{cases} \qquad (4-43)$$

因为待定参数为 6 个,所以为了建立超静定方程组,求取对应点的数量至少要大于 6 个。求解方程组得到 a, b, c, d, m, l 的值即可得到匹配变换矩

阵 $\begin{bmatrix} a & b & 0 \\ c & d & 0 \\ m & l & 1 \end{bmatrix}$。

利用此坐标变换矩阵完成测量数据与理论数据的匹配。为完成整个叶片型面的匹配,可以将叶片所有截面线的坐标变换矩阵通过均值计算。

3)基于弦长不变匹配的截面线轮廓度评价

经过截面线匹配后,可以直接进行叶片对应截面线的轮廓度评价。经过截面线匹配后的测量数据与理论数据如图 4-42 所示。可以看到存在误差的实际测量点会落在对应的叶片型面线周围,所以叶片截面线的轮廓误差分为体内轮廓误差和体外轮廓误差。轮廓度评价就是求取能把误差点都包含进去,距离理论测量值的最小区域。而最大轮廓误差 Err(max) 为最大体内误差或最大体外误差的最大值[55]。

经过坐标匹配后的实测数据和理论数据存在一一对应关系,设坐标匹配后的实测点列为 P_i,原始点列为 A_i,计算叶片截面线的轮廓误差,只需求出包含每个型线点的轮廓误差的最小区间。叶片截面线轮廓误差 Err 的计算如下:

(1)初始化实测点列的索引 $i=0$;

(2)判断 p_i 点的误差为体外还是体内误差,如为体内误差则取 $j=i$;

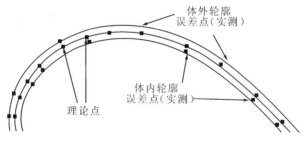

图 4 - 42　叶片截面线轮廓误差评价

（3）计算 p_i，p_j 到对应理论数据点的误差值，求取最大值：$\max|P_i-A_i|$，$\max|p_j-A_j|$；

（4）截面线轮廓度 Err 为：

$$\mathrm{Err}=|\max|p_i+A_i|-\max|p_j-A_j||$$

（5）比较 $\max|p_i-A_i|$，$\max|p_j-A_j|$，大者为此截面线的最大截面轮廓误差点。

利用经过坐标匹配后的测量数据，可以很容易地计算出叶片截面线的轮廓度。

采用一组有相对坐标变换关系的叶片截面轮廓数据对算法进行验证，计算得到测量数据相对于理论数据的变换矩阵

$$\begin{bmatrix} 0.886955 & 0.461862 & 0 \\ -0.461862 & 0.886955 & 0 \\ 177.716041 & 346.517707 & 1 \end{bmatrix}$$

图 4 - 43(a)所示为同一坐标系下加 0.005 mm 噪声处理后的模拟测量数据，图 4 - 43(b)所示为叶片截面的理论模型，图 4 - 43(c)所示为匹配结果，求其相对于理论模型数据的截面轮廓误差值为 0.004837 mm，表明该算法可以满足精密加工的燃气轮机叶片型面的匹配要求。

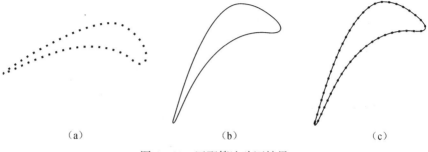

（a）　　　　　　　　　（b）　　　　　　　　　（c）

图 4 - 43　匹配算法验证结果

4.3.6　燃气轮机透平叶片截面特征参数的提取算法

叶片型面造型设计采用了参数化设计的思想,设计的直接对象是一些与气动性能有关的特征参数。通过确定叶片特征参数,确定叶片的特征截面曲线,进而获得叶片型面。采用基于不变特征算法可以很好地对叶片截面线轮廓度进行评价,截面线轮廓仅仅是保证叶片型面精度的一个方面。叶片加工精度检测目的是检验叶片加工是否达到设计要求,因此应该从设计思想着手,即"设计什么,检测什么",从检测数据中获得叶片型面参数对叶片检测精度评价起着重要作用。基于叶片参数化设计思想,针对叶片型线的参数提取进行初步研究[56],针对最基本的叶片型线参数进行提取:提出基于形心位置方法提取截面弦长;基于最小二乘拟合求取前、后缘圆心及半径;基于特征点法求取叶片截面厚度。

1. 基于截面形心的弦长提取算法

叶片截面的弦线定义为与叶片型线狭窄端缘头相切的直线,叶片截面线的弦长就是叶片截面轮廓线在弦线上的投影长度。由于采用截面环切法进行叶片截面测量,Z 向坐标在测量同一截面线时不变,所以单截面线测量结果可以表示为 X、Y 平面内。

设测量一截面线结果为 $P = \{p_i(x_i, y_i) \mid 0 \leqslant i < n\}$,$n$ 为该截面轮廓的测量点数。首先利用测量数据点求取截面线所围截面的形心。由于只有截面线数据点数据,这里采用均值点作为截面的形心,即形心坐标 $O_c(x_c, y_c)$:

$$\begin{cases} x_c = \dfrac{1}{n} \displaystyle\sum_{i=0}^{n} x_i \\ y_c = \dfrac{1}{n} \displaystyle\sum_{i=0}^{n} y_i \end{cases} \qquad (4-44)$$

求得叶片截面形心后,同时选择 $y = y_c$ 把测量数据点分为两部分

$$P_1 = \{p_i(x_i, y_i) \mid y_i \leqslant y_c, 0 \leqslant i < n,\},$$
$$P_2 = \{p_j(x_j, y_j) \mid y_j > y_c, 0 \leqslant i < n\}$$

分别计算点列 P_1,P_2 到形心坐标 O_c 的距离,并取最大距离点分别为前、后缘端点坐标。即端点坐标 $W_{前}$,$W_{后}$ 为

$$\begin{cases} W_{前} = \max\{\sqrt{(x_i - x_c)^2 + (y_i - y_c)^2}\}, p_i(x_i, y_i) \in P_1 \\ W_{后} = \max\{\sqrt{(x_j - x_c)^2 + (y_j - y_c)^2}\}, p_j(x_j, y_j) \in P_2 \end{cases} \qquad (4-45)$$

前、后缘端点连线即为所求叶片截面线的弦线，弦线的长度为所求弦长 W_c：

$$W_c = |W_{前} - W_{后}| \qquad\qquad (4-46)$$

2. 基于最小二乘拟合的前、后缘提取算法

叶片的前缘和后缘亦称叶片的进气边和出气边，是决定叶片气动性能的关键因素，通常设计为圆弧。针对前、后缘半径和圆心，采用最小二乘拟合的前、后缘参数提取算法。

通过截面形心求得前、后缘端点，则可以利用此端点作为初始点沿两个方向以最近点原则迭代搜索前、后缘点。由于前、后缘一般设计为圆弧，则可以利用搜索所得点列进行最小二乘拟合求取前/后缘的半径与圆心位置。设利用前后缘端点 $W_{前}$，$W_{后}$ 搜索所得点列为 $P_1 = \{p_i(x_i, y_i)\}$，$P_2 = \{p_j(x_j, y_j)\}$，则由式（4-6）求取最小二乘拟合圆心位置 C_{P1}，C_{P2}，前后、缘半径 R_{P1}，R_{P2}，并以所求最小二乘圆的圆度误差作为前、后缘数据点的判据。

如图 4-18 所示最小二乘拟合圆示意图所示，设搜索所得点列上各点到最小二乘圆心的距离中的最大值和最小值为 d_{max}，d_{min}，则此拟合圆的圆度误差 e_{LS} 为

$$e_{LS} = d_{max} - d_{min} \qquad\qquad (4-47)$$

其中前、后缘点的判定阈值 e_{LS}，通过人机交互预设并调整。利用前后缘半径及圆心位置即可准确将叶片分成前缘、后缘、叶盆和叶背四部分，四部分的分界点是叶片几何参数中的 4 个关键的点。以前缘与叶盆的分界点 T_1 为例说明求解的方法。设 p_i 为前缘圆弧上的点，则 p_i 前缘圆心的距离满足

$$|p_i - C_{p1}| \leqslant e_{LS} \qquad\qquad (4-48)$$

则从前缘端点 $W_{前}$ 开始向叶盆方向对所有的原始点按照式（4-48）逐点判断。若满足，说明该点是前缘曲线上的点，否则不是。类推，直到一点 p_i 满足式（4-48），而 p_{i+1} 不满足。为准确求取准确的分界点 T_1，这时，用二分法对 p_i，p_{i+1} 继续搜索，直到得到满足精度要求的分界点 T_1。同理可求出其他分界点。

叶片截面线特征参数弦长、前后缘圆心及半径的求取算法流程如图 4-44 所示。首先利用形心法求取前后缘端点，然后根据端点求取结果准确求取前后缘。

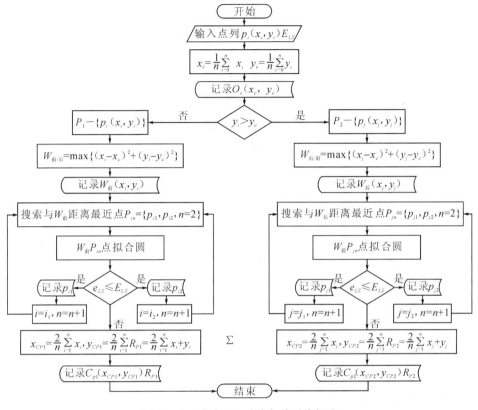

图 4 - 44　叶片型面弦线与前后缘提取

3. 基于特征点的叶片中弧线搜寻及厚度计算

叶片中弧线即为叶片型线内切圆圆心的连线,叶片最大内切圆的直径为叶片截面型线的最大厚度,如图 4 - 45 所示。由中弧线定义可知,其起始点分别为前后缘的圆心,这里提取利用前缘、后缘、叶盆和叶背的四个特征分界点求取叶片型面线的中弧线及厚度、最大厚度[57]。

利用前后缘提取算法中求取的四个特征点 T_1, T_2, T_3, T_4 将型线分为叶盆与叶背两部分。当采用扫描测量时,测量点的密度足够,叶背上某点到叶盆的距离为该点到叶盆各点的最小值。此最小值可认为该点的叶片型线内切圆直径,则叶背与对应叶盆上距离最小点的中点为中弧线上的点。对应求取叶背与对应叶盆上距离最小点即可求取叶片截面线的中弧线,求取此最小距离即为对应点的叶片厚度。若测点密度不足,通过 B 样条插值来增加测点密度。

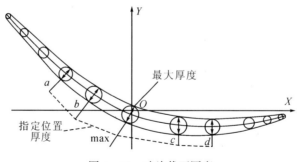

图 4-45　叶片截面厚度

　　设实测叶片的最大厚度为 D_{max}，则 D_{max} 可认为是叶背上各点到叶盆的距离中的最大值，设叶片型线叶背点列为 $S_i(x_i,y_i)$，$i=0,1,\cdots,m$，叶盆点列为 $P_j(x_j,y_j)$，$j=0,1,\cdots,n$，提取中弧线，同时求取叶片截面的最大厚度，算法实现过程如图 4-46 所示。

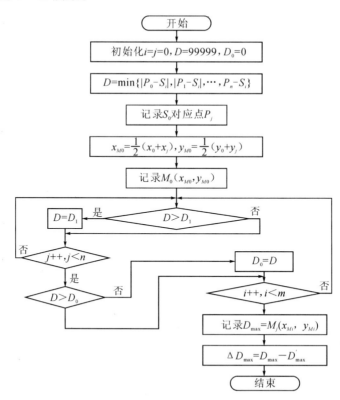

图 4-46　叶片截面中弧线与厚度提取算法

（1）初始化 $i=0, j=0$，距离 $D_0=0$；

（2）求叶盆点 P_j，计算 $D=|P_j-S_i|=\min\{|P_0-S_i|,|P_1-S_i|,\cdots,|P_n-S_i|\}$；

（3）则求得 S_0 对应点 P_j；

（4）求 S_0 对应中弧线上的点 $M_0(x_{M0}, y_{M0})$，其中：$x_{M0}=\dfrac{1}{2}(x_0+x_j)$，$y_{M0}=\dfrac{1}{2}(y_0+y_j)$；

（5）判断 $D>D_0$，若真，则 $D_0=D$；

（6）$i++$，若 $i<m$，转（2），否则 $D_{\max}=D_0$ 即为所求叶片截面最大厚度；

（7）计算最大厚度偏差 $\Delta D_{\max}=D_{\max}-D'_{\max}$，其中 $D'_{\max}$ 为叶片型面截线理论最大厚度。

如要求指定位置的厚度，则取对应点的中弧线与该点距离的二倍可以认为是此指定位置的叶片型线厚度。

针对检测的叶片型面截线数据利用本文算法参数求取，如图 4-47 所示，形心点坐标为（32.314,42.972,152.400）；点划线为弦线，端点坐标：（0.186, 0.205,152.400），（69.478,64.042,152.400），弦长 $W_C=94.215409$ mm，$D_{\max}=21.3$ mm。

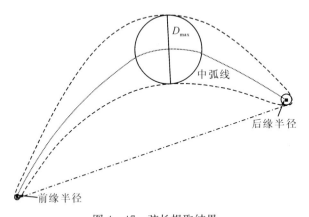

图 4-47　弦长提取结果

4.4　燃气轮机透平叶片型面测量系统的设计与应用

4.4.1　硬件系统的设计

1. 系统总体结构设计

坐标测量模式是目前针对曲线、曲面测量的常用的测量模式。常用的坐标测量模式下的测量机总体结构布局有桥式结构(见图 4 - 48(a))、龙门式结构(见图 4 - 48(b))、悬臂式结构(见图 4 - 48(c))。其主要特点对比如表 4 - 6 所示。

表 4 - 6　常用测量机结构布局方式

名称	特点
桥式	分为移动桥式与固定桥式,采用移动桥式,测量大工件时刚性差,影响精度
龙门式	龙门式刚性较好,承载能力大,但测量时装夹不便,结构较复杂
悬臂式	又称地轨式坐标测量机,结构简单,空间开阔,缺点是水平臂变形较大

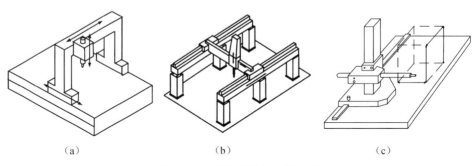

(a)　　　　　　　　　(b)　　　　　　　　　(c)

图 4 - 48　常见测量机布局方式
(a)桥式；(b)龙门式；(c)悬臂式

针对叶片型面激光测量的特点以及选用的复合式的型面测量方案,这里采用一种四坐标悬臂式的测量机布局结构,在三坐标悬臂式平台的基础上增加旋转台结构以缩小悬臂长度,保证悬臂结构变形较小并稳定。在测量中主要运动为工作台旋转以及悬臂的小位移运动,在高度方向上保持固定以减少立柱变形的影响。此改进的悬臂式测量系统结构简单稳定、XYZ 三坐标承载轻、系统精度高,同时也提高了系统工作的可靠性和稳定性。叶片型面检测系统总体结构布局设计如图 4 - 49 所示。

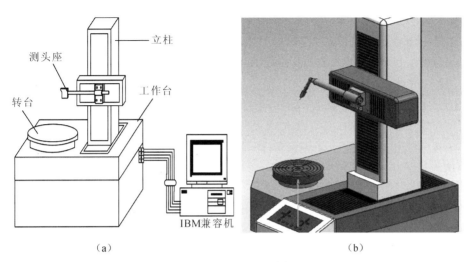

图 4 - 49　测量系统结构图
(a)结构简图；(b)结构建模图

2. 系统关键部件设计

叶片型面测量机械系统的关键部件是三正交悬臂轴系以及精密 W 轴回转平台。为了实现较高的测量精度，在叶片型面测量机械系统的设计中必须通过特定技术手段对这些关键部件进行设计[58,59]。

根据实际测量燃气轮机叶片总体尺寸要求及国内外高精度机械装置方案优点设计本系统；分析 X, Y, Z 轴及 W 轴各项几何项误差的影响，合理地进行误差分解，确定机械装置的主要技术指标与参数如表 4 - 7 所示。

表 4 - 7　叶片型面测量机械系统设计参数

名称	X	Y	Z	回转台（R）
测量范围	±150 mm	200 mm	800 mm	Φ300 mm
运动速度	8～15 mm/s	8～15 mm/s	8～15 mm/s	3～15 r/min
精度	0.6 μm	0.4 μm	0.6 μm	回转 0.3 μm；径跳≤0.5 μm
			全量程综合精度≤2 μm	
承载				≥30 kg

在机械系统的设计中，重点是要保证三正交轴 X, Y, Z 和 W 轴回转平台的精度，设计时要考虑尽量减小系统的几何误差影响，提高系统的精度。

1)X轴滑座

X轴主要作用是带动Z轴立柱系统,作X方向切向运动,实现X方向的测量要求。设计行程为± 150 mm(300 mm)。它主要由定导轨基体、定导轨、动导轨、滑动板、直线光栅尺、滚珠丝杠副、直流伺服电机等组成。X轴的传动方式是由直流伺服电机带动同步齿形带轮,由同步齿形带传动滚珠丝杠副带动导轨作直线运动,由直线光栅尺判断移动位置。

X轴直线导轨设计采用密珠直线轴承结构移动方式。由一套动滑板和密珠直线轴承骑在定导轨上,作切向直线运动。为保证精度,其重要的零件定导轨基体、定导轨和动滑板在设计上对形位公差均有较高的精度要求,零件制造过程中主要通过研磨的加工工艺保证设计精度要求。表4-8是X轴一些主要的精度参数。

表4-8　X轴主要精度参数

名称	直线度	平面度	垂直度	平行度
导轨	0.15 m/100 mm	2 μm	2 μm	2 μm

2)Z轴立柱

Z轴立柱主要是带动Y轴测量导轨在竖直方向运动,设计行程800 mm。它由立柱基体、滑动框架、直线密珠轴承、直线光栅尺、直流伺服电机等组成。Z轴立柱主要采用密珠结构移动方式,由前、后滑板和左、右滑板构成框架在立柱基体上滑动。传动方式与X轴类似,而且同样要通过研磨工艺来保证制造精度。表4-9是Z轴立柱的一些主要精度参数。

表4-9　Z轴立柱主要精度参数

名称	直线度	平面度	垂直度	平行度
立柱	0.15 m/100 mm	2 μm	2 μm	2 μm
滑动框架	1 μm	1 μm	1 μm	1 μm

3)Y轴主轴

Y轴为传感器安装轴,主要作用是带动传感器进行水平方向移动,实现传感器的测量,设计行程200 mm。Y轴主轴主要由定导轨、动导轨、滑动框架、密珠直线轴承、传感器支架、直线光栅尺、柔性连接装置、直流伺服电机等组成。滑动框架由上动滑板、前动滑板和下动滑板组成。滑动框架和密珠直线轴承在定导轨上做Y轴方向的直线运动。传动方式为直流伺服电机通过联轴器直接连接滚珠丝杠轴,带动滑动框架作直线运动。表4-10是Y轴的一些主要精度参数。

表 4 - 10　Y 轴主要精度参数

名称	直线度	平面度	垂直度	平行度
导轨	$<1\ \mu m$	$<1\ \mu m$	$<1\ \mu m$	$<1\ \mu m$

4)W 轴高精密回转平台

W 轴高精密回转平台主要作用是实现高精度回转,使被测工件做回转运动,实现测量要求。它主要由以下部件组成:轴套、主轴、上下止推板、密珠轴承、上下密珠止推轴承、圆光栅、直流伺服电机、联轴器、电机安装法兰。W 轴(密珠主轴)主要采用密珠结构的回转方式,这种轴系有着回转精度高、摩擦力矩小、刚性好和承载力强等优点。表 4 - 11 是 W 轴回转平台台面的一些主要精度参数。

W 轴高精密回转平台采用双膜片联轴器与直流伺服电机和密珠轴承连接的传动方式。双膜片联轴器有着较好的衰减震动和消除径向、轴向、角向偏差的优点,且传递扭矩刚性、灵敏度高,顺、逆时针回转特性相同。由圆光栅来判断工作台转动的角度。回转平台上有四个旋钮,转台的偏心和倾斜可以通过调节这四个旋钮来进行调整,使其满足叶片型面测量时对叶片位置的要求。

表 4 - 11　W 轴回转平台台面主要精度参数

名称	圆度	锥度	垂直度	平行度	平面度
转台	$\leqslant 0.2\ \mu m$	$\leqslant 0.5\ \mu m$	$\leqslant 0.5\ \mu m$	$\leqslant 0.5\ \mu m$	$\leqslant 0.5\ \mu m$

3. 控制与数据采集设计

控制系统和数据采集系统是测量系统的关键组成部分,控制系统的主要功能是控制测量机的 XYZ 轴运动机转台的回转运动,并通过各种运动的相互配合,读取空间坐标值,从而实现对被测对象的测量。控制系统主要由运动控制卡、接口板、光栅、驱动器、伺服电机等组成。主控计算机给控制卡发送控制指令,控制卡通过接口板发送信号驱动电机运动,实现测量机的空间运动。测量机四坐标的光栅信号经过细分等处理后,送入控制卡,计算机通过读取光栅信号值,计算出相应的空间位移量。

数据采集系统主要作用是采集测量过程中电感测头传感器的电压信号,根据电感测头的标定系数将电压信号转化为相应的位移值。然后将测量所得的位移值与相应坐标轴的光栅位移量相叠加,这样就完成了一个空间坐标点的测量。

由于选用的控制卡不带有手操杆接口,因此数据采集卡的另一个功能就是采集手动操作杆的电压信号,传输给主控计算机,主控计算机根据采集到的电压信号的通道和大小,发送相应的控制指令,控制相应的坐标轴进行运动。图 4-50 为控制系统和数据采集系统框图。图 4-51 为控制系统实物图。表 4-12 为控制系统和数据采集系统的电器选型表。

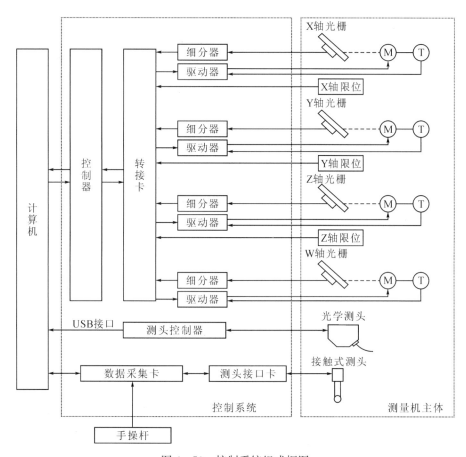

图 4-50 控制系统组成框图

$$(a)\qquad\qquad\qquad\qquad(b)$$

图 4-51　控制系统实物图

(a)整体实物图；(b)内部接线图

表 4-12　控制系统电器选型

伺服电机	SANYO	T730—012 配减速机 AB060—10
伺服电机	SANYO	T511—012
伺服电机	SANYO	T840—012 配减速机 AB060—10
电感测头	TESA	GT31
数据采集卡	ART	PCI2318
多轴运动控制卡	Galil	DMC1842
直线光栅	Renishaw	LS483+读数头
圆光栅	Renishaw	RON886+读数头

4.4.2　软件系统的开发

基于模块化设计，利用面向对象思想，结合 OpenGL 强大的三维图形处理能力，开发出叶片型面测量系统软件。实现测量系统的运动控制、数据采集与处理、检测结果三维显示等功能。面向对象程序设计吸取了结构化程序设计的优点，考虑了现实世界与面向对象空间的映射关系，解决了软件复杂性的控制与提高软件效率的问题。Visual C++是 Microsoft 公司引入面向对象设计思想推出的基于 Windows 操作平台的软件开发工具[60]。随着计算机技术的发展，已经不仅仅满足于二维平面图形显示，三维真实图形已经是计算机图形学的重要研究内容。OpenGL 具有强大的图形开发、处理、显示功能，是利用计算机生成三维真实感图形的工具之一[61,62]。本应用软件基于 Windows 平台利用 Visual C++编程工具进行开发，以使软件具有广阔的应用范围;利用 OpenGL 强大的图形处理功能来完成测量数据所需的三维图形交互操作。

1. 软件的模块化设计

本软件以叶片型面数据测量与处理为主要目的。叶片型面测量软件的开发必须面向叶片型面特征的特点:叶片型号众多,制造不同阶段的检测参数不同;测量结果因用户需求而异;需要专用的参数提取算法;帮助信息需灵活多样等。模块化设计特别适合各种测量、处理功能的实现,不同功能模块的划分,提高了软件开发效率和可扩展性。根据叶片型面测量需求,本系统主要由 6 个模块(见图 4-52)组成:应用程序框架,数据测量模块,数据预处理模块,输入输出模块,参数提取评价模块,图形显示模块。

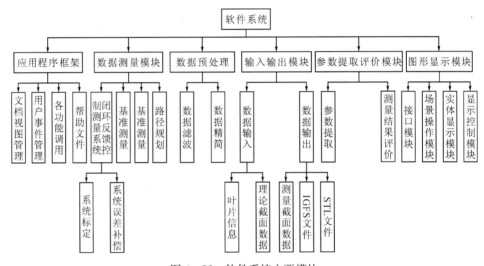

图 4-52 软件系统主要模块

应用程序框架是软件系统的主控模块,负责各个功能模块的协调、文档视图的组织以及用户的交互等。主要包括文档、视图管理,用户事件管理,各功能调用和帮助文件(见图 4-53)。其中文档、视图管理部分主要处理文档和视图的关系及系统文件内容到文档数据结构的转化。用户事件管理部分对用户的各种事件进行侦测并管理。各功能的协调和调用都是由应用程序框架进行调控,通过菜单、工具栏、对话框等方式与用户进行交互。帮助文件显示软件系统的版本、版权及编写人员等信息。

数据测量模块完成测量过程中各轴的运动以及数据采集,包括反馈系统的调用,保证各轴的运动精度,如图 4-54 所示。其中主要包括运动系统的闭环反馈控制、型面测量、基准测量、路径规划模块的实现等。运动控制模块通过运动控制卡控制运动电气系统,实现机械系统准确的定位。其中还有系统标定的控制、测量误差的补偿等。型面测量主要是利用激光测头进行叶片型面指定位置的数据采集。基准测量主要控制接触式电感测头,实现叶片型面设计加工基准的测量。路径规划模块实现运动系统精确地按照软件算法规划实现的路径点进行运动,运动过程中能控制系统的干涉。

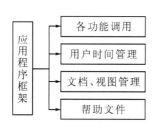

图4-53　应用程序框架模块　　　图4-54　测量控制模块

输入输出模块负责文件的输入、输出操作,如图4-55所示。输入的文件类型有叶片信息、理论叶片型面数据等,同时还包括各文件数据之间的转换等。数据输出是对测量后以及经过处理的叶片型面数据进行输出,还有各个测量数据评价的结果等。同时还要保证数据格式与各通用元件的接口问题,对数据格式进行转换后输出 IGES 格式文件以及 STL 格式文件。各种文件的输入输出都由相应的文件处理子模块完成。

数据预处理模块是针对叶片型面测量完成的数据,进行数据预处理(见图4-56)。主要有数据滤波、数据修补、坐标平移模块。数据滤波包括高斯滤波、平滑滤波、中值滤波模式,实现去除坏点和数据平滑。针对不同数据特征,采用相应的滤波方式达到最佳处理效果。数据修补模块主要是针对数据缺失部分进行修复,保证测量数据的完整与精确性。为了以后增加数据处理算法,这里预留模块接口,以利于程序的扩展。

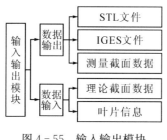 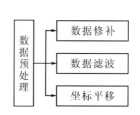

图4-55　输入输出模块　　　图4-56　数据预处理模块

参数提取评价模块如图 4-57 所示,主要是实现叶片型面参数的提取与评价,其中提取参数主要包括叶片截面线弦长、叶厚、前后缘半径等;测量结果评价是对参数结果与理论设计参数进行对比,考察叶片是否合格。此模块亦预留扩展接口,因为针对各种叶片参数提取与评价需不断完善、更新。预留模块接口也体现了模块化设计的优势。

图形显示模块实现整个系统的数据显示,是整个测量系统图形处理的环境支撑(见图 4-58),包括接口模块、场景操作模块、显示模块、显示控制模块四部分。显示接口模块指 OpenGL 与软件编程环境的连接,实现叶片型面测量系统良好的人机交互等图形界面。场景操作模块包括 OpenGL 图形显示环境的各种参数设置功能,如调整绘图窗口,设置前后景、视图显示模式、图形观测等。实体显示模块实现点、线及曲面显示。显示控制模块主要实现各种图形操作管理,对用户进行的图形操作进行响应等。

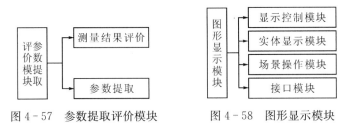

图 4-57 参数提取评价模块 　　图 4-58 图形显示模块

2. 软件的界面设计

基于叶片型面测量的需求及模块化设计思想,软件系统的界面层次结构如图 4-59 所示。

从软件界面层次结构图中可以很清晰地看出软件的基本组成、功能和各个功能实现的操作。软件界面是各个功能实现的外在表现,主要目的是实现用户和软件系统之间很好的交互。为了更好地实现用户和软件的交互,软件设计过程中充分利用了 MFC 文档视图结构和对话框结构的优点,主界面采用对话框窗口作为整个软件的程序框架,在整体框架上添加了工具栏和菜单栏,更方便地实现用户的快捷操作,并设置了操作按钮区,主要用来实现测量过程中的标定操作和测量操作。

测量系统软件界面主要分为菜单栏、工具栏、点云图形显示窗口、坐标实时显示窗口、操作工具按钮区以及信息公告栏。叶片型面测量软件的主界面如图4-60所示。

点云数据显示区:基于 OpenGL 开放式图形库实现了叶片点云数据的三

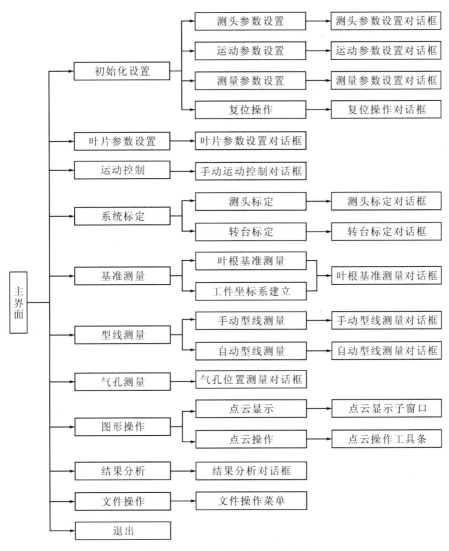

图 4-59　软件界面层次结构图

维显示,在此显示区点击鼠标右键弹出图形操作菜单,可实现点云的旋转、平移、放大和缩小。

坐标实时显示窗口:该部分主要功能有测头运动位置机器坐标的实时显示、工件坐标的实时显示以及机器坐标值清零、工件坐标值清零。

操作工具按钮区:是实现测量功能的主要操作区域,有"系统标定""转台标定""基准测量""扫描参数设置""手动测量""自动扫描"等按钮,按下这些按钮可以弹出相应的对话框,从而实现各部分标定和检测功能。

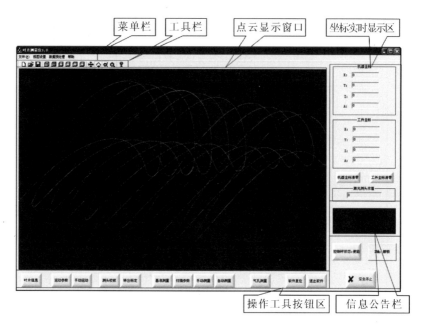

图 4-60 叶片型面测量软件主界面

1)运动控制及参数设置

如图 4-61 所示设置四个轴运动的加速度和速度值。通过设置运动量，可实现四个轴分别在正负方向的运动。各轴"清零"按钮：使 X, Y, Z, W 轴光栅值清零；每个轴后面的绿灯代表该轴处于使能状态，可以鼠标点击绿灯按钮，变为红灯表示该轴点击禁能，再次点击变为绿灯使能。手动运动对话框还设置有"缓停"、"急停"按钮，实现运动过程中的电机停止运动。

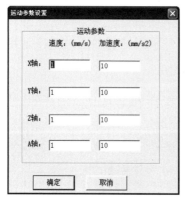

图 4-61 运动控制及参数设置界面

2)测头参数校核

如图 4 - 62 所示,实现接触式测头和光学非接触式测头的校核,以及两个测头之间坐标关系的标定。

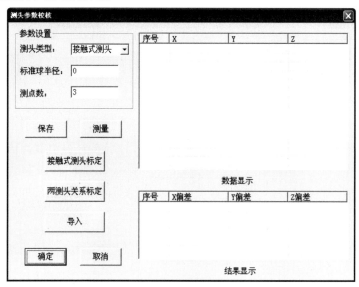

图 4 - 62　测头参数校核

3)转台标定

如图 4 - 63 所示,利用高精度的接触式电感测头对转台进行标定,保存标定结果,方便后续测量时的数据拼合。

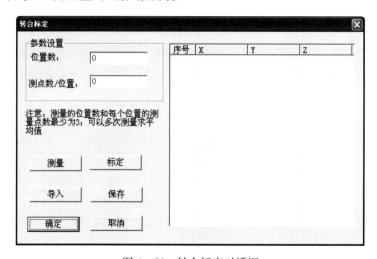

图 4 - 63　转台标定对话框

4)基准测量

如图 4-64 所示,采用高精度电感测头对叶片基准进行测量,保存结果,建立叶片基准坐标系。

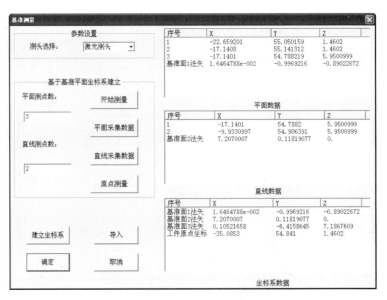

图 4-64 基准测量对话框界面

5)扫描参数设置和手动测量

如图 4-65 所示,扫描参数设置主要进行非接触式光学测量过程中的扫描速度设置、扫描模式选择以及扫描方向的选择。手动测量实现对叶片型面的手动测量,点击"开始扫描"按钮,保存扫描文件路径,点击"手动采集"或者"半自动采集"实现扫描点测量数据的保存。

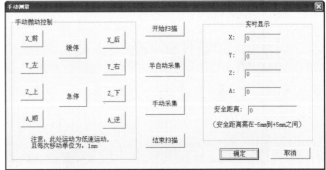

图 4-65 扫描参数设置和手动测量对话框

6)自动测量

如图 4-66 所示,自动测量对话框实现叶片型面的自动测量,通过设置测量参数以及扫描路径进行自动扫描测量设置,然后可以利用激光测头进行叶片的自动扫描测量。

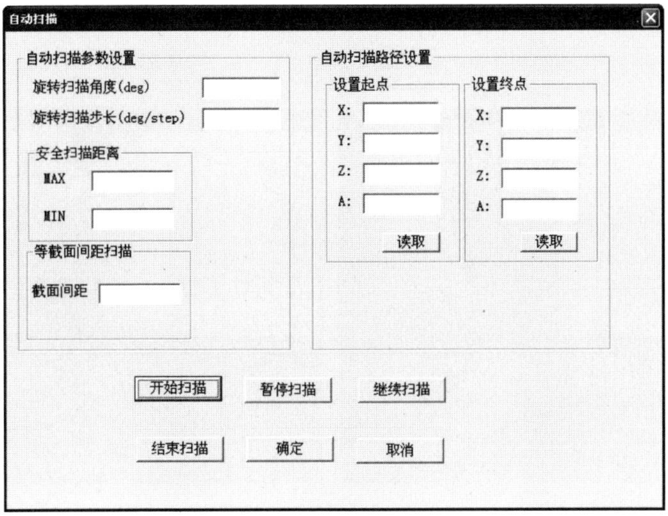

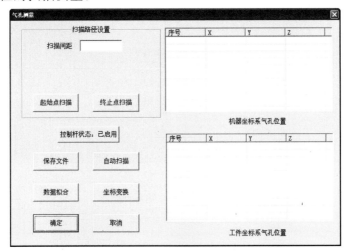

图 4-66　自动测量对话框

7)气孔测量

如图 4-67 所示为气孔扫描测量对话框,可以进行叶片型面上气孔位置和气孔直径的扫描测量。

图 4-67　气孔测量对话框

8)数据预处理

根据叶片型面数据可进行数据的预处理工作,如进行点云数据的坐标平移、数据滤波及数据修补等。如图 4-68 所示为数据坐标平移界面,如图 4-69所示为点云数据平滑滤波界面,在对原始测量数据进行平滑滤波的基础上,可以进行点云数据的修补。如图 4-70 所示为测量截面线数据修补界面。

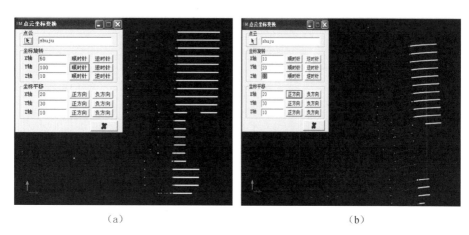

(a)   (b)

图 4-68　数据坐标平移
(a)坐标变换设置对话框;(b)坐标变换结果

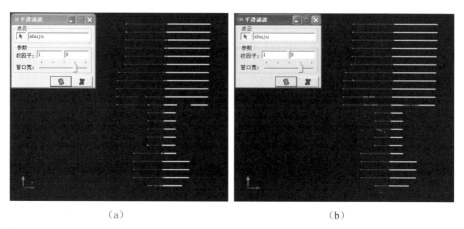

(a)   (b)

图 4-69　点云数据平滑滤波
(a)平滑滤波设置对话框;(b)平滑滤波后的点云数据

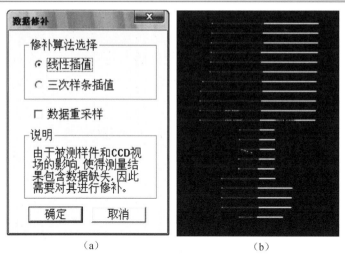

图 4-70　点云数据修补

(a)数据修补设置对话框；(b)数据修补后的点云数据

3. 软件系统的类与 DLL 的设计

基于 MFC 平台的软件,这里采用面向对象的类的设计思想,使编写的代码可以复用与扩展,为后续优化升级提供了方便。针对测量中的不同功能设计了不同的类模块来实现,各个类之间可以进行参数和函数的相互调用,相互之间协调工作,实现叶片型面的高效率测量。表 4-13 所示为所设计的具有重要功能的类。

表 4-13　软件系统中的类设计

类	类名	派生于	主要功能
对话框类	CSanDlg	CDialog	程序框架,文件操作
	CMoveSetDlg		运动参数设定
	CMoveManualDlg		手动运动
	CAjustDlg		测头参数标定
	CCalibrationRoyDlg		转台标定
	CMeasureStdDlg		基准测量
	CMeasureManualDlg		手动测量
	CMeasureAutoDlg		自动测量
点云显示类	COpenGLWnd	CWnd	点云显示处理
数据处理类	MyDataProcess	自定义类	数据处理

本文采用动态链接库(DLL)的设计来实现运动控制和数据采集的功能，动态链接库设计可以很方便地应用于软件的不同模块，不会影响程序的其他部分，更易实现软件的模块化设计和修改。表 4-14 所示为动态链接库中主要函数及其实现的功能。

表 4-14　动态链接库中的主要函数与功能

函数名	函数功能
BOOL DMC_Open(HWND m_hWnd)	控制卡初始化函数
void DMC_ReadPosition(double Ps[4])	光栅值读取
void DMC_SetPosition(int axes,float Ps)	光栅值设定
void DMC_SetValue(int axes,double Speed,double Acceleration)	速度、加速度设置
void DMC_Move(int axes,double Offset,double Speed,double Acceleration)	手动定位运动
void DMC_Move(int axes,double Speed)	手动连续运动
void DMC_Jog(int axes,double Speed)	控制杆运动
void DMC_Stop(int iMoveAxis)	停止运动
BOOL PCI_Open()	数据采集卡初始化
float PCI_Gather(int nADChannel,int InputRange)	数据采集

4. 软件的运行过程

测量软件系统主要实现大型燃气轮机、汽轮机叶片及叶片类零件的型面检测，所有的系统开发都以型面测量为目的。如图 4-71 所示为叶片型面测量软件系统工作过程示意图。

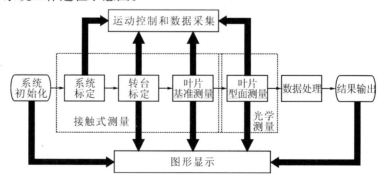

图 4-71　叶片型面测量软件系统工作过程

（1）系统初始化。为实现运动控制和数据采集的功能，必须首先读取初始化参数，主要包括：

①测量时所用到的初始化信息，如运动参数设置、测头参数设置、扫描参数设置等。

②叶片理论数据的读取，后续根据理论数据生成自动测量路径，实现自动高效率测量，并将测量数据进行与叶片理论数据对比，然后进行误差分析。

（2）系统标定。系统标定主要包括两方面：电感测头的标定；电感测头与激光测头之间坐标关系的标定。由于电感测头传感器输出的是电压信号，要得到测量对象的坐标位移值必须要标定出电压变化和位移变化的关系。采用复合式测量方法，接触式电感测头和非接触式的激光测头所在的坐标系不同，因此需要标定出两个测头的坐标系关系，这样可以将测量数据统一在一个坐标系下，便于后续的数据处理与误差分析。这两方面的标定都可以通过测量标准球来实现。

（3）转台标定。由于所选的测头均为单方向测量测头，因此要获得被测对象在整个空间的坐标值，就要用转台来实现，通过转台标定得出转台回转中心和回转中心轴线，从而实现被测数据的拼合。通过测量计算转台上不同位置标准球上固定截面的圆心，通过三点或者最小二乘拟合得出转台的回转中心和回转中心轴线。

（4）叶片基准测量。叶片基准的测量精度通常要比型面精度高，因此采用精度比较高的接触电感式测头对基准进行测量，并建立叶片的工件坐标系，为后续实现型面的快速自动扫描测量的路径规划以及测量数据与理论数据对比误差分析提供依据。

（5）叶片型面测量。这部分研究的主要内容是叶片型面上指定截面数据的获取和快速自动扫描测量的实现。通过解决这两个技术难题，从而可以实现叶片指定截面数据的快速获取，提高检测效率。

（6）数据处理。包括实测数据的预处理、实测数据与理论数据的分析，从而得出被测叶片的各项误差。

（7）结果输出。将测量得到的数据以及分析的误差结果以显示和打印的方式输出。

上述叶片测量系统工作的流程图中，各个标定过程和测量过程都需要驱动硬件实现数据采集，运动控制模块和数据采集模块承担主要的硬件任务。同时图形显示模块也必不可少，在各个过程中测量的数据和结果都可以进行实时的图形显示，这样便于用户与软件进行交互，更好地实现测量的各个过程。

　　基于上述原理与方法,研制了应用于燃气轮机叶片型面检测的四坐标复合式测量系统,如图 4-72 所示。

图 4-72　四坐标复合式叶片型面测量系统

　　该叶片型面测量系统可在 300 mm×250 mm×800 mm 的测量范围内达到 5 μm 的测量精度,可测量工件的最大质量达 30 kg,完全满足燃气轮机透平叶片型面的检测要求。应用该系统检测整体尺寸为 800 mm 的燃气轮机透平第四级动叶片,可在 20～30 分钟内完成对其型面的测量,测量数据如图 4-73所示。而如果采用传统的三坐标测量机,完成这一测量工作大约需要将近 1 小时。因此,该叶片型面测量系统可在确保检测精度的同时,使检测的效率提高 60％。

图 4-69　叶片型面测量结果

4.5　小　结

　　本章以燃气轮机透平叶片型面为研究对象,在分析国内外高精度叶片型面测量研究的基础上,根据大型复杂燃气轮机透平叶片的特点提出了复合式叶片型面测量方法,利用接触式触发电感测头进行叶片基准测量,采用点式激光三角法测量带有微气孔的叶片叶身型面,满足了高精度、高效率检测叶片型面的要求。

　　针对叶片型面测量中的应用关键技术进行研究,建立了叶片检测系统的坐标系,完成了系统标定的设计和实现,实现了复合式测头坐标系的统一。采用高精度电感测头对系统的高精度回转平台进行了标定,实现了三点法和最小二乘法转台标定的过程,在此基础上实现了测量过程中转台不同检测位置测量数据的旋转拼合。针对系统的几何误差进行了详细的分析,采用多体系统理论建立了叶片型面测量复杂机械系统的误差准刚体模型。对于在应用激光位移传感器对物体表面进行测量时所产生的倾角误差,论述了其形成的原理、分析与补偿方法。根据叶片型面测量条件与检测目的的不同,分别设计了自动测量路径规划方法:针对叶片模型已知的检测模式提出了闭合 B 样条插值法实现叶片型面的高精度自动测量;针对叶片模型未知的反求模式测量,提出了 BP 神经网络预测法自动生成叶片型面的扫描测量路径。针对测量要求对测量原始数据进行平滑滤波,并根据燃气轮机透平叶片型面测量数据特点,采用曲线插值的方法对数据进行修补,提出了基于特征不变截面线匹配的叶片型线轮廓误差评价方法。对叶片型面的特征参数提取方法进行了初步研究:基于形心位置提取了叶片截面弦长;基于最小二乘拟合法求取了前、后缘圆心及半径;基于特征点求取了叶片截面厚度。

　　在分析常用的叶片检测设备的布局结构的基础上,采用四坐标悬臂式的测量机布局结构,并完成了测量样机的机械系统关键部件的设计,能够很好地满足检测样机对机械系统的要求。利用 Visual C＋＋编程工具,结合OpenGL 强大的图形处理功能,基于 Windows 平台开发了叶片型面测量软件系统。应用研制的叶片型面测量系统,可以实现对燃气轮机透平叶片型面的快速、高精度检测。

参考文献

[1] 张国雄. 三坐标测量机 [M]. 天津：天津大学出版社，1999.

[2] 赵广亮. 叶片测量仪控制软件的研制 [D]. 哈尔滨：哈尔滨工业大学，2006.

[3] 肖刚，等. 现代汽轮机叶片型面制造技术 [J]. 热力透平，2003(4)：269 - 272.

[4] 杨永跃，邓善熙，何革群. 风力机叶片检测中的机器视觉技术 [J]. 太阳能学报，2003，4(2)：232 - 236.

[5] 徐国平. 激光四坐标测量机图形系统开发 [D]. 南京：南京工业大学，2005.

[6] http：//www. dantsin. com

[7] 陈凯云. 航空压气机小而薄型叶片型面激光测量技术研究 [D]. 北京：清华大学，2004.

[8] Tsai R Y. A versatile camera calibration technique for high accuracy 3D machine vision metrology using off-the-shelf TV camera and lenses [J]. IEEE Journal of Automation，1987，3(4)：323 - 334.

[9] Buitrago J，Durelli A J. Interpretation of shadow moue fringes [J]. Experimental Mechanics，1978，18(6).

[10] Pirodda L. Shadow and projection moue techniques for absolute and relative mapping of surfacer shapes [J]. Optical Engineering，1982，21：640 - 649.

[11] Idasawa M，Yatagai T，Soma T. Scanning more method and automatic measur-ement of 3D shapes [J]. Applied Optics，1977，16：2152 - 2162.

[12] Suzuki M，Kanaya M. Application of Moird topography measurement methods in industry [J]. Optics and Engineering，1988，8(3)：171 - 188.

[13] Meadows D M，Johnson W O，Allen J B. Generation of surface contours by moird pattern [J]. Appl. Opt，1970，9(4)：942 - 947.

[14] 李兵. 三维物体轮廓激光快速测量关键技术的应用研究 [D]. 西安：西安交通大学，2004.

[15]　杨金华，张连君. 水轮机叶片计算机辅助测量系统 [J]. 大电机技术，1997(2)：42-46.

[16]　程云勇，张定华，毛海鹏. 一种基于工业 CT 的航空发动机涡轮叶片生产检测系统关键技术研究 [J]. 制造技术与机床，2004，(1)：27-30.

[17]　Stevenson W H. Use of laser triangulation probes in coordinate measuring machines for part tolerance inspection and reverse engineering [C]. 1993：406-414.

[18]　Zhang G X，Liu S G，Qiu Z R. Non-contact measurement of sculptured surface of rotation [J]. Chinese Journal of Mechanical Engineering(English Edition)，2004，17(4)：571-574.

[19]　Li Y D，Gu P H. Free-form surface inspection techniques state of the art review [J]. Computer-Aided Design，2004，36(13)：1395-1417.

[20]　刘鹏. 圆柱度测量仪的研发与关键技术研究 [D]. 西安：西安交通大学，2010.

[21]　岳奎. 圆曲线的拟合方法与精度分析 [J]. 北京测绘，2001，3：29-33.

[22]　李全信. 最小二乘圆法评定圆度误差的程序设计 [J]. 工具技术，2006，4：79-81.

[23]　沙定国. 实用误差理论与数据处理 [M]. 北京：北京理工大学出版社，1993.

[24]　阿·依·马兹米什维里. 误差理论与最小二乘法 [M]. 北京：煤炭工业出版社，1984.

[25]　李剑. 基于激光测量的自由曲面数字制造基础技术研究 [D]. 杭州：浙江大学，2001.

[26]　Zhang F，Jiang Z D，Li B. Error Modeling and Compensation for High-precision Non-contact Four Coordinate Measuring System [J]. Key Engineering Materials，2010，437：232-236.

[27]　石玉平. 非正交坐标系机械系统的误差分析 [D]. 西安：西安理工大学，2004.

[28]　Sun B，Li B. A Rapid Method to Achieve Aero-Engine Blade Form Detection[J]. Sensors，2015，15(6)：12782-12801.

[29]　Sun B，Li B. Laser Displacement Sensor in the Application of Aero-

Engine Blade Measurement[J]. IEEE Sensors Journal, 2016, 16(5): 1377 - 1384.

[30]　赵慎良. 压气机叶片型面四坐标激光测量仪控制系统研究 [D]. 北京: 清华大学, 2003.

[31]　王萍, 谢驰, 廖世鹏. 三坐标测量机的空间曲面测量路径优化分析 [J]. 中国测量技术, 2005, 31(2): 30 - 32.

[32]　李剑, 王文, 王恒奎, 等. 自由曲面非接触式测量路径规划及相关算法研究 [J]. 计算机辅助设计与图形学学报, 2002, 14(4): 301 - 305.

[33]　徐骅, 张秋菊. 针对叶片型面检测的激光测量系统的规划及相关研究 [J]. 汽轮机技术, 2006, 48(1): 76 - 80.

[34]　陆军华, 王文, 谢金, 等. 未知曲面的矩形细分自适应测量方法研究 [J]. 工程设计学报, 2003, 10(3): 136 - 139.

[35]　Fan K C. A non-contact automatic measurement for free-form surface profile [J]. Computer Integrated Manufacturing Syetems, 1997, 10 (4): 277 - 285.

[36]　胡俊, 王宇晗, 李晔, 等. 基于曲线外插技术的曲面测量等弧长采样方法 [J]. 机械科学与技术, 2004, 23(3): 272 - 274.

[37]　李维诗, 李江雄, 柯映林, 等. 二维曲线自动跟踪测量的一种新算法 [J]. 计量学报, 2003, 24(1): 18 - 20.

[38]　Menq C, Chen F L. Curve and Surface Approximation form CMM Measurement Data [J]. Computer and Industry Engineering, 1996, 30(2): 211 - 255.

[39]　Chen L C, Lin G. A vision-aided reverse engineering approach to reconstructing free-form surfaces [J]. Robotics And Computer-Integrated Manufacturing, 1997, 13(4): 323 - 336.

[40]　张丽艳, 安鲁陵, 王占东, 等. 基于人工布点规划的测量数据模型重建 [J]. 机械科学与技术, 2002, 21(2): 328 - 330.

[41]　平雪良, 周儒荣, 党耀国. 未知自由曲面三坐标测量新方法 [J]. 机械科学与技术, 2005, 24(4): 491 - 493.

[42]　洪军. 未知轮廓曲线的自动测量 [C]. 2000 年测量机技术论文集, 2000: 28 - 36.

[43]　Mehdi- Souzanic C, Lartigue F T C. Scan Planning Strategy for a General Digitized Surface [J]. Journal of Computing and Information

Science in Engineering，2006，6：331 - 339.

[44]　Son S B，Kim S G，Lee K H. Path planning of multi-patched freeform surfaces for laser scanning [J]. International Journal of Advanced Manufactural Technology，2003，22：424 - 435.

[45]　Son S B，Park H P，Lee K H. Automated laser scanning system for reverse engineering and inspection [J]. International Journal of Machine Tools & Manufacture，2002，42：889 - 897.

[46]　Lee K H，Son S B，Park H P. An automated scanning system for freeform surfaces [C]. Proceedings of ICC & IE，Beijing，2000：11 - 13.

[47]　Funtowicz F，Zussman E，Meltser M. Optimal scanning of freeform surfaces using a laser-stripe [C]. Israel-Korea Geometric Modeling Conference，TelAviv，Israel，1998：47 - 50.

[48]　施法中. 计算机辅助几何设计与非均匀有理 B 样条 [M]. 北京：高等教育出版社，2001.

[49]　吴向阳. 基于逆向工程的模型重构系统研究 [D]. 西安：西北工业大学，2001.

[50]　姜振春，鞠鲁粤，等. 逆向工程中点云孔洞填充算法的研究 [J]. 机械制造，2005，43(1)：43 - 45.

[51]　王晓强. 线结构光扫描点云数据曲面重构关键技术研究 [D]. 西安：西安交通大学，2007.

[52]　刘晶. 叶片数字化检测中的模型配准技术及应用研究 [D]. 西安：西北工业大学，2006.

[53]　刘峥. 自由曲线、自由曲面的误差评定软件的研制 [D]. 西安：西安交通大学，2003.

[54]　李兵，丁建军，蒋庄德，等. 利用弦长不变特征的叶片截面轮廓匹配算法 [J]. 西安交通大学学报，2009，43(1)：81 - 84.

[55]　巩孟祥. 某压气机叶片型面四坐标激光测量仪测量不确定度研究 [D]. 大连：大连理工大学，2008.

[56]　Chen L，Li B，Jiang Z D. Parameter extraction of featured section in turbine blade inspection [J]. Proceedings of the 2010 IEEE International Conference on Automation and Logistics，Hong Kong and Macau，2010，501 - 505.

[57]　张力宁，张定华，陈志强. 基于等距线的叶片截面中弧线计算方法 [J]. 机械设计，2006，5(23)：39-41.

[58]　蒋庄德. 机械精度设计 [M]. 西安：西安交通大学出版社，2000.

[59]　成大先. 机械设计手册 [M]. 北京：化学工业出版社，2004.

[60]　梅宏，陈锋，冯耀东，等. ABC：基于体系结构、面向构件的软件开发方法 [J]. 软件学报，2003，14(04)：721-732.

[61]　王清辉，王彪. Visual C++ CAD 应用程序开发技术 [M]. 北京：机械工业出版社，2003.

[62]　Davis Chapman 著. 学用 Visual C++ 6.0 [M]. 骆长乐，译. 北京：清华大学出版社，1999.

第5章　燃气轮机透平叶片的装配精度检测

5.1　燃气轮机透平叶片的装配误差与影响

如第4章所述,单个叶片加工精度的高低会影响到其工作性能(主要为气动方面)。然而通过分析燃气轮机等叶轮机械的基本工作原理可以发现,叶片并不是一种靠自身单独工作的零件,而是通过一个装配体——转子或叶轮来工作的[1]。透平叶片的装配质量会严重影响到叶轮机械的整机性能,包括工作效率、寿命以及安全可靠性等。

5.1.1　燃气轮机透平叶片的装配工艺与叶轮的能量损失

1. 透平叶片的装配工艺

叶片在转子上的装配,是通过其叶根与转子轮盘上对应轮槽的配合实现的。装配后的叶片沿转子的周向均匀分布,形成多个工作级。在现代大型透平机械中,对于承受高负荷、大离心力叶片的叶根,通常被设计成三种形状:枞树形、菌形以及叉形[2],如图5-1所示。

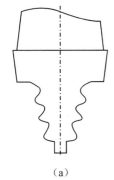 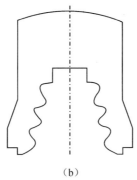 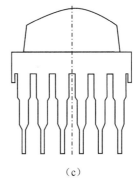

(a)　　　　　　　　　(b)　　　　　　　　　(c)

图5-1　常见叶根形状
(a)枞树型叶根;(b)菌型叶根;(c)叉型叶根

枞树形叶根结构如图5-1(a)所示,在同样的尺寸下,枞树型叶根具有更高的承载能力。然而由于其装配面较多,故对加工精度提出了更高的要求。菌形叶根结构如图5-1(b)所示,该种叶根承受的载荷分布比较均匀,故强度较高,但最后一只锁口叶片强度较难处理。叉形叶根结构如图 5-1(c)所示。该种叶根的强度较高,承载能力也很强,然而其加工难度较大。目前,在对叶根强度要求较高的叶片设计中应用最为广泛的是枞树形结构的叶根。

完成装配后的叶片会形成多个工作级,构成了叶轮机械实现能量转换的核心部件——透平或压气机。因此,叶轮是透平或压气机的基本工作单元。这里以透平为例,在工作过程中高温高压的工作介质(可能为蒸汽、燃气等)通过与叶轮之间的相互作用,将其本身所携带的部分能量(含内能、动能等)传递给了一级一级的叶轮。叶轮再通过转子主轴与外界负荷轴相连接,在高速旋转中对外界做出机械功,进而完成能量的转化。压气机在工作原理上与透平很相似,只是工作关系刚好相反而已。

2. 叶轮叶栅及其能量损失

1)叶轮与叶栅

通常在分析叶轮的组成与几何结构时,为了方便常常引入叶栅的概念。对于如图 5-2 所示的一级叶轮而言,采用这样的方法建立其对应的叶栅:采用一个与叶轮同心的圆柱面与叶轮相交,这里圆柱面的半径通常取得使其刚好与叶片叶身翼型面的中截面相交,如图 5-2 中虚线所示的圆柱面;然后,将该圆柱面与叶片相交得到的截面在一个平面上展开即为该叶轮所对应的叶栅,它是由相同叶片构成流道的组合体。这里以其中连续的三支叶片所对应之叶栅为例,如图 5-3 所示。

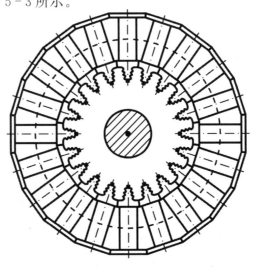

图 5-2　叶轮叶栅的生成

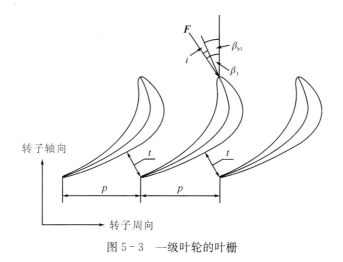

图 5 - 3　一级叶轮的叶栅

在一级叶轮的叶栅上,两个相邻叶片叶身截面上之对应点沿转子周向的距离叫做栅距(图 5 - 3 中所示的 p);而由两个相邻叶片所围成流道之最窄处叫做叶栅的喉部,其宽度即为喉部尺寸(图 5 - 3 中所示的 t)。栅距与喉部尺寸是叶栅重要的几何结构参数,直接反映了叶栅上供工作介质流动之流道的尺寸,即通流面积的大小。叶轮机械在设计时,理论上要求工作介质在叶片前缘处沿着与中弧线相切的方向进入叶栅的流道。然而在实际的工作过程中,无法保证工作介质 F 沿该设定方向进入叶栅的流道。如图 5 - 3 所示,工作介质进入叶栅流道的理论入流角为 β_{b1},实际入流角为 β_1;实际入流角相对于理论入流角的偏差定义为攻角 i,即

$$i = \beta_1 - \beta_{b1} \tag{5-1}$$

由式(5 - 1)可知,当实际入流角 β_1 大于理论入流角 β_{b1} 时攻角 i 为正(称之为正攻角);当实际入流角 β_1 小于理论入流角 β_{b1} 时攻角 i 为负(称之为负攻角)。攻角的正负将影响工作介质流与叶栅的相互作用与能量转换。

2)叶栅的能量损失

作为动力机械的一种,叶轮机械完成能量转换的效率是其最为重要的性能指标。即使效率上一个微小的变化,也会导致叶轮机械在能量输出上的一个巨大差异[3]。影响叶轮机械能量转换效率的因素有多种,本质上都主要源自工作介质在叶轮叶栅中的流动状况。

工作介质在叶栅中的流动属于三维粘性的非定常流动,且通常将其近似看做是绝热的流动。尽管在此过程中总焓不变,但是工作介质流的一部分机械能由于摩擦、表面边界层、尾迹、激波等的干扰而转化为了热能,使得工作

介质的熵值增加并导致损失。常见的叶栅能量损失按其发生的位置及原因分为叶型损失、尾迹损失、漏汽损失、端壁损失(二次流损失)、激波损失等。

5.1.2 燃气轮机透平叶片装配误差指标的定义

接下来将从叶片的理想装配情况出发,逐项定义叶片的关键装配误差指标并阐述其诱发原因以及对叶轮乃至整机的影响。

1. 周向分度误差

1)定义

透平或压气机的一级叶轮,是由一系列叶片组成的。在设计中,理论上要求组成一级叶轮的叶片沿转子的周向均匀地分布,如图 5 - 4(a)所示。然而实际情况由于叶片在安装位置上存在偏差,通常无法保证这种沿转子周向

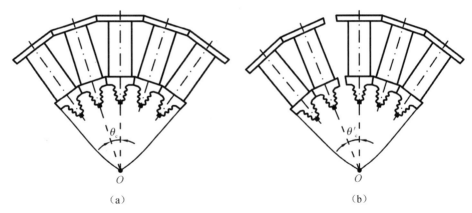

（a） （b）

图 5 - 4 叶片的周向分度误差(叶轮局部)

(a)理论周向夹角;(b)实际周向夹角

的均匀分布。为了描述叶片的这一安装位置偏差,定义了叶片的装配误差项目——周向分度误差,即为一级叶轮上两相邻叶片沿转子周向夹角的误差。例如,两相邻叶片沿转子周向的理论夹角是 θ_c(如图 5 - 4(a)中所示),而二者沿转子周向实际的夹角是 θ'_c(如图 5 - 4(b)中所示),则该两相邻叶片的周向分度误差为

$$e_{cie} = \theta'_c - \theta_c \qquad (5 - 2)$$

$\theta'_c > \theta_c$ 时,e_{cie} 为正,$\theta'_c < \theta_c$ 时,e_{cie} 为负。设透平或压气机每级叶轮的叶片总数为 N,则 $\theta_c = \dfrac{360^\circ}{N}$。图中 O 点所描述的即为转子的中心线,此处取叶轮

的一个局部(含相邻的 5 支叶片)来描述该项装配误差的定义。

2)诱因

诱发周向分度误差的主要因素是转子轮盘上轮槽的加工误差。用于安装叶片的轮槽,通常是采用铣削或拉削的方法加工的。由于铣床或拉床本身的圆周进给机构存在分度误差,就会直接导致其加工出来的轮槽亦存在分度误差。因此,轮盘上实际加工出来的一系列轮槽沿转子周向是不均匀分布的。此外,相互配合的叶片叶根以及轮盘轮槽在几何形状上存在的误差以及叶身翼型面相对于叶根的位置度误差,在某种程度上也会以周向分度误差的形式反映在叶片上。

2. 径向窜动误差

1)定义

组成透平或压气机的转子叶轮,在设计时理论上通常要求构成同一级叶轮的一系列叶片沿转子的径向处于特定的相同位置。然而实际情况下,转子上所安装的叶片在其径向的定位却存在一定的偏差,因此无法保证这个理论上特定的径向位置及其一致性。为了描述这一叶片沿转子径向的位置偏差,将该装配误差定义为叶片的径向窜动误差。通常叶片相对于转子在其径向的位置可以由叶片的叶冠顶面到转子中心线的距离来表示,如图 5-5 中所示,一支叶片的理论和实际径向位置分别为 d_r 和 d'_r,则该叶片的径向窜动误差为

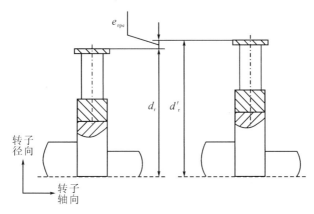

图 5-5　叶片的径向窜动误差

$$e_{rpe} = d'_r - d_r \tag{5-3}$$

$d'_r > d_r$ 时,e_{rpe} 为正;$d'_r < d_r$ 时,e_{rpe} 为负,图 5-5 中的 e_{rpe} 是正的。

2)诱因

通过分析转子轮槽加工的工艺特点发现,造成径向窜动误差的主要原因,是轮槽加工的误差。在轮槽铣削或拉削加工的过程中,由于铣床或拉床的进给误差的存在,加工的轮槽沿转子径向的深度不可能保持一致,这也直接导致了装配叶片相对于转子的径向窜动误差的存在。

3. 轴向偏摆误差

1)定义

在叶片设计中定义叶身翼型面特征截面的基准是叶片的中心积叠轴线[4]。转子叶轮在设计时,要求构成叶轮的每一支叶片的中心积叠轴线理论上应该与转子的中心线垂直。然而实际叶片在完成装配后,由于安装位置偏差的存在,叶片中心积叠轴线与转子中心线之间的这一垂直关系通常无法保证。为了描述这样一个位置偏差,将叶片中心积叠轴线与转子中心线夹角的误差定义为叶片的轴向偏摆误差,如图5-6所示。

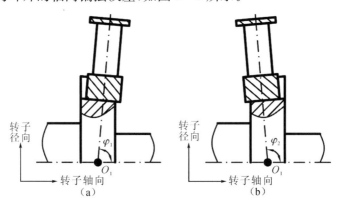

图5-6 叶片的轴向偏摆误差
(a)偏摆情况一;(b)偏摆情况二

轴向偏摆误差用 e_{aye} 表示:

$$e_{\mathrm{aye}} = \varphi_i - 90° \tag{5-4}$$

$\varphi_i > 90°$ 时,e_{aye} 为正(见图5-6(a));$\varphi_i < 90°$ 时,e_{aye} 为负(见图5-6(b))。

2)诱因

诱发叶片装配轴向偏摆误差的主要因素,亦是转子轮盘上轮槽的加工误差。由于在转子的几何设计中,轮盘上轮槽的造型通常选为与转子中心线平行,然而在轮槽铣削或拉削的过程中,由于铣床或拉床的进给轴与转子中心线不平行,会导致加工出轮槽的方向相对于转子中心线发生倾斜。因此在叶片通过轮槽装配于转子轮盘之上时,就会相对于转子中心线发生相应的轴向偏摆。

4. 轴向窜动误差

1)定义

组成透平或压气机的每一级转子叶轮在设计时,理论上都要求构成叶轮的一系列叶片沿转子的轴向处于特定的相同位置。然而叶片实际安装位置的偏差会导致其在转子轴向定位的不准确,因此叶片理论上特定的轴向位置是无法保证的。为了描述叶片这一沿转子轴向的位置偏差,将该装配误差定义为叶片的轴向窜动误差。为明确叶片沿转子轴向的位置,通常转子叶轮在设计中都要求叶片的叶根端面与转子的轮盘端面保持平齐,如图 5-7(a)所示。因此对于图 5-7(b)所示的叶片,叶根端面与轮盘端面之间的距离 d_{a1} 即为叶片的轴向窜动误差。需要注意,装配于转子上的每一支叶片,都有可能沿转子的轴线在两个方向上发生偏差。图 5-7(b)所示的即为其中的一种情况,另一种情况叶片的偏差发生在另一相反的方向,如图 5-7(c)所示。

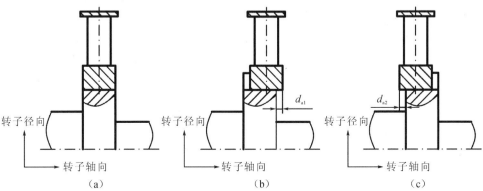

图 5-7　叶片的轴向窜动误差
(a)理想情况;(b)实际情况一;(c)实际情况二

2)诱因

诱发轴向窜动误差的主要因素,其一为装配时控制不准产生轴向误差,其二为转子叶片在装配后,要采用车削的方式对叶片的端面及围带进行加工,以保证其组装后的圆柱度等精度指标。在车削加工过程中,车刀会给叶片施加一沿转子轴向的切削力,从而导致叶片沿转子轴向发生偏移。

5.1.3 燃气轮机透平叶片装配误差的影响分析

叶轮机械在工作的过程中,能量的转换是通过其转子叶轮与工作介质(燃气)之间的相互作用来实现的。因此转子叶轮的气动性能,是评定叶轮机械整机工作性能的主要方面。然而实际情况下,由于上述所定义的四项装配误差的存在,将会直接导致转子叶轮若干关键气动参数的变化,进而影响转子叶轮的气动性能。接下来将分别从所定义的四项叶片装配误差出发,分析其对转子叶轮的关键气动参数——喉部尺寸、攻角以及叶顶间隙的影响。如前所述,为分析上的方便这里将以转子一级叶轮所对应的叶栅为研究对象。

1. 喉部尺寸与攻角影响分析

叶栅的喉部尺寸指的是两个相邻叶片所围成流道之最窄处的宽度。由定义可知,叶片的周向分度误差所描述的是一级叶轮上两相邻叶片间沿转子周向夹角的误差。该项装配误差反映在叶轮所对应的叶栅上,即为相邻叶片沿转子周向的相对位置的变化。以图 5-4 所示的情况为例,理想情况下该两相邻叶片所对应的叶栅如图 5-8(a)所示;实际情况下二者间的周向夹角相对于理论值有所增大,此种变化反映在叶栅上即为图 5-8(b)所示的情况。可见,该处叶栅的喉部尺寸相对于理论值有所增大。同样由定义可知,叶片轴向窜动误差的存在会导致叶栅上对应叶片沿转子轴向位置的变化,如图 5-8(c)所示。

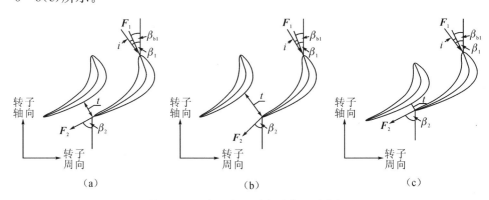

图 5-8 叶栅喉部尺寸与攻角影响分析
(a)理想情况;(b)周向分度误差影响;(c)轴向窜动误差影响

由上述关于叶片周向分度误差和轴向窜动误差的影响分析可知,二者均会造成叶栅的重要气动参数——喉部尺寸的变化。而喉部尺寸所描述的,正是叶栅流道的大小。因此喉部尺寸的变化,将直接导致通过叶栅各流道工作介质的质量流量的不均匀分布,进而影响到透平乃至叶轮机械整机的输出功率以及效率。

叶片周向分度误差以及轴向窜动误差的存在不会导致叶片理论入流角 β_{b1} 的变化。而对于流入叶栅流道的同一工作介质流,其相对于叶片的实际入流角 β_1 亦不会变化。因此叶栅的攻角 i 不会受到该两项叶片装配误差的影响,如图 5 - 8 所示。然而,由于在周向分度误差和轴向窜动误差导致叶栅喉部尺寸的大小发生变化的同时还伴随着叶栅流道形状的变化,会导致工作介质流出叶栅的方向(即图 5 - 8 中所示的实际出流角 β_2)发生变化。而该级叶栅的出流角即是下一级叶栅的入流角,故其变化将直接导致下一级叶栅攻角的变化。叶轮叶栅的攻角是影响其工作性能的最为重要的因素之一[5],将会直接导致叶型损失。而由攻角所造成的输出功率以及效率上的损失,通常也称之为攻角损失[6]。

2. 叶顶间隙影响分析

叶轮机械在工作的过程中,静子部分与转子部分间存在相对的运动。为避免静子和转子叶轮在运转时发生相互的碰撞与刮擦,在设计时通常会在二者之间预留一个间隙[7]。通常将该位于转子叶片顶部的间隙称为叶顶间隙,如图 5 - 9 所示。然而在叶轮两侧(压力侧和吸力侧)间压力差的作用下,会在该叶顶间隙处形成一股工作介质流。为区别于流过叶轮通流部分的主工作介质流(简称主流),将从叶顶间隙处流过的这部分工作介质流称为漏流。有研究表明,一个 1% 透平叶轮直径的叶顶间隙,将导致 1%～2% 的工作介质从此泄露[8]。由于工作介质流中的漏流部分不与叶片的叶身翼型面发生相互作用,故该部分的能量无法转换给转子叶轮并对外做功[9]。漏流部分在流过叶顶间隙后,还会在叶轮的吸力侧与主流部分发生掺混(如图 5 - 9 所示),造成掺混损失[3]。此外叶顶间隙的存在还会改变叶片所受到升力的大小,进而影响工作介质对其的做功和能量转换,造成升力损失[3]。上述与叶顶间隙以及漏流相关的损失统称为叶顶间隙损失或漏流损失,通常占一级透平总损失的三分之一[10]。

叶片径向窜动误差和轴向偏摆误差的存在,则会使叶顶间隙的大小以及形状发生变化。由定义可知,径向窜动误差所描述的叶片位置偏差发生在转子的径向,将直接影响叶顶间隙的大小。理论设计中要求转子叶片的顶部与

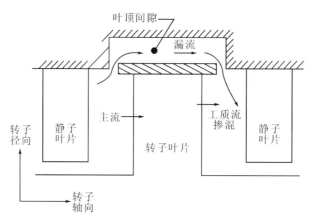

图 5-9　叶顶间隙

静子之间保持一个特定的间隙,如图 5-10(a)所示;然而实际装配的叶片由于存在相对于转子的径向窜动误差(这里以 e_{rpe} 是负值为例),将导致叶顶间隙乃至顶部漏流流量的增大,如图 5-10(b)所示。反之,若叶片的径向窜动误差发生在远离转子中心线的方向,则将导致叶顶间隙宽度乃至顶部漏流流量的减小。过小的叶顶间隙甚至会造成静子和转子叶轮的碰撞和刮擦,给叶轮机械的运转带来安全隐患。同样由定义可知,轴向偏摆误差的存在将导致叶片叶冠的顶面与转子中心线不平行。而叶轮机械在装配时通常要求其转子与静子保持同轴,因此会间接造成叶顶间隙的宽度无法在转子的轴向保持一致,如图 5-10(c)所示。该种形状上的变化将会影响顶部漏流的流场形态。

　　作为量化叶轮顶部间隙大小的主要参数,其宽度是决定漏流损失能量的关键[11]。首先,宽度的变化将使流过叶顶间隙漏流的质量流量发生变化;其次,由顶部间隙而造成的叶片升力损失与该间隙的宽度成正比。总之,一级透平效率的变化(降低)与叶顶间隙的增加成正比[3]。

　　叶片的四项装配误差除了会影响到转子叶轮的喉部尺寸、攻角以及叶顶间隙等关键气动参数外,还会造成转子叶片-轮盘结构在形状、质量以及刚度上的不均匀分布,并导致其在工作过程中的动不平衡、失谐以及振动,进而严重危害叶轮机械整机运行的安全可靠性。

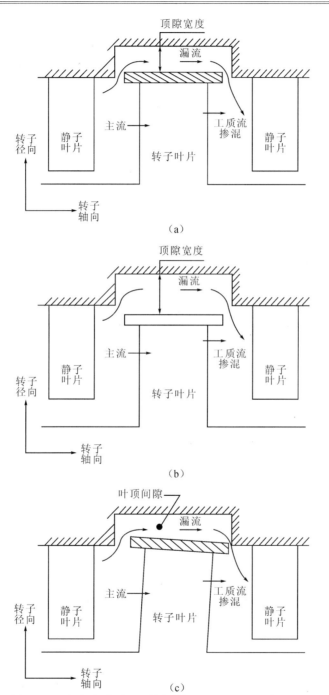

图 5-10　径向窜动误差和轴向偏摆误差对叶顶间隙的影响
(a)理想情况;(b)径向窜动误差的影响;(c)轴向偏摆误差的影响

5.2 燃气轮机透平叶片装配误差的检测与分析[12]

5.2.1 燃气轮机透平叶片装配误差分析的基本策略

叶片的装配误差,是反映其相对于转子上重要基准以及与其他叶片之间相对位置精度的关键指标。通常叶片都是由金属或合金材料等制成,属于刚性零件。因此叶片所处的空间位置可以通过其上若干关键几何特征予以反映。而转子上用于确定叶片位置的一些重要基准,往往亦通过转子主轴这样一个刚性部件上的某个几何特征予以确定。鉴于此,为了分析叶片间及其相对于转子的位置进而提取定义的四项装配误差指标,这里提出了一种基于几何特征提取的叶片装配误差分析策略,如图 5-11 所示。首先,根据要分析的装配误差项目,在被检叶片以及转子上合理选择若干关键的几何特征;然后,采用高精度大尺度数字化测量设备对选定的几何特征进行测量,获取检测数据;最后,通过对检测数据进行处理与分析,提取得到叶片的装配误差值。由此可见,对于每一项叶片装配误差的提取,都包含三个关键的问题,即几何特征选择、选定几何特征的测量以及装配误差的分析与提取。

图 5-11 基于几何特征提取的叶片装配误差分析策略

1. 几何特征选择

叶片的装配误差描述的是叶片间以及相对于转子的安装位置误差,因此在对任何一项叶片装配误差进行分析的过程中需要选取的几何特征主要有两类,一方面,应在转子上选择用于分析叶片装配误差的基准特征;另一方面,应在被检测的叶片上选择合适的几何特征以正确反映其安装位置,这里称其为辅助特征。对于转子上的基准特征,可以通过分析转子的理论设计图,选取重要的设计基准特征作为叶片装配误差分析的基准;由于被检叶片表面含有多个几何特征,在选取用于分析装配误差的辅助特征时,应尽可能选取便于测量且结构简单的实体特征。这样可以简化测量以及后续分析的难度,从而尽可能少的引入测量误差与计算误差。

2. 对选定几何特征的测量

在选定了用于叶片装配误差分析的基准几何特征和辅助几何特征后,需要对其进行高精度的测量以获得检测数据。首先,需要选择合适的大尺寸空间测量设备。应使其尽可能覆盖全部的测量范围,以避免设备移动造成的重复定位误差。然后,如何针对被检测的几何特征合理规划测量数据的采样策略,也是一个尤为关键的问题。

3. 装配误差的分析与提取

在准确获取了检测数据后,接下来需要研究有效的误差分析算法,以得到叶片的各项装配误差。这将在下面各节中详细阐述。

5.2.2　燃气轮机透平叶片装配误差的分析方法

1. 周向分度误差

1)特征选择

(1)基准特征。由定义可知,叶片的周向分度误差所描述的是透平或压气机一级叶轮上相邻叶片沿转子周向夹角的误差。因此,应该在垂直于转子中心线的平面内分析叶片的周向分度误差。通过分析转子的组成结构可知,转子上任意一个轴颈的端面理论上都与转子的中心线是垂直的,如图 5-12

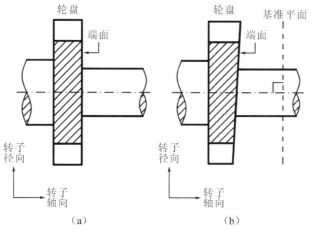

图 5-12　周向分度误差分析基准平面的确定

(a)理想情况;(b)实际情况

(a)中所示的理想情况下用于安装叶片的转子轮盘端面。然而,在实际情况下这些端面相对于转子中心线都会存在一定的垂直度误差,如图5-12(b)所示。因此,如果以这些端面作为叶片周向分度误差的分析基准,最终的分析结果将会受到基准平面垂直度误差的影响。

转子上最为重要的基准特征——中心线,通常都是通过一个指定的轴颈确定的。通过分析提取转子的基准轴颈可以得到转子的中心线,进而确定一个与其垂直的虚拟平面作为叶片周向分度误差的分析基准,如图5-12(b)中虚线所示的平面。可以有效避免上述转子轴颈端面垂直度误差对叶片周向分度误差分析的影响。

(2)辅助特征。在确定了基准几何特征后,接下来需要在被检叶片上选择辅助几何特征以完成周向分度误差的分析。由误差的定义以及叶片本身的结构可知,叶片的中心积叠轴线反映了其所处的空间位置。然而,中心积叠轴线并不是一个叶片上的实体特征,无法直接对其进行测量且提取的难度亦较大。由于叶片是一种刚性零件,其中心积叠轴线间的相对位置理论上与叶片上任意两个对应几何特征的相对位置是一致的。因此,叶片上的实体特征可以用作误差的分析。由于叶片叶冠的顶面结构简单,而且在叶片装配后,叶冠顶面会外露而便于测量,故将叶片叶冠的顶面选为周向分度误差分析的辅助特征。如图5-13所示,两叶片叶冠顶面的夹角,即是二者的周向夹角。

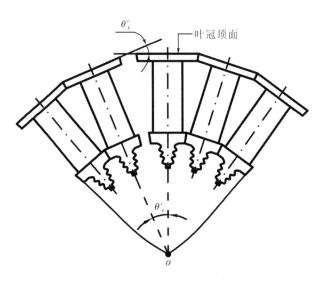

图5-13 基于叶冠顶面提取叶片的周向分度误差

2)误差提取

如图 5-13 所示,两支叶片的周向夹角可以通过二者叶冠顶面的夹角来估算。考虑到叶冠顶面在空间的方位可以通过其法矢予以反映,这里提出了一种通过计算两叶片叶冠顶面法矢在基准平面上投影的夹角的方法来估算叶片的周向夹角,进而计算叶片的周向分度误差。误差分析算法的具体流程如图 5-14 所示。

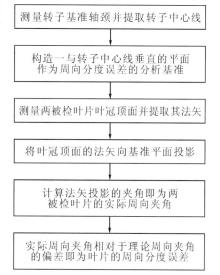

由叶片周向分度误差的定义可知,对于透平或压气机的一级叶轮而言,两相邻叶片周向夹角的理论值可根据构成该叶轮叶片的总数予以确定,即通过式 (5-5)的方法计算得到。

图 5-14　周向分度误差分析流程

$$\theta_n = \frac{360°}{N} \qquad (5-5)$$

式中　N——透平或压气机每级叶轮的叶片总数。

需要说明,此方法仅适用于叶冠顶面为平面,且叶片装于转子后叶冠顶面未精加工外圆前适用。

2. 径向窜动误差

1)特征选择

(1)基准特征。由定义可知,径向窜动误差描述的是叶片相对于转子在其径向的定位误差。由于叶片都是安装在转子的轮盘上,故以轮盘的中心作为叶片径向窜动误差的分析基准。这里通过转子的中心线以及轮盘的两个端面来确定转子轮盘的中心,如图 5-15 所示。在分别提取得到转子的中心线以及轮盘的两个端面后,将转子中心线与两个轮盘端面求交得到两个轮盘端面的中心 O_l 和 O_r,线段 O_lO_r 的中点 O 即为转子轮盘的中心。

(2)辅助特征。在确定了基准几何特征后,接下来需要在被检叶片上选择辅助几何特征以完成径向窜动误差的分析。同样由于叶片叶冠的顶面结构简单,而且在叶片装配后,叶冠顶面会外露而便于测量。也可将叶片叶冠的顶面选为径向窜动误差分析的辅助特征。如图 5-16 所示,其中 O 即为安装叶片的转子轮盘的中心。从 O 点到叶片叶冠顶面的距离 d_r 直接反映了叶片沿转子径向的位置。

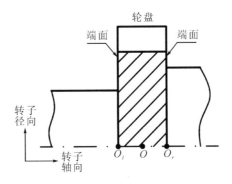

图 5-15　转子轮盘中心的提取

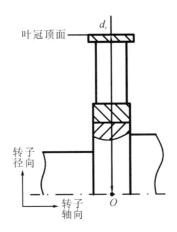

图 5-16　基于叶冠顶面提取叶片的径向窜动误差

2)误差提取

如图 5-16 所示,通过计算从转子轮盘中心到被检叶片叶冠顶面的距离,即可提取得到叶片的径向窜动误差。误差分析算法的具体流程如图 5-17 所示。

这里转子轮盘中心点到叶片叶冠顶面距离的理论值,可以从转子叶片的装配设计图上获知。需要注意,径向窜动误差 e_{rpe} 的值可能有正负之分,视 d'_r 与 d_r 的关系而定,见式(5-3)。

需要说明,此方法仅对于叶冠顶面相对于叶片加工基准面公差控制较严格,且叶片装于转子后叶冠顶面未精加工外圆前适用。

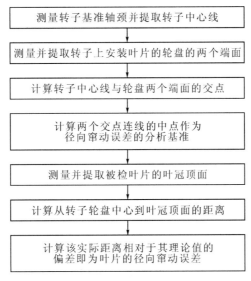

图 5-17　径向窜动误差分析流程

3. 轴向偏摆误差

1）特征选择

（1）基准特征。根据定义，选择转子的中心线作为叶片轴向偏摆误差分析的基准特征。

（2）辅助特征。作为反映叶片空间位置的中心积叠轴线，并不是一个实体特征。考虑到叶片的刚体属性，其中心积叠轴线间所反映的空间位置可直接通过叶片上任何一个几何特征予以反映。通过分析叶片的组成结构可知，叶片叶根的端面与中心积叠轴线平行且结构简单。在叶片完成装配后，叶根端面会外露而便于测量。故将叶片叶根的端面选为轴向偏摆误差分析的辅助特征，如图 5-18 中所示的叶片叶根的右端面。

2）误差提取

如图 5-18 所示，叶片中心积叠轴线与转子中心线夹角（φ_1 和 φ_2）的误差，可由叶片叶根端面与转子中心线夹角（ψ_1 和 ψ_2）的误差予以估计。叶片沿转子轴向的偏摆亦存在两种不同的情况，如图 5-18 所示。为了区分这两种情况，这里给轴向偏摆误差的值赋予一个符号并给出了一个符号判定的准则。其中，P_1 和 P_2 分别是情况一与情况二中叶根端面上任意一点；E_1 和 E_2 分别是情况一与情况二中叶根端面与转子中心线的交点；Q_1 和 Q_2 分别是情况一与情况二中 P_1 和 P_2 在转子中心线上的投影；转子中心线的正向定义为

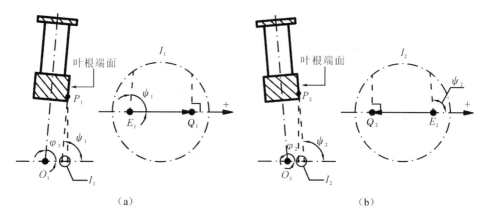

图 5-18　基于叶根端面提取叶片的轴向偏摆误差

(a)偏摆情况一；(b)偏摆情况二

指向被检叶片叶根端面的外侧。因此，对于图 5-18 所示的情况一和情况二，转子中心线的正向均指向右侧。轴向偏摆误差分析算法及其符号判断准则的具体流程如图 5-19 所示。

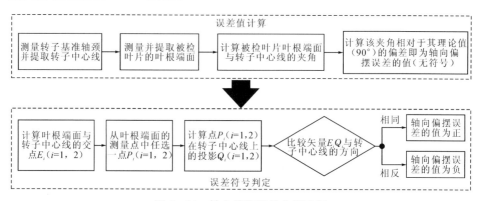

图 5-19　轴向偏摆误差分析流程

由轴向偏摆误差的定义可知，被检叶片叶根端面理论上应垂直于转子中心线，故夹角的理论值是 90°。可见图 5-18(a)所示的情况一中 E_1Q_1 与转子中心线指向相同的方向，故误差值为正；图 5-18(b)所示的情况二中 E_2Q_2 与转子中心线指向相反的方向，故误差值为负。

4. 轴向窜动误差

1)特征选择

(1)基准特征。由定义可知，轴向窜动误差描述的是叶片相对于转子在其轴向的位置偏差。转子的主轴属于一种阶梯轴结构,因此,作为转子上重要的轴颈,用于安装叶片的轮盘的端面是反映转子轴向位置的重要几何特征。然而,正如图 5-12 所示,如果以轮盘端面作为轴向窜动误差的分析基准,其相对于转子中心线的垂直度误差会对误差分析的结果造成影响。针对这一问题,这里采用如图 5-20 所示的方法来选取轴向窜动误差的分析基准,通过将轮盘端面与转子中心线求交获取轮盘端面的中心,并以此作为轴向窜动误差的分析基准。

(2)辅助特征。转子装配设计原理,往往要求叶片在装配后,其叶根的端面与同侧的轮盘端面平齐。作为一种结构简单的实体特征,叶根端面不仅反映了叶片沿转子轴向的定位位置,而且在叶片装配后还会外露而便于测量。故将叶片叶根的端面选为轴向窜动误差分析的辅助特征,例如图 5-21 所示叶片叶根的右端面。

2)误差提取

如图 5-21 所示,A 是被检叶片叶根端面与转子中心线的交点;O_r 是与该叶根端面同侧的轮盘端面的中心,即为误差分析的基准。

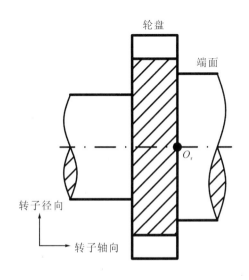

图 5-20　转子轮盘端面中心的提取

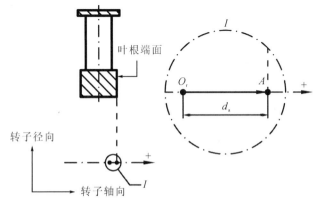

图 5-21　基于叶根端面提取叶片的轴向窜动误差

由于理论上叶片叶根的端面应该和与其同侧的轮盘端面平齐,故矢量$\overrightarrow{O_1A}$的长度即反映了叶片沿转子轴向的位置偏差。叶片沿转子轴向的窜动误差亦存在两种不同的情况。这里给叶片的轴向窜动误差值赋予一个符号来加以区分。误差符号的确定准则为:首先,定义转子中心线的正方向为指向选定叶根端面的外侧。因此,如果叶片叶根端面发生沿转子轴向朝其同侧轮盘端面外侧的偏移,矢量$\overrightarrow{O_1A}$与转子中心线指向相同的方向,则叶片的轴向窜动误差值为正;如果叶片叶根端面发生沿转子轴向朝其同侧轮盘端面内侧的偏移,矢量$\overrightarrow{O_1A}$与转子中心线指向相反的方向,则叶片的轴向窜动误差值为负。轴向窜动误差分析算法及其符号判断准则的具体流程如图 5 - 22 所示。

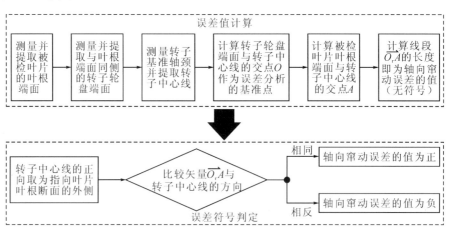

图 5 - 22　轴向窜动误差分析流程

因此,对于图 5 - 21 所示的情况,转子中心线的正方向指向右侧;矢量$\overrightarrow{O_1A}$与转子中心线指向相同的方向,即叶片朝与其叶根端面同侧轮盘端面的外侧偏移,则叶片的轴向窜动误差值为正。

5.2.3　燃气轮机叶片装配误差指标的干扰分析与误差分离

对于转子上装配的每一个叶片而言,所定义的这四项装配误差都是同时存在的。也就是说,叶片相对于转子的实际定位误差,是所有装配误差项目综合作用的结果。因此在分析叶片的每一项装配误差时,都有可能受到其它三项装配误差的干扰和影响。

1. 叶片装配误差指标的干扰分析

1）周向分度误差

周向分度误差所描述的是同一级透平或压气机叶轮上相邻叶片间沿转子周向夹角的误差。而其他三项叶片装配误差中，径向窜动误差和轴向窜动误差分别描述的是叶片相对于转子沿其径向和轴向的位置偏差，轴向偏摆误差描述的是叶片中心积叠轴线与转子中心线夹角的偏差。由此可见，径向窜动误差、轴向偏摆误差以及轴向窜动误差的存在并不会对叶片沿转子周向的夹角造成影响，故可直接利用上述方法对叶片的周向分度误差进行分析。

2）径向窜动误差

径向窜动误差所描述的是叶片相对于转子沿其径向的位置偏差。由于叶片的周向分度误差描述的是同一级透平或压气机叶轮上相邻叶片间沿转子周向夹角的误差，故不会对叶片沿转子径向的位置产生影响。然而，由于轴向偏摆误差的存在，作为径向窜动误差分析辅助几何特征的叶冠顶面将偏离转子的径向，如图 5-23 所示。此外，轴向窜动误差的存在还会使得叶片偏离用于作为误差分析基准的轮盘中心。如图 5-23 所示，O' 是叶片中心积叠轴线与转子中心线的交点，O 是安装叶片的转子轮盘中心。由于轴向窜动误差的存在，O' 相对于 O 有一个 t_0 距离的偏移，故会对叶片径向窜动误差的分析造成影响。因此，在叶片径向窜动误差的分析中，需要对其中的轴向偏摆误差以及轴向窜动误差进行分离。

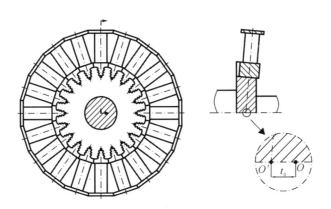

图 5-23　径向窜动误差分析的影响因素

3)轴向偏摆误差

轴向偏摆误差描述的是叶片中心积叠轴线与转子中心线夹角的偏差。在前述分析方法中,通过计算转子中心线与被检叶片叶根端面的夹角误差来估算叶片的轴向偏摆误差。而叶片的周向分度误差描述的是同一级透平或压气机叶轮上相邻叶片间沿转子周向夹角的误差,不会影响到叶根端面与转子中心线的夹角。同样,径向窜动误差和轴向窜动误差分别描述的是叶片相对于转子沿其径向和轴向的位置偏差,亦不会影响到叶根端面与转子中心线的夹角。故可直接利用前述提出的方法对叶片的轴向偏摆误差进行分析。

4)轴向窜动误差

轴向窜动误差描述的是叶片相对于转子沿其轴向的位置偏差。在前述分析方法中,选取的辅助几何特征是叶片的叶根端面。由于叶片的周向分度误差描述的是同一级透平或压气机叶轮上相邻叶片间沿转子周向夹角的误差,不会对叶片叶根端面的轴向位置产生影响。同样,叶片的径向窜动误差描述的是叶片相对于转子沿其径向的位置偏差,亦不会对叶片叶根端面的轴向位置产生影响。然而,叶片轴向偏摆误差的存在会使作为误差分析辅助几何特征的叶根端面偏离转子轴向,如图5-24所示,故会对叶片轴向窜动误差的分析造成影响。因此,在叶片轴向窜动误差的分析中,需要对其中的轴向偏摆误差进行分离。

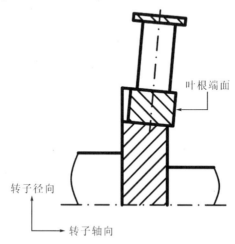

图 5-24　轴向窜动误差分析的影响因素

综上所述,叶片的四项装配误差相互作用的关系如表5-1所示,即对于周向分度误差与轴向偏摆误差,其他装配误差的存在不会对其分析结果产生影响;然而,轴向偏摆误差以及轴向窜动误差的存在会影响到径向窜动误差的分析结果,轴向偏摆误差的存在会对轴向窜动误差的分析产生影响。

表 5 - 1　装配误差项目间的相互影响

误差项目	周向分度误差	径向窜动误差	轴向偏摆误差	轴向窜动误差
周向分度误差	○	无	无	无
径向窜动误差	无	○	有	有
轴向偏摆误差	无	无	○	无
轴向窜动误差	无	无	有	○

○:同项误差,不存在干扰问题。

2. 叶片装配误差的分离

1)在径向窜动误差分析中分离轴向偏摆误差与轴向窜动误差

如前所述,轴向偏摆误差的存在会导致作为径向窜动误差分析辅助特征的叶冠顶面偏离转子的径向;同时,轴向窜动误差的存在亦会使得叶片偏离作为径向窜动误差分析基准特征的轮盘中心。为了尽可能减小叶片径向窜动误差分析中轴向偏摆误差以及轴向窜动误差的影响,这里提出了一种改进的径向窜动误差分析方法,如图 5 - 25 所示。

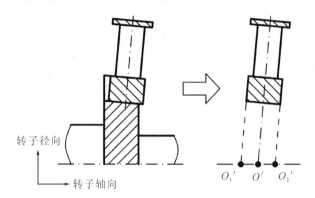

图 5 - 25　基于叶根端面确定径向窜动误差分析基准点

该方法通过被检叶片叶根的两个端面来确定径向窜动误差的分析基准点,具体流程如图 5 - 26 所示。

通过求取如图 5 - 25 所示叶根端面与转子中心线的交点 O_1' 和 O_2',进而得到线段 $O_1'O_2'$ 的中点 O'。以此作为径向窜动误差的分析基准点,按照前述分析方法即可获取叶片的径向窜动误差。

该方法的优点在于,一方面利用被检叶片本身的特征(叶根的两个端面)

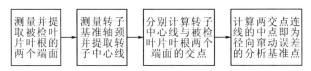

图 5-26　径向窜动误差分析基准点提取

确定误差分析的基准,可有效去除叶片相对与转子在其轴向位置偏差的影响;另一方面,叶片轴向偏摆误差所描述的角度偏差,实际上即为叶片绕其中心积叠轴线与转子中心线交点的一个转角误差,故以上述方法来确定分析的基准点可有效去除轴向偏摆误差的影响。

　　2)在轴向窜动误差分析中分离轴向偏摆误差

　　如前所述,叶片轴向偏摆误差的存在会影响到其轴向窜动误差的分析结果。为了在轴向窜动误差的分析中将轴向偏摆误差分离出以消除其影响,本章系统研究了这两项装配误差相互作用的原理。

　　如果叶片的轴向偏摆误差不存在,则可直接采用前述方法分析轴向窜动误差,如图 5-21 中所示的情况。在局部放大视图 I 中,O_r 是转子轮盘右端面的中心,A 是叶片叶根右端面与转子中心线的交点。矢量 $\overrightarrow{O_rA}$ 的长度即为轴向窜动误差的绝对值,其符号可以通过前述判定准则予以确定。然而在实际情况下,轴向窜动误差与轴向偏摆误差一定是同时存在的。对于一支被检叶片而言,轴向窜动误差和轴向偏摆误差各有两种不同的情况。因此,二者的相互作用的关系就存在四种不同的情况(分别如图 5-27、图 5-28、图 5-29 以及图 5-30 所示),这里不妨以叶片叶根的右侧端面为例予以分析。

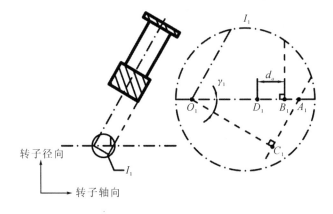

图 5-27　轴向窜动误差与轴向偏摆误差的相互作用(情况一)

　　在图 5 - 27 所示的情况一中,叶片相对于同侧转子轮盘端面存在向外的轴向窜动误差 d_a;同时,叶片还存在一沿顺时针方向的轴向偏摆误差 γ_1。

　　在图 5 - 28 所示的情况二中,叶片相对于同侧转子轮盘端面存在向外的轴向窜动误差 d_a;同时,叶片还存在一沿逆时针方向的轴向偏摆误差 γ_2。

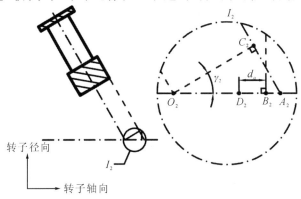

图 5 - 28　轴向窜动误差与轴向偏摆误差的相互作用(情况二)

　　在图 5 - 29 所示的情况三中,叶片相对于同侧转子轮盘端面存在向内的轴向窜动误差 d_a;同时,叶片还存在一沿顺时针方向的轴向偏摆误差 γ_3。

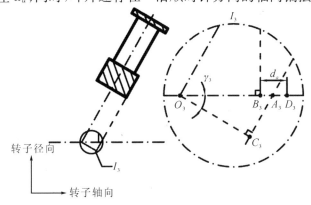

图 5 - 29　轴向窜动误差与轴向偏摆误差的相互作用(情况三)

　　在图 5 - 30 所示的情况四中,叶片相对于同侧转子轮盘端面存在向内的轴向窜动误差 d_a;同时,叶片还存在一沿逆时针方向的轴向偏摆误差 γ_4。

　　这四种情况具有相似的几何关系,且可以通过相同的运算关系予以表述。在接下来的描述中,以下标参数 $i(i=1,2,3,4)$ 来对应代表上述的四种情况,并提出了一种可以有效去除轴向偏摆误差影响的轴向窜动误差分析方法。

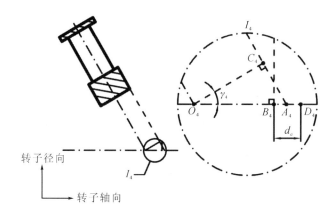

图 5 - 30   轴向窜动误差与轴向偏摆误差的相互作用(情况四)

在图 5 - 27 至图 5 - 30 所示的局部放大视图 I_i 中，O_i 是叶片中心积叠轴线与转子中心线的交点；由于轴向偏摆误差的存在，叶片的叶根端面与转子中心线相交于点 A_i；通过 5.2.2 轴向偏摆误差中提出的方法，可以提取叶片轴向偏摆误差的值为 γ_i；通过对叶片的轴向偏摆误差进行补偿，修正后的叶根端面与转子中心线相交于点 B_i；D_i 是转子轮盘右侧端面的中心点；C_i 是 O_i 在实际叶根端面(含轴向偏摆误差)上的投影。

由图 5 - 27 至图 5 - 30 中所示的几何关系可知，叶片轴向窜动误差可通过式(5 - 2)计算得到

$$d_a = D_iB_i = D_iA_i - B_iA_i \tag{5 - 6}$$

因此，如何确定 B_iA_i 的值是问题的关键，由图 5 - 27 至图 5 - 30 中所示的几何关系可知

$$B_iA_i = O_iA_i - O_iB_i \tag{5 - 7}$$

$$O_iA_i = \frac{O_iC_i}{\cos\gamma_i} \tag{5 - 8}$$

$$O_iB_i = O_iC_i = \frac{t_d}{2} \tag{5 - 9}$$

式中 t_d——叶片叶根的厚度。

由式(5 - 7)至式(5 - 9)可知：

$$B_iA_i = \frac{O_iB_i(1 - \cos\gamma_i)}{\cos\gamma_i} = \frac{t_d(1 - \cos\gamma_i)}{2\cos\gamma_i} \tag{5 - 10}$$

根据式(5 - 6)以及式(5 - 10)，可计算得到 d_a 为：

$$d_a = D_i B_i = D_i A_i - \frac{t_d(1 - \cos\gamma_i)}{2\cos\gamma} \tag{5-11}$$

需要注意,式(5-6)至式(5-11)中所有线段的长度都是有符号的量,并且可以由其对应的矢量根据前述判定标准予以确定。例如在图 5-27 至图 5-30 所示的四种情况中,统一规定转子中心线指向与选定叶根端面同侧的轮盘端面的外侧,则线段 $B_i A_i$ 的对应矢量$\overrightarrow{B_i A_i}$与转子中心线指向相同的方向,故线段$B_i A_i$的长度值为正。

5.3　燃气轮机透平叶片装配误差检测的具体实现

5.3.1　数据测量策略的分析与选择

对叶轮机械的转子叶片进行装配精度的检测,首要的问题就是检测数据的精确获取,这也是后续装配误差分析计算的依据。在检测数据测量策略的分析与选择中,需要解决的两大关键问题是测量设备的选择以及数据采样策略的确定。

1. 测量设备的选取

1)测量任务简述

正如前边所述,要检测和分析转子叶片的装配精度,需要对被检叶片以及转子上若干关键的几何特征(含基准几何特征和参考几何特征)进行测量。而转子的总体尺寸往往都在几米到几十米的范围,故采用传统的三坐标测量机(CMM)很难完成此类测量任务。同时,鉴于叶轮机械整机性能对转子叶片装配精度的敏感性,应在检测数据的获取上保证很高的测量精度。由此可见,空间大尺寸测量设备在基本属性和特点上具备完成这一测量任务的基本能力和可能性。

2)测量仪器的选取准则

每一种大尺寸空间测量设备都有其自身的优点与缺点。针对某一具体的测量任务,如何寻找到最为合适的测量系统与方案是一个关乎到最终成效的关键问题。一些学者在大尺寸测量仪器选择与测量能力评估上开展了一定的研究工作,分析总结了若干准则并尝试开发应用软件[13-16]。对于某项具体的测量任务,决定大尺寸空间测量设备选择的因素主要有三个方面,即测量任务要求、测量对象限制以及环境因素,如图 5-31 所示。

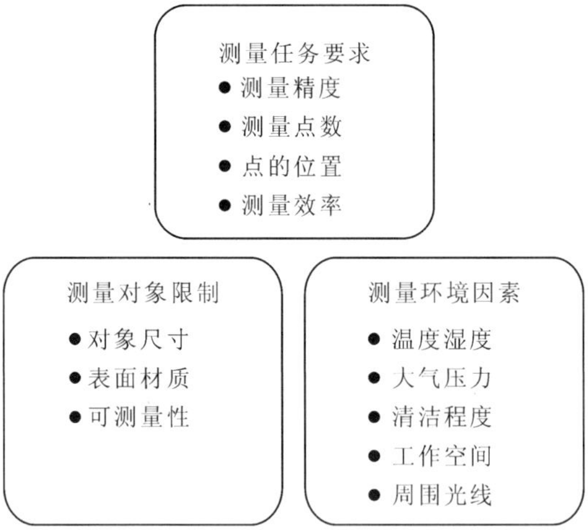

图 5-31　影响大尺寸空间测量设备选择的因素

　　测量要求的测量精度,直接限制了可以选择的测量设备。测量的点数决定了测量任务总量的大小,是影响测量效率的重要因素。由于大尺寸测量设备绝大部分都是基于光学原理,往往很难对分布在被测对象内表面的点进行测量,因此测量点的位置分布也是一个关键的因素。同时,测量效率因素则对待选仪器的若干相关指标(如采样频率)提出了要求。对于测量的对象,主要的限制有尺寸、表面材质以及可测量性等。被测对象的尺寸直接决定了待选仪器的测量范围;而表面材质情况则限制了待选仪器的测量手段(接触或非接触);基于被测对象本身结构的可测量性因素,则决定了待选测量仪器能否完成某一具体的测量任务。此外,由于不同测量仪器都有其对工作环境的具体要求,因此,温度、湿度、大气压力、清洁度、工作空间以及光线等环境因素也会影响到测量仪器的选择。

　　由此可见,在测量仪器的选择中需要考虑众多关键的因素,是一个繁琐而复杂的过程。因此针对于某一个具体的测量任务,应首先明确其基本的要求以及主要的限制(含测量对象与环境),进而综合评估各待选仪器的性能指标并做出最终的选择。在所有影响测量仪器选择的诸多因素中,对测量精度以及测量范围的要求最为重要。而对任何测量仪器而言,测量范围的增大必然会导致测量精度的降低,因此需要在选择时做出合理的权衡。

2. 采样策略的确定

　　当为某一具体的测量任务选定一台仪器后,需要对整个测量过程进行详细的规划,主要包括四个方面,如 5 - 32 所示。

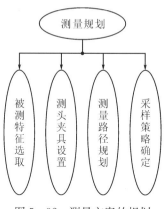

图 5 - 32　测量方案的规划

被测特征选取,即根据待检测的具体指标以及后续的分析处理方法,基于被测对象的具体结构选定相应的几何特征以进行测量。通常被测特征的数量直接决定了检测任务的总量,进而对仪器的测量效率提出要求[17]。测头夹具设置,指设计规划测头传感器以及夹具的结构,以保证被测特征的可测量性并避免测头与被测对象发生碰撞[18]。测量路径规划,即设计规划测量仪器进给的路径,在确保合理高效完成测量任务的同时避免测头与被测对象以及夹具的碰撞[19]。采样策略确定,即分析确定被测点的采样策略,包括被测点的数量以及其在被测特征上的位置分布。对于大尺寸空间测量任务而言,所选择的仪器多为移动式的,而往往不存在被测件装夹以及进给路径规划的问题。而测点的采样策略则是一个关乎最终检测结果、效率以及成本的关键问题,将在接下来予以系统分析。

针对某一待测特征采样策略规划需要解决的两个关键问题中,因为与测点数量直接相关的是测量的时间以及成本,所以是一个关乎到经济性的问题,需要在精度与成本之间做出一个合理的权衡;同时为了能够准确地反映实际被测对象的几何特征,还需要解决合理布置待测采样点的问题。在采样策略的规划中,测点数量的确定往往会受到测点位置分布的影响,下面将先阐述测点位置的分布,再阐述测点数量的确定。

1)测点位置分布

目前相关文献中提出的测点分布策略主要有三种,即盲采样(Blind sampling strategies)、自适应采样(Adaptive sampling strategies)以及工艺采样(Process-based sampling strategies)。

　　(1)盲采样策略。盲采样策略基于被测特征的原始设计信息(如理论模型、公差要求等)确定测点的位置分布,也是应用最为广泛的一类采样策略。通常是在测量工作开始之前采用该策略确定测点分布,并将其应用于所有的相关零件且不再改变。常见的盲采样策略主要有均匀采样、随机采样以及Hammersley采样。所谓均匀采样,即是让测点在被测特征上以某一个密度均匀地分布,如图5-33所示,对平面的采样[20],通常只要保证测点足够密,即可以较为准确地反映被测特征的几何形貌[21]。然而,采样密度的增加也会直接导致测点数量的增大。因此为了权衡检测的精度与成本,一般只有在采用测量速度较快的仪器时才会考虑运用均匀采样策略规划测点的位置分布。为了解决均匀采样策略所带来的测点数量过大的问题,产生了另一种策略就是随机采样,即让测点在被测特征上随机地分布,如图5-34(a)所示对平面

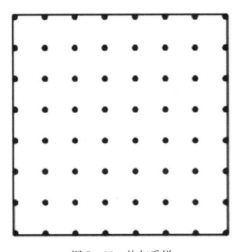

图5-33　均匀采样

的采样。然而如果测点的数量比较少,可能会漏掉被测特征的某些区域。为了保证测量的完整性,通常在实际应用中首先将被测特征的整个范围分割成若干个区域,然后再在每一个区域内随机地分布测点,如图5-34(b)所示对平面的采样。此外,一些学者基于Monte Carlo理论与准随机序列提出了Hammersley采样策略,尤其适用于对曲面特征的采样[22]。采用该策略规划的测点并没有按照某一明显的模式进行分布,如图5-35所示对平面的采样。

　　对以上三种最为常用的盲采样策略,Lee等学者分别以多种不同的几何特征为被测对象进行了全面的对比研究[23]。通过分析发现,Hammersley采样在测点数量远远小于均匀采样的情况下,仍然可以获得更为精确的结果;

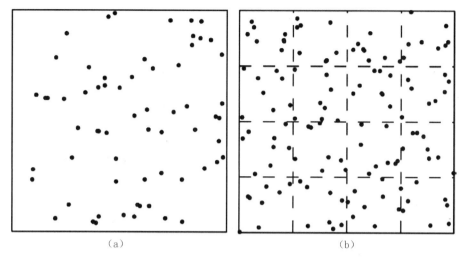

图 5-34　随机采样

(a)全局随机采样;(b)分块随机采样

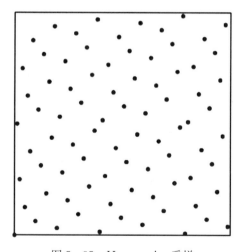

图 5-35　Hammersley 采样

而采用与 Hammersley 采样同样点数的随机采样,获得的结果与均匀采样具有近乎相同的精度。同时,在测点数量一致的情况下,Hammersley 采样获得的结果最为精确,随机采样次之,而均匀采样相对于前两者较差。由此可见,三种采样策略中 Hammersley 采样是最为稳定和有效的。

(2)自适应采样策略。不同于之前所述的盲采样策略,自适应采样策略不是在全部测量工作开始之前,而是在测量的过程中根据实际被测特征的具体情况规划采样点。在自适应采样中,通常首先在被测特征上散乱地分布一些测点;然后基于这些测点的信息,逐步增加若干测点直至满足某一具体的终止条件。因此,对于某一具体的自适应采样方法,需要解决三个关键问题:设定初始的采样点集、附加采样点的确定准则以及采样的终止条件。其中,初始采样点集一般都是通过均匀采样的方法予以确定,其数量通常不超过 20个点。此外也可以基于被测特征的制造工艺,由操作人员根据自身的经验来选择[24]。因为反映被测特征精度的是那些具有最大局部偏差的采样点,所以在自适应采样中即是要确定这类点作为测点,一些学者对此问题开展了相关的研究工作[24-28]。对于采样的终止条件,比较简单常用的方法如计算几何偏差不再大幅变化而趋于稳定、达到了给定的最大测点数量等。此外,也有学者提出了通过迭代运算并评定不确定度来确定采样终止条件的方法[25]。通常要达到同样的精度,如果采用自适应采样策略,需要的测点数量要比采用盲采样策略少一个数量级。然而,自适应采样策略也对测量仪器的在线路径规划提出了更高的要求。

(3)工艺采样策略。工艺采样策略基于被测特征的制造工艺信息来规划测点的分布。例如,由于制造工艺的一些特性,被测特征的某一个具体区域会产生较大的制造误差,进而决定了其整体的精度。对于此种情况,就可以集中测量该特定区域而无需考虑被测特征的其他区域。与盲采样策略相同的是,工艺采样策略也要在所有测量工作开始之前完成对测点的布置以及测量仪器路径的规划。但是不同于盲采样策略要在被测特征的全局布置测点,工艺采样策略只是在某些特定的局部区域布置测点。因此,采用工艺采样策略也可以在保证精度要求的同时有效减小测点的数量。然而,一旦被测特征的制造工艺发生变化,就需要对利用该采样策略确定的测点进行相应的调整,因此不适用于那些需频繁变化制造工艺的被测特征。考虑到对制造工艺的依赖性,该采样策略通常比较适用于确定工艺的大批量零件。此外,如果采用那些很难将采样点集中于某一具体区域的测量仪器(如结构光扫描测量仪等),则很容易引入其他不必要区域的数据而影响此采样策略的效果。

2)测点数量确定

在确定了测点的位置分布策略后,接下来的问题即是测点数量的确定。然而如何设定测点的数量,目前还没有一个统一的准则。因此,这一问题也通常被描述为——对测点数量的一个主观"定义"。理论上,引入的测量误差会随着测点数量的增多而增大。而通常在选取测量仪器时,遵循的都是测量仪器的精度至少要比被测对象的加工精度高出一个数量级,因此仪器的测量误差相对于被测对象的加工误差是一个可以忽略不计的极小量。可见在实际情况下,由于一定数量的测点是对被测特征的一种估计,测点数量的增多可以使其能够更为充分准确地反映被测特征的形貌。但考虑到测量的时间以及成本,又应将测点的数量控制在一个比较合适的范围内。

现有文献对测点数量定义这一问题的研究主要还是针对于盲采样策略。例如,针对直线度误差的评定,Namboothiri 和 Shunmugam 提出了一种基于给定测量误差定义测点数量的方法[29];Lin 分别针对于平面测量以及圆测量,提出了基于灰色理论的测点数量定义方法[30,31];Hwang 提出了一种基于混合模糊神经的测点数量定义方法[32]。

综上所述,针对具体的检测任务需要综合考虑检测对象的整体尺寸、精度要求等因素,选择合适的检测设备。结合检测设备的工作特性,确定具体的采样策略,包括测点的数量与分布。例如,要对燃气轮机叶片的装配精度进行检测,考虑到转子以及叶片的整体尺寸较大,需采用大尺寸测量设备。本文以激光跟踪仪为例,由于在测量过程中需要通过操作者手持球形目标反射器去接触被测特征,因此很难精确控制测量点的具体位置。而盲采样策略中的随机采样在测点数目远远小于均匀采样策略时,仍能够获得与其近乎一致的精度,因此选择随机采样策略来分布测点的采样位置。而对于测点数量的确定,可基于在工程实际应用中广泛采用的 $2n+1$(n 为表述某一特征所需的最少的点数)准则。

5.3.2　燃气轮机透平叶片装配误差检测软件系统的开发

为了实现提出的叶片装配误差分析方法,本章的研究中基于 MATLAB GUI 平台开发了叶片装配精度检测软件系统,可以在 Windows XP/Windows 7 环境下运行。

1. 系统开发的基本思想

本软件以分析提取叶片的装配误差为主要目的。因为应用的对象是叶轮机械转子上装配的叶片,所以在对其各项装配误差进行快速、准确提取的同时也要直观地显示所采用分析方法的基本原理等信息。此外,该软件系统应操作简单且具有相应的指示功能,同时使用户与软件的数据交互也能够方便直观地进行。

2. 系统功能模块的划分

该叶片装配精度检测软件系统主要由六大模块组成,如图5-36所示,分别为:数据通信模块、数据处理模块、图像显示模块、项目选择模块、结果显示模块、信息公告模块。

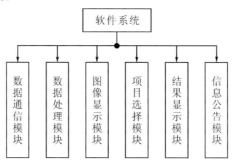

图5-36　软件系统模块组成

数据通信模块主要实现检测数据的导入、组织以及存储,从而为后续的数据处理与误差提取做好准备;数据处理模块则是软件内部的核心部分,实现对导入检测数据的处理、计算并提取叶片的装配误差;图像显示模块用于显示当前装配误差项目的分析原理示意图;通过项目选择模块,可以实现对待分析装配误差项目的选择,并对应设定其他相关内部参数;结果显示模块用于显示分析得到的误差值;信息公告模块针对于选定的误差项目,显示相应的操作提示(如数据导入等),以提高软件系统的界面友好性。

3. 系统工作流程

软件系统的工作流程如图5-37所示。首先,进行误差项目的选择,并对应显示其分析的基本原理;然后,导入对应的检测数据,经过内部的处理以适当的格式完成对数据的存储;最后,调用对应的分析算法提取得到具体的误差值,并以列表的形式显示所有的分析结果。

图5-37　软件系统工作流程

4. 系统运行实例

下面以对某一组叶片装配误差的分析为例,来具体描述软件系统的基本运行过程,软件系统运行后的主界面如图 5 - 38 所示。

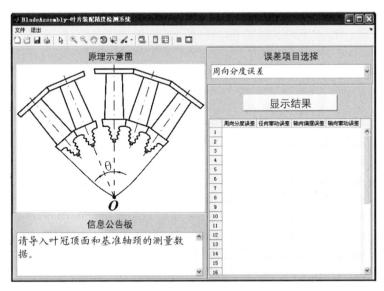

图 5 - 38　软件系统主界面

首先选择待分析的装配误差项目,如图 5 - 39 所示,这里以"径向窜动误差"为例。

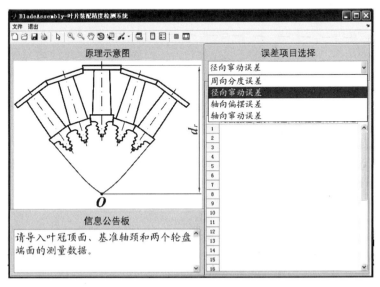

图 5 - 39　装配误差项目选择

在选定要分析的误差项目后,对应原理图像显示区和信息公告区亦作相应变化。其中,原理图像显示区显示该项误差(此处为"径向窜动误差")的原理示意图;信息公告区显示接下来要导入测量数据的内容和特征。

　　在确定了要分析的误差分析项目后,开始测量数据的导入与存储,具体步骤为:

　　①从"文件"菜单点击"数据导入",如图 5 - 40(a)所示;

　　②打开选择数据的对话框"导入数据",并选择要导入的数据文件(这里为"径向窜动. asc"),如图 5 - 40(b)所示;

　　③输入误差分析的参数,这里分别为"被检叶片个数"(参数值为 23)、"叶根端面数据点数"(参数值为 5)、"基准轴颈数据点数"(参数值为 13)以及轮盘端面(两个)数据点数(参数值为 14),将数据存储为特定的数据结构,如图 5 - 40(c)所示。

图 5 - 40　检测数据的导入与存储
(a)菜单区数据导入;(b)数据文件选择;(c)分析参数输入

　　点击"显示结果"按钮,即运行相应的误差分析处理算法,得到分析结果并显示在下面的列表中。对其他三项装配误差重复以上操作流程,得到全部四项装配误差的分析结果,如图 5 - 41 所示。

显示结果

	周向分度误差	径向窜动误差	轴向偏摆误差	轴向窜动误差
1	5.1133	906.1805	-0.0346	0.7961
2	4.9214	906.4610	-0.0218	0.3638
3	5.0317	906.4885	-0.0403	0.1397
4	5.0253	906.3991	0.0425	-0.6467
5	4.8835	906.4899	-0.0207	0.1628
6	3.9505	906.1984	-0.0109	0.2958
7	6.0821	906.1531	0.0152	0.0281
8	3.9862	906.1428	0.0342	-0.5807
9	5.9783	906.2492	0.0364	-0.5454
10	4.9498	906.5295	0.0506	0.1625
11	4.0330	906.2628	-0.0736	1.0611
12	5.9759	906.1430	-0.0765	0.7158
13	5.0597	906.2047	-0.0194	0.3463
14	5.0607	906.2159	0.0235	-0.1069
15	4.9509	906.3305	-0.0131	0.1234
16	4.9091	906.6223	-0.0205	0.0830

图 5-41　误差分析结果显示

5.4　小　结

　　根据叶片的装配工艺以及转子叶轮的基本工作原理,从影响转子叶轮乃至叶轮机械整机性能、运行寿命以及安全可靠性的关键因素出发,结合叶轮叶栅在与工作介质流相互作用的过程中常见的能量损失形式,研究并定义了描述叶片间及其相对于转子安装位置精度的四项装配误差指标:周向分度误差、径向窜动误差、轴向偏摆误差以及轴向窜动误差。并分别对所定义四项装配误差的诱发因素以及对喉部尺寸、攻角和叶顶间隙等叶栅气动参数的影响进行了系统的研究与分析。针对上述定义的四项装配误差指标,考虑到叶片以及转子的结构与组成,采用了一种基于特征提取的叶片装配误差分析策略。即通过测量并提取反映叶片和转子实际位置的关键几何特征(包括基准几何特征和辅助几何特征),分析叶片间及其相对于转子的安装位置误差,分别阐述了周向分度误差、径向窜动误差、轴向偏摆误差以及轴向窜动误差的分析与提取方法。根据前述叶片装配精度理论与分析方法,就叶片装配精度实际检测与评定过程中所面临的若干关键问题作了详细阐述。为了实现提出的叶片装配误差分析方法，开发了叶片装配精度误差检测软件系统。

参考文献

[1]　Logan E. Turbomachinery：Basic Theory and Applications [M]. New York：M. Dekker，1993.

[2]　刘现栋，纪震. 超超临界1000MW汽轮机低压转子叶片装配 [J]. 机械工程师，2009，25(7)：128－130.

[3]　Denton J D. The 1993 IGTI scholar lecture-loss mechanisms in turbomachines [J]. Journal of Turbomachinery-Transactions of the Asme，1993，115(4)：621－656.

[4]　Hsu T H，Lai J Y，Ueng W D. On the development of airfoil section inspection and analysis technique [J]. International Journal of Advanced Manufacturing Technology，2006，30(1/2)：129－140.

[5]　Yamamoto A，Nouse H. Effects of incidence on three-dimensional flows in a linear turbine cascade [J]. Journal of Turbomachinery-Transactions of the Asme，1988，110(4)：486－496.

[6]　Moustapha S H，Kacker S C，Tremblay B. An improved incidence losses prediction method for turbine airfoils [J]. Journal of Turbomachinery-Transactions of the Asme，1990，112(2)：267－276.

[7]　Dahlquist A N. Investigation of losses prediction methods in 1D for axial gas turbines [D]. Lund：Lund University，2008.

[8]　Booth T C，Dodge P R，Hepworth H K. Rotor-tip leakage：Part I-Basic methodology [J]. Journal of Engineering for Power，1982，104(1)：154－161.

[9]　Wei N. Significance of loss models in aerothermodynamic simulation for axial turbines [D]. Stockholm：Royal Institute of Technology，2000.

[10]　Kim B N，Chung M K. Improvement of tip leakage loss model for axial turbines [J]. Journal of Turbomachinery-Transactions of the Asme，1997，119(2)：399－401.

[11]　Bindon J P. The measurement and formation of tip clearance loss [J].

Journal of Turbomachinery-Transactions of the Asme, 1989, 111(3): 257 - 263.

[12] Chen L, Li B, Jiang ZD. Inspection of assembly error with effect on throat and incidence for turbine blades[J]. Journal of Manufacturing Systems, 2017, 43(P3):366 - 374.

[13] Muelaner J E, Maropoulos P. Large scale metrology in aerospace assembly [C]. 5th International Conference on Digital Enterprise Technology: Nantes, France, 2008.

[14] Cuypers W, Van Gestel N, Voet A, et al. Optical measurement techniques for mobile and large-scale dimensional metrology [J]. Optics and Lasers in Engineering, 2009, 47(3/4): 292 - 300.

[15] Cai B, Dai W, Muelaner J E, et al. Measurability characteristics mapping for large volume metrology instruments selection [C]. 7th International Conference on Manufacturing Research(ICMR09): University of Warwick, UK, 2010: 438 - 442.

[16] Muelaner J E, Cai B, Maropoulos P G. Large-volume metrology instrument selection and measurability analysis [J]. Proceedings of the Institution of Mechanical Engineers Part B, Journal of Engineering Manufacture, 2010, 224(B6): 853 - 868.

[17] Fiorentini F, Moroni G, Palezzato P, et al. Feature selection for an automatic inspection system [C]. 24th CIRP international seminar of manufacturing systems: Copenhagen, Denmark, 1992: 199 - 208.

[18] Moroni G, Polini W, Semeraro Q. Knowledge based method for touch probe configuration in an automated inspection system [J]. Journal of Materials Processing Technology, 1998, 76(1 - 3): 153 - 160.

[19] Yau H T, Menq C H. Automated CMM path planning for dimensional inspection of dies and molds having complex surfaces [J]. International Journal of Machine Tools and Manufacture, 1995, 35(6): 861 - 876.

[20] Dowling M M, Griffin P M, Tsui K L, et al. Statistical issues in geometric feature inspection using coordinate measuring machines [J]. Technometrics, 1997, 39(1): 3 - 17.

[21] Bracewell R N. The Fourier transform and its applications [M]. New

York: McGraw-Hill, 2000.

[22] Hammersley J M, Handscomb D C. Monte Carlo Methods [M]. New York: Taylor & Francis, 1964.

[23] Lee G, Mou J, Shen Y. Sampling strategy design for dimensional measurement of geometric features using coordinate measuring machine [J]. International Journal of Machine Tools and Manufacture, 1997, 37(7): 917 – 934.

[24] Badar M A, Raman S, Pulat P S. Experimental verification of manufacturing error pattern and its utilization in form tolerance sampling [J]. International Journal of Machine Tools and Manufacture, 2005, 45(1): 63 – 73.

[25] Edgeworth R, Wilhelm R G. Adaptive sampling for coordinate metrology [J]. Precision Engineering-Journal of the American Society for Precision Engineering, 1999, 23(3): 144 – 154.

[26] Rossi A. A form of deviation-based method for coordinate measuring machine sampling optimization in an assessment of roundness [J]. Proceedings of the Institution of Mechanical Engineers Part B, Journal of Engineering Manufacture, 2001, 215(11): 1505 – 1518.

[27] Badar M A, Raman S, Pulat P S. Intelligent search-based selection of sample points for straightness and flatness estimation [J]. Journal of Manufacturing Science and Engineering-Transactions of the Asme, 2003, 125(2): 263 – 271.

[28] Barbato G, Barini E M, Pedone P, et al. Sampling point sequential determination by kriging for tolerance verification with CMM [C]. ASME Proceedings of the 9th Biennial Conference on Engineering Systems Design and Analysis (ESDA2008): Haifa, Israel, 2008: 391 – 401.

[29] Namboothiri V N, Shunmugam M S. On determination of sample size in form error evaluation using coordinate metrology [J]. International Journal of Production Research, 1999, 37(4): 793 – 804.

[30] Lin Z C, Lin W S. Measurement point prediction of flatness geometric tolerance by using grey theory [J]. Precision Engineering-Journal of the International Societies for Precision Engineering and Nanotechnol-

ogy，2001，25(3)：171 - 184.

[31] Lin Z C，Lin W S. The application of grey theory to the prediction of measurement points for circularity geometric tolerance [J]. International Journal of Advanced Manufacturing Technology，2001，17(5)：348 - 360.

[32] Hwang I S，Lee H，Ha S D. Hybrid neuro-fuzzy approach to the generation of measuring points for knowledge-based inspection planning [J]. International Journal of Production Research，2002，40(11)：2507 - 2520.

第6章　基于实数编码遗传算法的复杂零件形位误差计算

叶片是重型燃机关键功能零件,为了达到最佳的工作效率、提高其工作寿命、承受高温高压的作用,其外形和内部结构非常复杂。对叶片这类复杂零件制造形位误差的高效率、高精度测量要求也越来越高。随着计算机技术的不断发展和三坐标测量机的产生,对于叶片这类复杂零件的形位误差虽然有学者提出了一些测量手段和计算方法。但是,由于复杂零件形位误差计算是一个复杂的非线性优化问题,运用传统的计算方法难以直接计算,常常采用一些近似的方法进行间接计算,并不能判定所得到的计算结果是否满足最小区域评定条件,有时还会产生较大的误差。而采用实数编码遗传算法求解复杂曲面形位误差符合最小区域评定条件,其中归一化实数编码遗传算法比较适合这一类寻优问题。

6.1　基于归一化实数编码遗传算法

遗传算法(genetic algorithms,GA)最初是在 1975 年由美国密西根大学 J. Holland 教授提出来的一类仿生型的优化算法,是一种以达尔文的生物进化论和孟德尔的遗传变异理论为基础、借鉴生物界自然选择和遗传机制的高度并行、随机、自适应的全局优化概率搜索算法。

遗传算法操作使用种群中的个体适者生存的原则,在种群的每一代通过选择、交叉、变异算子的操作,通过适应度函数对每一个新个体进行评价,从而产生接近最优解的新种群作为下一代,通过上述连续迭代操作,最终找到满足精度要求的最优解。遗传算法寻找最优解的操作流程如图 6-1 所示。

经典的遗传算法采用的是二进制编码,其特点是遗传操作简单,但对于实数空间的寻优,存在如下不足:

(1)二进制编码,人为地将连续空间离散化,从而导致计算精度与编码长度、计算工作量之间的矛盾。

(2)由于受编码的限制,有可能只能趋近最优解而得不到实际的最优解。

针对上述问题,为了使寻优范围充满整个寻优空间,需采用实数编码。

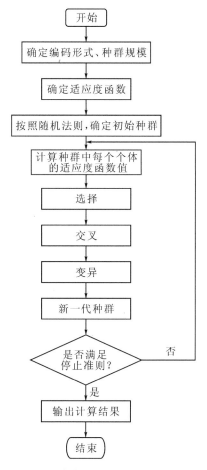

图 6-1 遗传算法寻找最优解的操作流程

高精度、便于大空间搜索的实数编码策略越来越受到重视,一些研究者提出了不同的实数编码及遗传操作策略。对于算法而言,收敛性具有重要的理论意义。

但是基于实数编码的遗传算法,一般采用的是算术遗传算子,并不是基因遗传算子,对其性能进行分析难度很大。为此本章提出归一化实数编码。

与标准遗传算法的控制参数一样,归一化实数编码遗传算法控制参数主要有种群规模 n,选择概率 P_s、交叉概率 P_c 和变异概率 P_m 等,这些参数的选择直接影响遗传算法的性能。因此,如何选择这些控制参数仍然是这种编码方法所关心的问题。

6.1.1 归一化实数编码的定义与编码长度

1. 归一化实数编码的定义

参照二进制编码遗传算法的基本定义,给出归一化实数编码的定义。

设优化问题的一般形式为

$$\min f(X), X = (x_1, x_2, \cdots, x_n) \tag{6-1}$$

任何一个复杂的连续空间的寻优问题,其解的可行域都可以映射到[0,1]的范围。

归一化实数编码是在[0,1]的区间内进行小数编码。它是从二进制编码演化而来的,其基因位为小数位,有 10 种可能取值(0~9)。

对于归一化实数编码,其字符集的构成为{0,1,2,3,4,5,6,7,8,9}。

2. 归一化实数编码长度

编码长度是影响归一化实数编码遗传算法性能的重要参数之一,所以必须恰当地确定编码的长度。

1)一维实数编码长度的确定

假设优化问题计算精度为 $e = 10^{-m}$,一维优化问题解的可行域为 $x \in [x_b, x_e]$,则

$$x_{\max} = \max\{\mid x_b \mid, \mid x_e \mid\} \tag{6-2}$$

则一维实数编码长度为:

$$l \geqslant \text{int}(\lg(x_{\max})) + 1 + m \tag{6-3}$$

其中,int($\cdot$)为取整函数。从式(6-3)可以看出:归一化实数编码长度与计算精度的小数位和定义域边界的最大绝对值有关。式(6-3)为一维优化问题的归一化实数编码长度确定提供了理论依据。

2)多维实数编码长度的确定

设优化问题计算精度为 $e = 10^{-m}$,多维优化问题解的可行域的各分量为

$$x_i \in [x_{i,b}, x_{i,e}], \quad i = 1, 2, \cdots, k$$

则

$$x_{\max} = \max\{\max\{\mid x_{i,b} \mid, \mid x_{i,e} \mid\} i = 1, 2, \cdots, k\} \tag{6-4}$$

则多维实数编码长度为

$$l \geqslant \text{int}(\lg(x_{\max})) + 1 + m \tag{6-5}$$

从式(6-5)可以看出,归一化实数编码长度与优化问题计算精度的小数位和定义域边界的最大绝对值有关。式(6-5)为确定多维优化问题归一化实数编码长度提供了理论依据。

6.1.2 实数编码遗传算法种群规模的确定

种群规模对算法性能有着明显的影响。首先,从直观上看,当种群规模增大时,算法的计算时间,也就是收敛时间将会增大;而种群规模如果增大了,那么算法收敛到最优解的可能性就会增大,即全局搜索能力会增强;再者当种群规模增大了,在解空间中搜索时,可以在相对较少的代数中找到最优解,那么进化代数也随着种群规模的增大而变小了。

种群规模的大小直接决定了种群多样化的程度。显然,n越大,种群中个体的多样性越高,算法陷入局部最优解的可能性就越小,从而可以有效地抑制早熟问题,算法收敛到最优解的可能性就会增大,即全局最优解搜索能力会增强,同时在解空间中搜索时,可以在相对较少的代数中找到最优解。但是种群规模太大又会使计算量增加,从而影响计算效率。因此,种群规模的选择对于遗传算法的性能具有重要的影响。

种群个体的多样性的尺度是模式。若其个体的编码长度为l,其字符集中的元素数为g,则一个个体包含有$g^{l/g}$个不同的模式。若种群中至少能匹配一个个体的模式数越多,则种群的多样性就越丰富。若新的个体完全是随机生成,可得二进制编码的种群规模为

$$n = (2)^{l/2} \tag{6-6}$$

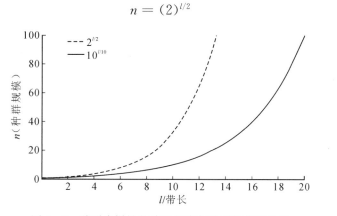

图6-2 种群多样性的编码长度与种群规模的关系

实数编码的种群规模为

$$n = (10)^{l/10} \tag{6-7}$$

从图 6-2 可以看出,为了确保种群的多样性,对于相同的编码长度,二进制编码比归一化实数编码的种群规模要大,也就是说,种群规模相同归一化实数编码的种群多样性要比二进制编码高。式(6-7)只能反映实数编码的多样性,由于遗传算法仍然属于概率寻优的范畴,种群规模对进化代数、收敛时间和全局搜索能力的影响情况,难以用解析表达式进行描述。

6.1.3　归一化实数编码遗传算法的选择算子

选择算子是按照"优胜劣汰"的原则从种群中选择适应度高的个体,其目的是为了把优势个体的基因信息保留到下一代。因此选择算子是建立在个体适应度评估基础上的。与二进制编码遗传算法一样,常用的选择算子有适应度比例法、最佳个体保存法、期望值法、排序选择法、联赛选择法、排挤法等。其中适应度比例法和最佳个体保存法这两种选择算子较为适合归一化实数编码遗传算法。

1. 适应度比例法

适应度比例法是目前遗传算法中最常用的选择算子,其实质是根据个体 x_i^t 的适应度 f_i^t,计算其被选择的概率

$$P_{si}^t = \frac{f_i^t}{\sum_{j=1}^{n} f_j^t} \tag{6-8}$$

其中,n 为种群的规模。

2. 最佳个体保存法

De Jong 对最佳个体保存法作了如下定义:

设第 t 代种群的最佳个体为 $a^*(t)$,$A(t+1)$ 为下一代种群,若 $A(t+1)$ 中不存在 $a^*(t)$,则把 $a^*(t)$ 作为第 $n+1$ 个个体(n 为种群规模)。

这种方法的优点是在进化过程中,将上一代的最优解不参与交叉和变异运算而直接保留到下一代,从而使得优秀模式得到保存而不被破坏。

6.1.4　归一化实数编码遗传算法的交叉算子

交叉算子是遗传算法模式生成的主要手段。交叉概率越大,生成的新模

式就越多,搜索覆盖面就越广,搜索效率就越高。但过大的交叉概率可能会破坏种群中的优秀模式,反而会抑制搜索速度。如果交叉概率太低,会降低遗传算法搜索的有效性,甚至陷于迟钝状态。一般取值为 $0.25\sim1.00$。遗传算法的有效性主要来自于选择和交叉,尤其是交叉算子,它是模式生成的主要手段,在遗传算法中起核心作用。对于归一化实数编码,其交叉算子有基因交叉和算术交叉两类。

1. 基因交叉

定义 6.1　将实数编码的向量个体中各分量看成一个字符串,被选中的两个个体进行基因交换,这类交叉称为基因交叉。

常用的基因交叉算子有一点交叉、两点交叉、多点交叉、启发式交叉、顺序交叉、混合交叉等,采用最多的还是一点交叉。下面以一点交叉为例,说明归一化实数编码基因交叉算子操作。

1)一维交叉

对于一维编码,一点交叉是在被选择进行交叉的两个个体中随机设定一个交叉点,然后在该点的后面两个个体的基因进行交换,从而形成两个新个体,如图 $6-3$ 所示。

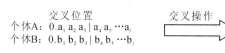

图 $6-3$　归一化一维实数编码交叉操作

图中,交叉点设在第 3 个和第 4 个基因位之间,交叉操作后,位于该交叉点后面的基因位进行了互换,从而生成了两个新的个体 A'、B'。由于交叉点是随机设定的,所以个体的编码长度为 l 时,则有 $l-1$ 个可能的交叉点,所以一点交叉可得到 $l-1$ 个可能的交叉结果。

2)多维基因交叉算子

对于多维编码,单点基因交叉的交叉点的选择分两步:

①随机选择发生交叉的分量位置;

②在被选择的交叉分量中随机设定一个交叉点 k,在该点的后面两个个体的结构进行交换,从而形成两个新个体,如图 $6-4$ 所示。

个体X：
$$[(0.x_{11}\cdots x_{1l}) , (0.x_{21}\cdots x_{2l}) , \cdots , (0.x_{k1}x_{k2}\cdots x_{ki}\,|\,x_{k(i+1)}\cdots x_{kl}) , \cdots , (0.x_{n1}\cdots x_{nl})]$$

交叉位置

个体Y：
$$[(0.y_{11}\cdots y_{1l}) , (0.y_{21}\cdots y_{2l}) , \cdots , (0.y_{k1}y_{k2}\cdots y_{ki}\,|\,y_{k(i+1)}\cdots y_{kl}) , \cdots , (0.y_{n1}\cdots y_{nl})]$$

交叉操作　⟹

新个体X′：
$$[(0.x_{11}\cdots x_{1l}) , (0.x_{21}\cdots x_{2l}) , \cdots , (0.x_{k1}x_{k2}\cdots x_{ki}y_{k(i+1)}\cdots y_{kl}) , \cdots , (0.x_{n1}\cdots x_{nl})]$$

新个体Y′：
$$[(0.y_{11}\cdots y_{1l}) , (0.y_{21}\cdots y_{2l}) , \cdots , (0.y_{k1}y_{k2}\cdots y_{ki}x_{k(i+1)}\cdots x_{kl}) , \cdots , (0.y_{n1}\cdots y_{nl})]$$

图 6-4　归一化多维实数编码交叉操作

2. 算术交叉

针对实数编码策略，Michalewicz 提出了算术交叉算子，即

$$\begin{cases} Y'_a = \lambda_1 X_a + \lambda_2 X_b \\ Y'_b = \lambda_1 X_b + \lambda_2 X_a \end{cases} \tag{6-9}$$

按 λ_1、λ_2 的限制不同又可分为下列两种形式。

1）凸交叉

若乘子限制为

$$\lambda_1 + \lambda_2 = 1, \lambda_1 > 0, \lambda_2 > 0$$

则称为凸交叉。

其中的特例是：$\lambda_1 = \lambda_2 = 0.5$。

2）线性交叉

线性交叉首先是由 Cheng 和 Gen 提出的，其乘子限制为

$$\lambda_1 + \lambda_2 \leqslant 2, \lambda_1 > 0, \lambda_2 > 0$$

算术交叉操作与染色体的基因重组在形式上不同，但却体现了父代之间信息交换的特性。算术交叉操作得到的子代个体在搜索空间内呈梯形分布，这种交叉操作自身具有向搜索空间中心收缩的特性，不利于全局优化。λ_1、λ_2 越接近 0.5，种群收缩速度越快；λ_1、λ_2 越接近 0 或 1，种群收缩越慢，子代主要体现一个父本的信息，效果接近于复制操作，因此优化效率很低。

6.1.5　归一化实数编码遗传算法的变异算子

变异算子在保证遗传算法全局收敛中起着重要作用，变异算子有基因变异和算术变异两类。

1. 基因变异

定义 6.2　将实数编码的向量个体中各分量看成一个字符串,在被选中个体上随机确定一个基因位进行变异,这类变异称为基因变异。

归一化实数编码的基因变异算子仿照二进制编码遗传算法的变异操作过程。对于二进制编码遗传算法,变异操作比较简单,然而,对于归一化实数编码的遗传算法,由于是基于字符集{0,1,2,3,4,5,6,7,8,9}的编码,因此其变异操作要比二进制编码遗传算法复杂。其基本过程分两步:

①种群中按变异概率 P_m 随机选择参与变异的个体;

②在被选择的编码长度为 l 的个体上随机确定变异的基因位,然后在字符集{0,1,2,3,4,5,6,7,8,9}中除本基因位值外的其它 9 个字符中,随机选择一个取代该基因位的原来值。因此,这种变异操作在基因位上有 9 个不同的基因变异值的可能。

2. 算术变异算子

实数编码算术变异算子主要有简单算术变异和启发式算术变异两种。

1)简单算术变异

归一化实数编码的简单算术变异算子操作比较简单,其操作步骤如下:

在种群中按变异概率 P_m 随机选择参与变异的个体;

在被选择的变量维数为 n 的向量个体上随机确定需变异分量 x_k,然后在 $[0,1]$ 之间选取一个随机值,取代原分量的值。

2)启发式算术变异

简单算术变异算子虽然操作简单,但其变异的随意性较大,有可能破坏好的个体,为此采用启发式算术变异。

所谓启发式变异,就是在变异算子中融入个体适应度、进化代数信息,其变异幅度一方面随着进化代数的增加而相对减少,另一方面,在同一代种群中,变异的幅度随着个体适应度的增大而减小。启发式变异方式可用下式表示:

令

$$\text{mut}(X,t) = x_k + (1-2r)\left[(1-t/T)(1-0.99 f'(X)/f_{\max})\right]^2$$

$$(6-10)$$

$\text{mut}(X,t)$ 称为变异函数。其中,r 是 $[0,1]$ 间的随机数;T 为最大进化代数,$f_{\max}$ 是第 t 代种群中的最大适应度,$f'(X)$ 是被选择变异个体的适应度。

则变异值为

$$x'_k = \begin{cases} 0 & \text{当 mut}(X,t) \leqslant 0 \\ \text{mut}(X,t) & \text{当 } 0 < \text{mut}(X,t) \leqslant 1 \\ 0 & \text{当 mut}(X,t) > 1 \end{cases} \quad (6-11)$$

启发式变异算子在保持种群中最优个体相对稳定的同时让种群中的个体在整个定义域内搜索,对提高搜索能力、保持种群多样性都是十分有益的。

6.1.6　归一化实数编码遗传算法的适应度函数

在遗传算法中,适应度是用来评价种群个体优劣的尺度,个体的适应度越大越优秀,反之,适应度越小的个体越差。遗传算法在进化搜索的过程中仅用适应度函数,不需要其他先决条件或辅助信息,从而对问题本身的依赖性小。

1. 目标函数与适应度函数的映射

适应度函数是非负的。然而,在许多优化问题中,目标函数是计算代价函数的最小值,并不是利益函数的最大值,即使某些问题被表示成求极大值的形式,但也不能保证对于所有的变量,利益函数都取非负值。因此,对于这些问题,常常将目标函数通过一定的变换转化成适应度函数。

（1）当计算问题的目标函数采用利益函数的形式时,为了确保适应度函数的非负性,其适应度函数为

$$fit(x_i^t) = f_1(x_i^t) - C_{\min} \quad (6-12)$$

其中,$C_{\min}$ 为当代种群中个体所对应的利益函数的最小值。

（2）当目标函数是代价函数时,其适应度函数为:

$$fit(x_i^t) = C_{\max} - f_2(x_i^t) \quad (6-13)$$

其中,$C_{\max}$ 为当代种群中个体代价函数的最大值。

2. 适应度函数的变换

在遗传算法搜索过程的起始阶段,由于个体的适应度差异大,种群中可能有极少的个体其适应度相对大多数个体非常高,如果按标准的遗传算法的选择规则,这些少部分个体就可能在整个进化过程中占主导地位。随着迭代次数的增加,种群会趋向一致,个体之间的适应度的差值会逐渐缩小,个体间的竞争力减弱,最佳个体和其他大多数个体在选择过程中选择机会的差异不

大,使得选择操作变得无目的性,从而导致过早的收敛。对于这种早熟现象,必须采取一定的措施来拉大各个体之间的适应度值的差异,提高个体间的竞争力。这种对个体适应度的调整称为适应度函数变换。其中,常用的变换有下列几种。

1)线性比例变换

设原适应度函数为 f,线性比例变换后的适应度函数为 f',则线性比例变换的关系如下:

$$f' = af + b \qquad (6-14)$$

式中,系数 a,b 有多种方法设定,但必须满足下列两个条件:

①原适应度平均值 f_{avg} 等于变换后的适应度平均值 f'_{avg};

②变换后的最大的适应度 f'_{max} 是原适应度平均值的指定倍数,即

$$f'_{max} = cf_{avg} \qquad (6-15)$$

实验表明,$c=2$ 对于种群规模 n 为 $30\sim100$ 比较适宜。

这里要注意,在应用线性比例变换时,有可能出现负值适应度。这是由于在算法运行的后期,当种群中最差的几个个体适应度远远低于种群的平均适应度 f_{avg},且最大适应度 f_{max} 又和平均适应度接近时,用线性变换把比较接近的 f_{avg} 和 f_{max} 拉开,原来低适应度经过变换后就会变成负值,如图 6-5 所示。

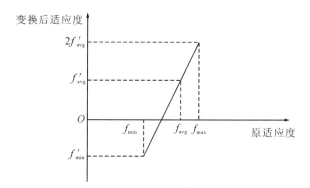

图 6-5　线性比例变换出现负适应度的情况

解决的办法是,把原适应度最小值 f_{min} 映射到比例变换后适应度最小值 f'_{min},且使 $f'_{min}=0$,但是必须保证 $f_{avg}=f'_{avg}$。

当参数 b 随代数变化时,则称为动态线性变换,即

$$f' = af + b_t \qquad (6-16)$$

2)σ 切断

σ 切断是 Forrest 为改进线性变换而提出的,其目的是更有效地保证变换后的适应度值不会出现负值。经过 Goldberg 改进后的公式为:

$$f' = f - (\bar{f} - c\sigma) \tag{6-17}$$

式中 σ——种群的标准方差;

    $\bar{f}$——种群的适应度平均值;

    c——一个较小的整数。

3)幂变换

幂变换的关系式如下:

$$f' = f^k \tag{6-18}$$

这种变换方式是由 Gillies 提出来的,他在视觉实验中采用了此方法,并取 $k = 1.005$,幂指数 k 与计算的问题有关,在算法执行中需要修正以达到满意的的伸缩范围。

4)指数变换

指数变换的基本思想来源于模拟退火法,变换表达式为

$$f' = \exp(-kf) \tag{6-19}$$

指数变换可以让优秀的个体保持较多的复制机会,同时又限制了其复制数量,以避免其在种群中的比例过大。同时,这种方法也提高了适应度相近的个体之间的竞争力。这里,系数的选择是非常重要的,它决定了选择的倾向性,值越小,选择就越倾向于具有高适应度的个体。

5)对数变换

其变换形式为

$$f' = b - \lg(f) \tag{6-20}$$

其中,b 为大于 $\lg(f)$ 的任意值。

6)正规化

正规化变换是一种动态变换技术。其形式如下:

$$f' = \frac{f - f_{\min} + e}{f_{\max} - f_{\min} + e} \tag{6-21}$$

式中,$f_{\max}$ 和 $f_{\min}$ 分别为当代种群中适应度最大值和最小值;e 是一个小的正实数,且 $e \in (0,1)$。

这一方法可视为 $w = 1$ 的归一化的窗口法。这种变换可以防止方程中分母为零,也使正比于适应度的选择变为纯随机选择成为可能。

6.1.7　交叉、变异概率的自适应调整

遗传算法控制参数中的交叉概率和变异概率的选取对算法的性能有重要的影响。如果交叉概率和变异概率过大,有可能使算法变为随机搜索;而交叉概率和变异概率过小,又可能使算法早熟收敛,陷入局部极值点。其次,在整个遗传算法的运算过程中,采取静态的交叉和变异概率有时不一定能够收到满意的效果。

遗传算法在进化初期,种群中包含模式较多,应该增加交叉概率以组合现有模式,减少变异概率以保持得到的优良模式;在进化后期,种群中的基因模式比较单一,没有必要进行大量的模式重组,则可以减少交叉概率,为了避免进入局部极小点则需要大量引入新模式,这就要通过增大变异概率增加新个体,即增加种群的多样性。M. Srinivas 和 L. M. Patnaik 提出了交叉、变异概率的自适应调整方法。其基本思路是:当种群个体适应度趋于一致时,算法就可能陷入局部最优,此时应提高交叉、变异概率;当种群中个体适应度较分散时,则降低交叉、变异概率。遗传算法这两种平衡关系由交叉概率 P_c 和变异概率 P_m 所支配。为了获取二者之间的折衷,采用根据适应度分散程度来改变 P_c 和 P_m 的办法:当种群将陷入局部最优解时,增大 P_c 和 P_m 的值,当种群分散在解空间各处时则减小 P_c 和 m;对于同一代种群中的不同个体,适应度高的个体采用较小的 P_c 和 P_m,而适应度低的个体则采用较大的 P_c 和 P_m。其具体表达式如下:

$$P_c = \begin{cases} \dfrac{k_1(f_{\max} - f')}{f_{\max} - \overline{f}}, & f' \geqslant \overline{f} \\ k_2, & f' < \overline{f} \end{cases} \qquad (6-22)$$

$$P_m = \begin{cases} \dfrac{k_3(f_{\max} - f_i)}{f_{\max} - \overline{f}}, & f_i \geqslant \overline{f} \\ k_4, & f_i < \overline{f} \end{cases} \qquad (6-23)$$

式中　$f_{\max}$——当代种群中的最大适应度;

　　　f_i——参加变异的父代个体的适应度;

　　　f'——参加交叉的两个父代个体中较大的适应度;

　　　$\overline{f}$——当代种群的平均适应度;

　　　$k_1 \sim k_4$——经验系数,通常取 $k_1 = k_2 = 1, k_3 = k_4 = 0.5$。

6.1.8 归一化实数编码多维并行遗传算法

前面讨论的遗传算法是把多维变量组成的向量进行整体归一化实数编码,即整个向量作为一个个体。然而,在多维变量的寻优过程中,随着变量的维数增加,算法的收敛速度降低,为此提出基于归一化实数编码多维并行遗传算法。

1. 基于归一化实数编码多维并行遗传算法的基本概念

1)个体

定义 6.3 由多维变量组成的实数向量称为个体,每个个体代表计算问题的一个可能解。

2)种群

定义 6.4 由个体构成的集合称为种群。

3)适应度

定义 6.5 适应度是用来评价个体的自身性能和种群的整体性能的,在整个遗传算法的操作过程中起着举足轻重的作用。由于个体的选择概率与适应度成正比,因此适应度函数的定义方法对遗传算法具有极大影响。

4)子个体

定义 6.6 个体的每一分量,称为子个体,各分量之间的子个体彼此相互独立地并行进行遗传操作。

5)子种群

定义 6.7 种群中个体的每一分量的集合称为子种群,各子种群之间彼此并行、相互独立地进行遗传操作。

6)并行子交叉

定义 6.8 在每一个分量对应的子种群中同时彼此独立地进行交叉,称为并行子交叉。

7)并行子变异

定义 6.9 在每一个分量对应的子种群中同时彼此独立地进行变异,称为并行子变异。

2. 归一化实数编码多维并行遗传算法的选择操作

归一化实数编码多维并行遗传算法的选择操作过程是从当前种群中选

出优良个体,使它有机会保留用于繁殖后代。选择建立在适应度评估的基础上,适应度越大的个体,被选择的可能性就越大,它的"子孙"在下一代的个数就越多。与单一编码遗传算法一样,归一化实数编码多维并行遗传算法的选择操作算子有:

(1)轮盘赌方法;

(2)联赛选择;

(3)期望值选择;

(4)排序选择法等。

3. 归一化实数编码多维并行遗传算法的交叉操作

多维并行遗传算法的交叉操作是一维归一化实数编码基因交叉算子的扩展,在每一个分量对应的子种群中同时彼此独立地进行交叉,称为并行子交叉。下面以基因子交叉的单点交叉为例,说明归一化实数编码多维并行遗传算法的交叉操作过程。

(1)按交叉概率随机选择两个个体;

(2)并行地随机选择每一分量发生交叉的位置;

(3)被选择的两个个体每一分量按一维变量的基因交叉算子进行交叉,即并行地在每一分量的两个子个体交叉点后面的结构进行交换,从而形成两个新个体。

例如,被选择进行交叉的两个个体为:

$A=[0.147958,0.918246,0.731826]$,

$B=[0.526137,0.175248,0.671435]$

则其交叉操作过程如图 6-6 所示。

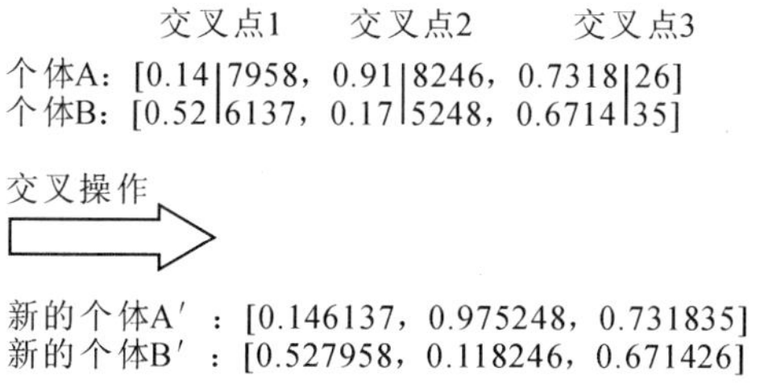

```
            交叉点1     交叉点2       交叉点3
个体A: [0.14|7958, 0.91|8246, 0.7318|26]
个体B: [0.52|6137, 0.17|5248, 0.6714|35]

交叉操作
⇨

新的个体A′: [0.146137, 0.975248, 0.731835]
新的个体B′: [0.527958, 0.118246, 0.671426]
```

图 6-6　归一化实数编码多维并行遗传算法的交叉操作

4. 归一化实数编码多维并行遗传算法的变异操作

多维并行遗传算法的变异操作也是一维归一化实数编码基因变异算子的扩展,在每一个分量对应的子种群中同时彼此独立地进行变异,称为并行子变异。下面以基因子变异为例,说明其操作过程。

(1)按变异概率随机选择一个个体;

(2)并行地在个体的每一分量随机选择一个要变异基因位,然后在字符集{0,1,2,3,4,5,6,7,8,9}中除本基因位值外的其他9个字符中,随机选择一个取代相应基因位的原来值。

例如,被选择进行变异的多维个体各分量要变异的基因位选择如图6-7所示。

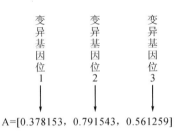

A=[0.378153,0.791543,0.561259]

图6-7 多维个体各分量要变异的基因位选择

假设基因位1的随机变异值为2,基因位2的随机变异值为7,基因位3的随机变异值为3,则经过变异操作后,新个体变为

$$A' = [0.328153, 0.791743, 0.563259]$$

5. 交叉、变异位置的自适应调整

各分量的并行子交叉、子变异位置对基于归一化实数编码多维并行遗传算法的性能也有重要的影响。在一般的遗传算法中,交叉和变异位置都是随机确定的,有可能破坏种群中的优良模式,为此采用子交叉、子变异位置的自适应调整方法。

1)并行子交叉位置的自适应调整

令

$$\lambda_1 = \text{int}\left\{ \frac{l \cdot f_{ij}^t}{f_{\max}^t} \cdot \exp\sqrt{\left[\left(\frac{t}{t_{\max}}\right)^2 - 1\right]} \right\} \qquad (6-24)$$

式中 int(·)——取整函数;

l——小数的精确位数;

f_{ij}^t——被选择进行交叉的两个个体适应度的均值；

f_{max}——当代种群的最大适应度；

t_{max}——最大进化代数。

则各分量并行子交叉位置 S_c 为：

$$S_c = k_1\lambda_1 + \text{random}(l - k_1\lambda_1) \qquad (6-25)$$

式中　random(·)——随机函数；

k_1——修正系数，$k_1 \in [1,2]$。

2)并行子变异位置的自适应调整

令

$$\lambda_2 = \text{int}\left\{\frac{l \cdot f_i^t}{f_{max}^t} \cdot \exp\left[\frac{t}{t_{max}} - 1\right]\right\} \qquad (6-26)$$

式中，f_i^t 为被选择的个体适应度，其他参数的含义与式 6-24 相同。

则各分量子变异位置 S_m 为

$$S_m = k_2\lambda_2 + \text{random}(l - k_2\lambda_2) \qquad (6-27)$$

其中，k_2 为修正系数，$k_2 \in [0,1]$。

由式(6-25)、(6-27)可知，在进化的初始阶段，λ_1，λ_2 的值较小，各分量交叉、变异位置具有较大的选择范围，在进化的后阶段，λ_1，λ_2 的值较大，交叉、变异操作主要在子个体较低位的小数位上进行，从而可以确保较高位小数位的优良模式不会被破坏。在同一代种群中，交叉、变异位置还与个体的适应度有关。对于变异操作，适应度较大的个体，其子个体的变异位置较低；对于并行子交叉操作，各分量交叉位置的选择与被选择进行交叉的两个个体适应度的均值有关，均值较大时，交叉操作主要发生在子个体较低的小数位上，从而可以保留较高位的优良模式。因此，各分量交叉、变异位置的自适应调整可以改善遗传算法的性能。

6.1.9　归一化实数编码遗传算法性能测试

为了测试归一实数编码遗传算法性能，这里通过下面 2 个求解最优解实例来进行分析。

实例 1：$f_1(x) = \sin(2x)/3 + (\sin(3x/5))/3$，$x \in [0,6\pi]$，求最大值。几何图形如图 6-8 所示。

1)确定编码长度

取优化精度为 10^{-6}，即 $m=6$，编码长度按式(6-3)计算得

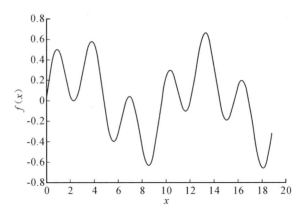

图 6-8　$f_1(x)=\sin(2x)/3+(\sin(3x/5))/3$ 几何图形

$$L \geqslant \text{int}(\lg x_{\max}) + 1 + m = \text{int}(\lg 6.82) + 1 + 6 = 7$$

取 $L=7$。

2)确定控制参数

种群规模取 n 为 20～100 作试验,最大迭代次数 $t_{\max}=500$,选择概率为 $P_s=0.25$,交叉概率 $P_c=0.9$,变异概率 $P_m=0.01$,解的精度要求为 ε <0.001。

表 6-1　$f_1(x)=\sin(2x)/3+(\sin(3x/5))3$ 遗传算法测试结果

种群规模	试验次数	平均迭代次数	种群规模	试验次数	平均迭代次数
20	100	512	55	100	311
25	100	507	60	100	274
30	100	456	65	100	227
35	100	453	70	100	219
40	100	378	75	100	211
45	100	375	80	100	206
50	100	342	85	100	198

实例 2: Ackley 函数。

Ackley 函数的形式如下:

$$f_8(x_1,x_2) = -c_1 \cdot \exp\left(-c_2\sqrt{\frac{1}{n}\sum_{j=1}^{n}x_j^2}\right) - \exp\left(\frac{1}{n}\sum_{j=1}^{n}\cos(c_3 \cdot x_j)\right) + c_1 + \text{e}$$

本测试中,取

$c_1=20, c_2=0.2, c_3=2\pi, \text{e}=2.71828182845905, n=2$

其定义域为

$$-5 \leqslant x_j \leqslant 5; j = 1, 2$$

Ackley 函数的寻优搜索十分复杂,一般的寻优算法在爬山过程中很容易落入局部最优解的陷阱。其最小值为 $f_{\min} = 0$,在$(0, 0)$处。Ackley 函数几何图形如图 6-9 所示。

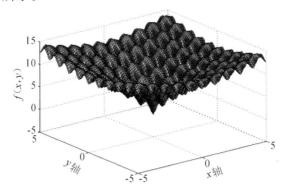

图 6-9　Ackley 函数几何图形

1)确定编码长度

定义域各分量边界的最大值为 $v_{\max}$,取优化精度为 10^{-9},即 $m = 9$,编码长度按式(6-5)计算得

$$L \geqslant \text{int}(\lg v_{\max}) + 1 + m = \text{int}(\lg 5) + 1 + 9 = 10$$

取 $L = 10$。

2)确定控制参数

种群规模取 n 为 20~100,最大迭代次数 $t_{\max} = 100$,选择概率为 $P_s = 0.25$,交叉概率 $P_c = 0.9$,变异概率 $P_m = 0.01$。

表 6-2　Ackley 遗传算法测试结果

种群规模	试验次数	平均迭代次数	种群规模	试验次数	平均迭代次数
20	100	1817	55	100	1329
25	100	1739	60	100	1072
30	100	1716	65	100	991
35	100	1630	70	100	876
40	100	1607	75	100	542
45	100	1573	80	100	451
50	100	1524	85	100	439

在实际应用的二进制编码遗传算法中,一般种群规模 n 在 $10 \sim 160$ 取值,而归一化实数编码的遗传算法一般种群规模 n 在 $10 \sim 100$ 取值。

6.2 基于遗传算法的叶片复杂轮廓形状误差评定

6.2.1 基于遗传算法的叶片截面形状误差评定

1. 叶片截面形状误差的定义

叶片截面属于平面曲线,平面曲线形状误差评定准则是最小条件法,即包容被测轮廓的理论轮廓等距线的最小距离,称为该被测轮廓的形状误差值,如图 6-10 所示。

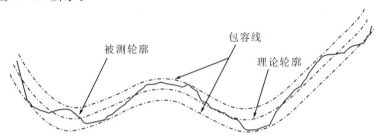

被测轮廓　　包容线　　理论轮廓

图 6-10　最小条件的叶片截面形状误差

2. 测点的二维坐标变换

为了使叶片截面理论轮廓与实测点达到最佳匹配状态,必须将理论轮廓的起始位置平移到原点,对测点进行坐标平移、旋转坐标变换。设轮廓测量点坐标为 $P = \{(x_j^R, y_j^R) \mid j = 1, 2, \cdots, m\}$,理论轮廓的起始位置为 (x_0, y_0),依据坐标系的变换关系有:

(1)将理论轮廓的起始位置平移到原点的坐标变换矩阵

$$T_0 = \begin{bmatrix} 1 & 0 & 1 \\ 0 & 1 & 0 \\ x_0 & y_0 & 1 \end{bmatrix} \tag{6-28}$$

(2)将测点的起始位置平移到原点附近的坐标变换矩阵

$$T_p = \begin{bmatrix} 1 & 0 & 0 \\ 0 & 1 & 0 \\ -x_1^R + \Delta x & -y_1^R + \Delta y & 1 \end{bmatrix} \tag{6-29}$$

（3）测点绕原点旋转的坐标变换矩阵

$$\boldsymbol{T}_\theta = \begin{bmatrix} \cos\theta & \sin\theta & 0 \\ -\sin\theta & \cos\theta & 0 \\ 0 & 0 & 1 \end{bmatrix} \qquad (6-30)$$

其中

$$\theta \in [\theta_0, \theta_0]$$

当测点经过平移、绕原点旋转时，其变换矩阵为

$$\boldsymbol{T} = \boldsymbol{T}_p \boldsymbol{T}_\theta \qquad (6-31)$$

测点变换后的新坐标为

$$\begin{bmatrix} x_j^* & y^* j & 1 \end{bmatrix} = \begin{bmatrix} x_j^R & y_j^R & 0 \end{bmatrix} \boldsymbol{T} \qquad (6-32)$$

即

$$\begin{cases} x_j^* = x_j^R \cos\theta - y_i^R \sin\theta + x_1^R - \Delta x \\ y_j^* = x_j^R \sin\theta + y_j^R \cos\theta + y_1^R - \Delta y \end{cases} \qquad (6-33)$$

3. 基于粒子群优化的测点到理论曲线轮廓最小距离的计算

粒子群优化算法（Particle Swarm Optimization, PSO）是美国心理学家 Kennedy 与电气工程师 Barnhart 于 1995 年提出的，该算法是一种基于群智能方法的演化计算技术，其思想来源于对鸟群捕食行为的模拟。鸟群中的每一个体称为一个粒子，每一个粒子在空间中搜索最优目标，个体的行为受到两个方面的影响：一是自身最优位置，二是群体最优位置，在这两个因素下，鸟朝着最优的方向不断寻觅，而整个群体最终寻觅到的就是最优结果。PSO 算法为每个粒子都定制了类似于鸟类运动的行为规则，从而使整个粒子群的运动表现出与鸟类觅食相似的特性，可以用于求解复杂的优化问题，如图6-11所示。

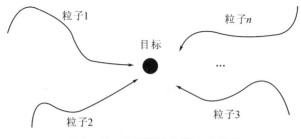

图 6-11　粒子群优化算法示意图

与其它进化计算方法相比，粒子群优化算法具有以下主要特点：

（1）每一个体（称为一个粒子）都被赋予了一个随机速度并在整个问题空

间中流动；

(2)个体具有记忆功能；

(3)个体的进化主要是通过个体之间的合作与竞争来实现的；

(4)不需要梯度信息，算法简洁，易于实现；

(5)具有高效并行优化特性。

基于上述特点，粒子群优化算法在处理复杂的非线性优化问题时具有独到之处，已应用于许多科学和工程领域，逐渐得到学者和工程技术人员的重视和研究。

1. 粒子群优化算法的基本原理

粒子群优化是基于群体优化的方法，在优化问题的 D 维空间 m 个粒子组成粒子群 $(X_1^t, X_2^t, \cdots, X_D^t)$，每个粒子都是 D 维搜索空间中的一个可能解。群体中的每个粒子可以用其当前速度和位置、个体最优位置以及领域的最优位置来表述。粒子群优化算法运行过程中，随机产生一个初始种群并赋予每个粒子一个随机速度，根据下面两个公式来更新粒子的速度和位置：

$$V_I^{t+1} = \omega V_i^t + c_1 r_1 (P_i^t - X_i^t) + c_2 r_2 (G_i^t - X_i^t) \quad (6-34)$$

$$X_i^{t+1} = X_i^t + V_i^{t+1} \quad (6-35)$$

式中　$V_i^t = (v_{i1}, v_{i2}, \cdots, v_{iD})$——粒子 i 第 t 次迭代速度矢量；

$X_i^t = (x_{i1}^t, x_{i2}^t, \cdots, x_{iD}^t)$——粒子 i 第 t 次迭代位置矢量；

$P_i^t = (P_{i1}^t P_{i2}^t, \cdots, P_{iD}^t)$——粒子 i 第 t 次迭代最好位置；

$G_i^t = (g_{i1}^t g_{i2}^t, \cdots, g_{iD}^t)$——粒子 i 第 t 次迭代种群最好位置；

ω——惯性因子；

C_1 和 C_2——加速因子；

r_1 和 r_2——介于 $(0,1)$ 之间的随机数。

假设寻优问题为求目标函数 $f(x)$ 的最小值，那么粒子 i 的个体最优位置由下式确定

$$P_i^t = \begin{cases} P_i^{t-1} & f(X_i^t) \geqslant f(P_i^{t-1}) \\ X_i^t & f(X_i^t) < f(P_i^{t-1}) \end{cases} \quad (6-36)$$

假设群体粒子数为 m，则群体粒子的领域最优值和对应的位置为

$$f(P_g^t) = \min\{f(P_0^t), f(P_1^t), \cdots, f(P_m^t)\} \quad (6-37)$$

式(6-34)中的 ωV_i^t 称为动量部分，表示粒子对当前自身运动状态的信任，并为粒子提供了一个必要动量，使其依据自身速度进行惯性运动；$(P_i^t - X_i^t)$ 度量了粒子当前位置和个体最优位置间的距离，称为认知部分，代表了粒

子自身的思考行为,鼓励其飞向自身曾经发现的最佳位置。$(G_i^t - X_i^t)$ 度量了粒子当前位置和群体最优位置间的距离,反映了粒子间通过信息共享的一种社会性的交流(社会系数),它引导粒子飞向粒子群的最佳位置。这三个部分之间的相互平衡和制约决定了算法的主要性能。惯性因子 ω 即是粒子上一次的速度对本次飞行速度的影响因子,它主要用于平衡粒子群的全局搜索能力和局部搜索能力。c_1 和 c_2 各自控制着粒子分别朝个体最优位置以及群体最优位置方向上速度的加速度大小。在迭代过程中粒子每一维的速度都设定一个最大值 v_{maxid}^{t+1},以确保粒子更新后不超限。如果某一维更新后的速度 $v_{id}^{t+1} > v_{maxid}^{t+1}$,则 $v_{id}^{t+1} = v_{maxid}^{t+1}$;若 $v_{id}^{t+1} < -v_{maxid}^{t+1}$,则 $v_{id}^{t+1} = -v_{maxid}^{t+1}$。

2. 点到理论曲线轮廓最短距离的数学模型

由叶片截面复杂曲线形状误差数学模型得知,需要计算测点到理论曲线轮廓的最小距离。设理论曲线轮廓 $r(u)$ 的参数方程为

$$\begin{cases} x = x(u) \\ y = y(u) \end{cases} \tag{6-38}$$

其中

$$u \in [u_b, u_e]$$

设给定点坐标为 $P(x_k, y_k)$,该点到 NURBS 曲线 $r(u)$ 上的一点 $(x(u), y(u))$ 的距离为

$$d_k = |p_k - r(u)| = \sqrt{[x_k - x(u)]^2 + [y_k - y(u)]^2} \tag{6-39}$$

则点到 NURBS 曲线最小距离的数学模型为:

$$d_{\min, k} = \min\{|p(x_k, y_k) - r(u)|\} = \min\left(\sqrt{[x_k - x(u)]^2 + [y_k - y(u)]^2}\right)$$
$$\tag{6-40}$$

由式(6-40)可知,测点到理论曲线轮廓最小距离的求解是一个复杂的优化问题。

3. 点到理论曲线轮廓最短距离的粒子群优化算法

(1)基本参数设置。$c_1 = 2, c_2 = 2, w = 1$,粒子群数量为 $n = 30$,最大迭代次数为 $t_{\max} = 100$。

(2)粒子群初始化。在参数的允许范围内随机初始化粒子群体的位置 $X^0 = \{u_1^0, u_2^0, \cdots, u_{30}^0\}$,并随机初始化对应的速度 $V^0 = \{v_{u1}^0, v_{u2}^0, \cdots, v_{u30}^0\}$。

每个粒子的初始最优与初值相同,即

$$p^0 = \{p_{u1}^0 \ p_{u2}^0, \cdots, p_{u30}^0)\}$$

$$= \{ u_1^0, u_2^0, \cdots, u_{30}^0 \} \tag{6-41}$$

由式(6-37)进一步求初始种群中到达的最优位置为 $p_g^0 = p_{ug}^0$。

(3)选取适应值函数。选择点到 NURBS 曲面 $r(u,w)$ 上距离为适应值函数,即

$$\begin{aligned} f(u) &= \{ \mid p(x_k, y_k) - r(u) \mid \} \\ &= \{ [(x_k - x(u))^2 + (y_k + y(u))^2]^{1/2} \} \end{aligned} \tag{6-42}$$

(4)根据适应值函数计算每个粒子的适应值 $f(u_i^t, w_i^t)$。

由式(6-43)求出每一个粒子达到的最优位置为

$$p^t = \{ p_{u1}^t, p_{u2}^t, \cdots, p_{u30}^t \} \tag{6-43}$$

由式(6-43)进一步求种群中到达的最优位置为

$$P_g^t = p_{ug}^t \tag{6-44}$$

(5)根据式(6-34)、式(6-35)更新每个粒子的位置和飞行速度。

(6)进行更新粒子位置越限检查和处理。

(7)判断迭代次数是否到达最大迭代次数 $t_{\max}$,如未达到最大迭代次数,则返回步骤(4),继续迭代;若达到则停止计算,此时得到的种群中最优位置为 p_g^t,所对应的适应值即为理论曲线轮廓最短距离。

4. 叶片截面复杂平面曲线形状误差计算

1)基于 NURBS 描述叶片截面复杂曲线

形状复杂、不规则的叶片截面曲线轮廓一般难以用函数进行描述,在设计过程中常以一组离散坐标点表示,坐标测量机对轮廓进行测量时得到的也是一组离散坐标点。对于这些离散的坐标点一般用参数样条曲线进行拟合。而 NURBS 曲线具有局部性、变差缩减性、凸包性、在仿射与透视变换下的不变性、参数连续性以及权因子的调形性等一系列优良性能,在航空、航天、造船、汽车及模具工业的计算机辅助设计和辅助制造过程中得到广泛应用。一条 k 次 NURBS 曲线可以表示为分段有理多项式矢函数表达式:

$$r(u) = \frac{\sum_{i=0}^{n} \omega_i d_i N_{i,k}(u)}{\sum_{i=0}^{n} \omega_i N_{i,k}(u)} \tag{6-45}$$

式中,$\omega_i (i=0,1,\cdots,n)$ 为权因子,$d_i (i=0,1,\cdots,n)$ 为控制顶点,为了防止分母为零,并且保留凸包性质及曲线不致因权因子而退化为一点,规定首、末权因子 $\omega_0, \omega_1 > 0$,其余 $\omega_i \geqslant 0$。$N_{i,k}(u)$ 是由节点矢量 $\boldsymbol{U} = [u_0 \quad u_1 \quad \cdots \quad u_{n+k+1}]$

决定的 k 次规范 B 样条基函数,由 De Boor-Cox 递推公式决定:

$$\begin{cases} N_{i,0}(u) = \begin{cases} 1, & u_i < u < u_{i+1} \\ 0, & \text{其他} \end{cases} \\ N_{i,k}(u) = \dfrac{u - u_i}{u_{i+k} - u_i} N_{i,k-1}(u) + \dfrac{u_{i+k+1} - u}{u_{i+k+1} - u_{i+1}} N_{i+1,k-1}(u) \quad (6-46) \\ \dfrac{0}{0} = 0 \end{cases}$$

对节点矢量 $\boldsymbol{U} = [u_0 \quad u_1 \quad \cdots \quad u_{n+k+1}]$ 的两端节点的重复度取为 $k+1$,即

$$u_0 = u_1 = \cdots = u_k, u_{n+1} = u_{n+2} = \cdots = u_{n+k+1}$$

2)复杂平面曲线形状误差的数学模型

理论轮廓的位置必须位于最佳位置时,才能保证包容全部测点的理想轮廓等距线的最小距离达到最小,因此这是一个复杂的非线性寻优问题。这一寻优过程需要进行下列数据处理。

只有被测轮廓和理想轮廓的位置达到最佳匹配,才能使得包容全部测点的理想轮廓等距线的最小距离达到最小,即满足最小条件的评定标准,这是一个复杂的非线性优化问题,其数学模型为

$$f(\Delta x, \Delta y, \theta) = \min\{2dt_{\max}\} \quad (6-47)$$

式中　$\Delta x, \Delta y, \theta$——测点分别沿 x 方向、y 方向平移和绕原点旋转的坐标变换参数;

　　　$dt_{\max}$——测点经过坐标变换后到理论曲线最小距离中的最大值。

由曲线形状误差数学模型可知,其误差值是由 $\Delta x, \Delta y, \theta$ 这三个参数确定的,如果仅单一采用粒子群优化算法和遗传算法相结合计算复杂平面曲线形状误差,其算法的收敛速度慢。采用初定位与智能精优化相结合快速计算复杂平面曲线形状误差,可以大大提高求解效率,其基本方法如下。

(1)测点坐标与曲面轮廓粗匹配。在采用三坐标测量机测量被测轮廓时,往往基准坐标与理论轮廓基准坐标不一致,为此,可以通过坐标变换的方法,使得测轮基准坐标与理论轮廓基准坐标接近,达到测点坐标与曲面轮廓粗匹配的目的。

(2)对 $\Delta x, \Delta y, \theta$ 进行归一化编码。采用遗传算法计算复杂平面曲线形状误差时需对 $\Delta x, \Delta y, \theta$ 进行归一化编码,即

$$\begin{cases} \Delta x \xrightarrow{\text{映射}} \Delta x \in [0,1] \\ \Delta y \xrightarrow{\text{映射}} \Delta y \in [0,1] \\ \Delta \theta \xrightarrow{\text{映射}} \Delta \theta \in [0,1] \end{cases}$$

　　(3)选择控制参数。种群规模选择为50;交叉概率选择为$P_c=0.8$;变异概率选择为$P_m=0.02$;最大进化代数为1000。

　　(4)确定$(\Delta x_s, \Delta y_s, \theta_s)$的编码长度。假设优化精度为$\varepsilon=10^{-k}$,各变量的可行域的最大绝对值为

$$dat_{\max} = \max\{(x_{\max}-x_{\min}),(y_{\max}-y_{\min}),2\pi\} \qquad (6-48)$$

式中　$x_{\min}, x_{\max}$——各测点x坐标的最小值、最大值;

　　　　$y_{\min}, y_{\max}$——各测点y坐标的最小值、最大值。

　　则各分量的编码长度(小数位)由下式计算:

$$l \geqslant \text{int}(\lg(dat_{\max})) + 1 + k \qquad (6-49)$$

　　(5)确定初始种群。利用随机数发生器在可行域($0\leqslant\Delta x_s\leqslant 1, 0\leqslant\Delta y_s\leqslant 1, 0\leqslant\Delta\theta_s\leqslant 1$)内进行随机编码,形成初始种群($t=0$)。即

$$D(0) = \{\Delta x_{s,i}^0, \Delta y_{s,i}^0, \Delta\theta_{s,i}^0 \mid i=1,2,\cdots,n\} \qquad (6-50)$$

　　(6)坐标变换。根据种群的个体参数($\Delta x_{s,j}^0, \Delta y_{s,j}^0, \Delta\theta_{s,j}^0$)对测点$P=\{(x_j^R, y_j^R) \mid j=1,2,\cdots,m\}$进行坐标变换,$t$为迭代次数。

　　(7)用粒子群优化算法求变换后各测点到理想轮廓的最小距离e_i^t。

　　(8)确定适应度函数。平面复杂曲线形状误差的目标函数为个体($\Delta x_{s,j}^t$, $\Delta y_{s,j}^t, \Delta\theta_{s,j}^t$)所对应的各测点到理论轮廓的最小距离中的最大值,即

$$g(\Delta x_{s,i}^t, \Delta y_{s,i}^t, \Delta\theta_{s,i}^t) = \max\{e_i^t \mid i=1,2,\cdots,n\} \qquad (6-51)$$

目标函数的取值变化方向和适应度函数相反,即目标函数值越小,所对应的个体适应度越大。因此,需建立目标函数与适应度函数的映射关系

$$f(\Delta x_{s,i}^t, \Delta y_{s,i}^t, \Delta\theta_{s,i}^t) = g_{\max}^t - g(\Delta x_{s,i}^t, \Delta y_{s,i}^t, \Delta\theta_{s,i}^t) \qquad (6-52)$$

式中,$g_{\max}^t$为当代种群所对应的目标函数最大值。

　　(9)求出变换后所有测点到理想轮廓最小距离中的最大值,即

$$e_{\max}^t = \max\{\mid e_j \mid \mid j=1,2,\cdots,m\} \qquad (6-53)$$

起始测点平移到理论轮廓起始点附近,且绕原点旋转θ角后,圆心在理想轮廓上运动时所形成的区域包容全部测点的最小直径圆,实质是各测点到理想轮廓最小距离中的最大值的两倍,即

$$\varepsilon = 2e_{\max}^t \qquad (6-54)$$

通过上述处理,便可以求解复杂平面曲线形状误差。

6.2.2　基于遗传算法的叶片复杂曲面形状误差计算

　　复杂曲面的形状测量方法目前最具通用性的是以三坐标测量机为代表

的坐标法。对于复杂曲面形状误差的数据处理虽然有的学者提出了一些方法和手段,但都是采用近似的方法进行间接计算,计算误差较大,不能判定所得到的形状误差值是否满足最小条件评定准则。按最小条件评定复杂曲面形状误差,其数学模型非常复杂,运用传统的数据处理方法难以直接求得。

按照最小条件来评定叶片复杂曲面形状误差,其本质是一个复杂的非线性优化问题。遗传算法在处理这类复杂的非线性优化问题方面具有独到之处,且算法容易在计算机上实现。

在 CAD/CAM/CAGD 中,形状复杂、不规则的曲线轮廓一般以一组离散坐标点和相应控制参数表示,坐标测量机对轮廓进行测量时得到的也是一组离散坐标点。对于这些离散的坐标点一般用参数样条曲面进行拟合。一个 $k \times l$ 次 NURBS 曲面可以表示为多片有理多项式矢函数表达式

$$S(u,v) = \frac{\sum\limits_{i=0}^{m} \sum\limits_{j=0}^{n} \omega_{i,j} d_{i,j} N_{i,k}(u) N_{j,l}(v)}{\sum\limits_{i=0}^{m} \sum\limits_{j=0}^{n} \omega_{i,j} N_{i,k}(u) N_{j,l}(v)} \qquad (6-55)$$

式中,$d_{i,j}(i=0,1,\cdots,m;j=0,1,\cdots,n)$ 为矩形域上特征网格控制点列;$\omega_{i,j}$ $(i=0,1,\cdots,m;j=0,1,\cdots,n)$ 为相应控制点的权因子,规定四角点处用正权因子,即 $\omega_{0,0},\omega_{m,0},\omega_{0,n}\omega_{m,n}>0$,其余 $\omega_{i,j}\geqslant 0$。$N_{i,k}(u)(i=0,1,\cdots,m)$,$N_{j,l}(v)$ $(j=0,1,\cdots,n)$ 分别为 u 向 k 次和 v 向 l 次规范 B 样条基函数,它们分别由节点矢量 $\boldsymbol{U}=(u_0\ u_1\cdots\ u_{m+k+1})$ 与 $\boldsymbol{V}=(v_0\ v_1\cdots\ v_{m+l+1})$ 由 De Boor-Cox 递推公式决定。

1. 曲面形状误差的定义

按最小条件来评定复杂曲面形状误差,其误差值是包容被测轮廓的理论轮廓两等距面的最小距离,如图 6-12 所示。

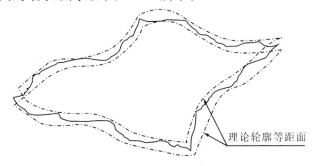

图 6-12　曲面形状误差的定义

2. 复杂曲面形状误差的评定数学模型

设复杂曲面理论基准点为$(x_{l,b}, y_{l,b}, z_{l,b})$，实际轮廓测得基准点为$(x_{r,b}, y_{r,b}, z_{r,b})$，轮廓测点坐标为$P\{(x_{r,j}, y_{r,j}, z_{r,j}) | j = 1, 2, \cdots, m\}$，其坐标变换矩阵为

$$\boldsymbol{T} = (\boldsymbol{T}_p \boldsymbol{T}_x \boldsymbol{T}_y \boldsymbol{T}_z) \tag{6-56}$$

式中，$\boldsymbol{T}_p$为测点平移坐标变换矩阵，即

$$\boldsymbol{T}_p = \begin{bmatrix} 1 & 0 & 0 & 0 \\ 0 & 1 & 0 & 0 \\ 0 & 0 & 1 & 0 \\ \Delta x & \Delta y & \Delta z & 1 \end{bmatrix} \tag{6-57}$$

$$\begin{cases} \Delta x \in [-|x_{l,b} - x_{r,b}|, |x_{l,b} - x_{r,b}|] \\ \Delta y \in [-|y_{l,b} - y_{r,b}|, |y_{l,b} - y_{r,b}|] \\ \Delta z \in [-|z_{l,b} - z_{r,b}|, |z_{l,b} - z_{r,b}|] \end{cases} \tag{6-58}$$

$\boldsymbol{T}_x$为测点绕x轴旋转θ变换矩阵，即

$$\boldsymbol{T}_x = \begin{bmatrix} 1 & 0 & 0 & 0 \\ 0 & \sin\theta & \cos\theta & 0 \\ 0 & -\sin\theta & \cos\theta & 0 \\ 0 & 0 & 0 & 1 \end{bmatrix} \tag{6-59}$$

$\boldsymbol{T}_y$为测点绕y轴旋转ϕ变换矩阵，即

$$\boldsymbol{T}_x = \begin{bmatrix} \cos\phi & 0 & -\sin\phi & 0 \\ 0 & 1 & 0 & 0 \\ \sin\phi & 0 & \cos\phi & 0 \\ 0 & 0 & 0 & 1 \end{bmatrix} \tag{6-60}$$

$\boldsymbol{T}_z$为测点绕z轴旋转ψ变换矩阵，即

$$\boldsymbol{T}_x = \begin{bmatrix} \cos\psi & \sin\psi & 0 & 0 \\ -\sin\psi & \cos\psi & 0 & 0 \\ 0 & 0 & 1 & 0 \\ 0 & 0 & 0 & 1 \end{bmatrix} \tag{6-61}$$

测点变换后的新坐标为

$$(x_j^*, y_j^*, z_j^*, 1) = (x_j, y_j, z_j, 1)\boldsymbol{T} \tag{6-62}$$

则复杂曲面形状误差数学模型为

$$e = \min\{\min[2d_j(\Delta x, \Delta y, \theta, \phi, \psi)] | j = 1, 2, \cdots, m\} \tag{6-63}$$

式中，$d_j(\Delta x,\Delta y,\theta,\phi,\psi)$ 为测点 (x_j,y_j,z_j) 经过坐标变换后到理论轮廓的最小距离。

3. 基于粒子群算法的测点到曲面最小距离的计算

1）测点到理论曲面轮廓最小距离的数学模型

设给定点坐标为 $P(x_k,y_k,z_k)$，曲面 $r(u,v)$ 的参数方程为

$$\begin{cases} x = x(u,v) \\ y = y(u,v) \\ z = z(u,v) \end{cases} \tag{6-64}$$

其中

$$\begin{cases} u \in [u_b,u_e] \\ v \in [v_b,v_e] \end{cases}$$

该点到曲面 $r(u,v)$ 上的最小距离为

$$\begin{aligned} f_{\min}(u,v) &= \min\{\,|\,p(x_k,y_k,z_k) - r(u,v)\,|\,\} \\ &= \min\{[(x_k - x(u,v))^2 + (y_k - y(u,v))^2 + (z_k - z(u,v))^2]\}^{1/2} \end{aligned} \tag{6-65}$$

2）基于粒子群算法的测点到曲面最小距离的具体步骤

（1）基本参数设置。$c_1=2,c_2=2,w=1$ 粒子群数量为 $n=30$，最大迭代次数为 $t_{\max}=100$。

（2）粒子群初始化。在参数 (u,w) 允许的范围内随机初始化粒子群体的位置 $X^0 = \{(u_1^0,w_1^0),(u_2^0,w_2^0),\cdots,(u_{30}^0,w_{30}^0)\}$，并随机初始化对应的速度 $V^0 = \{(v_{u1}^0,v_{w1}^0),(v_{u2}^0,v_{w2}^0),\cdots,(v_{u30}^0,w_{w30}^0)\}$。

每个粒的初始最优与初值相同，即

$$\begin{aligned} P^0 &= \{(p_{u1}^0,p_{w1}^0),(p_{u2}^0,p_{w2}^0),\cdots,(p_{u30}^0,p_{w30}^0)\} \\ &= \{(u_1^0,w_1^0),(u_2^0,w_2^0),\cdots,(u_{30}^0,w_{30}^0)\} \end{aligned} \tag{6-66}$$

由式（6-37）进一步求初始种群中到达的最优位置为 $P_g^0 = (p_{ug}^0,p_{ug}^0)$。

（3）选取适应值函数。选择点到 NURBS 曲面 $r(u,w)$ 上距离为适应值函数，即

$$\begin{aligned} f(u,w) &= \{\,|\,p(x_k,y_k,z_k) - r(u,w)\,|\,\} \\ &= \{[(x_k - x(u,w))^2 + (y_k - y(u,w))^2 + (z_k - z(u,w))^2]^{1/2}\} \end{aligned} \tag{6-67}$$

（4）根据适应值函数计算每个粒子的适应值 $f(u_i^t,w_i^t)$，由式（6-68）求出每一个粒子达到的最优位置

$$P^t = \{(p_{u1}^t, p_{w1}^t), (p_{u2}^t, p_{w2}^t), \cdots, (p_{u30}^t, p_{w30}^t)\} \qquad (6-68)$$

由式(6-43)进一步求种群中到达的最优位置为

$$P_g^t = (p_{ug}^t, p_{ug}^t) \qquad (6-69)$$

(5)根据式(6-34),式(6-35)更新每个粒子的位置和飞行速度。

(6)进行更新粒子位置越限检查和处理。

(7)判断迭代次数 t 是否到达最大迭代次数 t_{max},如未达到最大迭代次数,则返回步骤(4)继续迭代;若达到则停止计算,此时得到的种群中最优位置为 P_g^t。所对应的适应值即为点到曲面的最小距离。

4. 复杂曲面形状误差计算

要精确计算复杂曲面形状误差,需要解决以下关键问题:

①测点到复杂理论曲面最小距离;

②复杂曲面形状误差求解;

③算法计算效率。

从复杂曲面形状误差数学模型理论可知,测点的位置位于最佳位置时,才能保证包容全部测点的理论轮廓等距面之间的距离最小,这是一个非常复杂的非线性优化问题,采用遗传算法和粒子群优化算法相结合可精确计算复杂曲面形状误差。

由曲面形状误差数学模型可知,其形状误差由 $(\Delta x, \Delta y, \Delta z, \theta, \varphi, \psi)$ 这 6 个参数确定,采用归一化实数编码遗传算法计算复杂曲面形状误差时需将 $(\Delta x, \Delta y, \Delta z, \theta, \varphi, \psi)$ 映射到单位空间 $(\Delta x_s, \Delta y_s, \Delta z_s, \theta_s, \varphi_s, \psi_s)$,然后进行算法初始化处理。

(1)选择控制参数。选择种群规模为 50;交叉概率选择为 $p_c = 0.8$;变异概率选择为 $p_m = 0.02$;最大进化代数为 1000。

(2)确定 $(\Delta x_s, \Delta y_s, \Delta z_s, \theta_s, \varphi_s, \psi_s)$ 实数编码长度。假设计算精度为 $e = 10^{-k}$,各变量可行域的最大绝对值为

$$h_{max} = \max\{l, 2\pi\} \qquad (6-70)$$

式中,l 为包容理论轮廓长方体的最大边长。

多维子个体编码长度(小数位)为

$$L = \mathrm{int}(\lg(h_{max}) + 1 + k \qquad (6-71)$$

(3)确定初始种群。用随机数发生器在可行域内进行随机编码,形成初始种群 $(t=0)$。即

$$D(0) = \{(\Delta x_{s,i}^0, \Delta y_{s,i}^0, \Delta z_{s,i}^0, \theta_{s,i}^0, \varphi_{s,i}^0, \psi_{s,i}^0) \mid i = 1, 2, \cdots, n\} \quad (6-72)$$

式中

$$0 \leqslant x^0_{s,i} \leqslant 1$$
$$0 \leqslant y^0_{s,i} \leqslant 1$$
$$0 \leqslant x^0_{s,i} \leqslant 1$$
$$0 \leqslant \theta^0_{s,i} \leqslant 1$$
$$0 \leqslant \varphi^0_{s,i} \leqslant 1$$
$$0 \leqslant \psi^0_{s,i} \leqslant 1$$

(4)确定适应度函数。复杂曲面形状误差的目标函数为个体$(\Delta x^t_{s,i}, \Delta y^t_{s,i}, \Delta z^t_{s,i}, \theta_{s,i}, \varphi_{s,i}, \psi_{s,i})$所对应的各测点到理论设计轮廓最小距离中的最大值,即

$$g(\Delta x^t_{s,i}, \Delta y^t_{s,i}, \Delta z^t_{s,i}, \theta_{s,i}, \varphi_{s,i}, \psi_{s,i}) = \max\{e^t_i\} \quad i=1,2,\cdots,n \quad (6-73)$$

式中,e^t_i为所有测点$P=\{(x_j, y_j, z_j) \mid j=1,2,\cdots,m\}$经过$(\Delta x^t_{s,i}, \Delta y^t_{s,i}, \Delta z^t_{s,i}, \theta_{s,i}, \varphi_{s,i}, \psi_{s,i})$所对应的坐标变换后到理论设计轮廓的最小距离,采用粒子群优化算法求解。

目标函数的取值变化方向和适应度函数相反,即目标函数值越小,所对应的个体适应度越大。因此,须建立目标函数与适应度函数的映射关系

$$f(\Delta x^t_{s,i}, \Delta y^t_{s,i}, \Delta z^t_{s,i}, \theta_{s,i}, \varphi_{s,i}, \psi_{s,i}) = g^t_{max} - g(\Delta x^t_{s,i}, \Delta y^t_{s,i}, \Delta z^t_{s,i}, \theta_{s,i}, \varphi_{s,i}, \psi_{s,i})$$

$$(6-74)$$

式中,g^t_{max}为当代种群所对应的目标函数最大值。

(5)为了确保全局收敛,保留最优个体到子代。

6.3 形状误差评定在燃气轮机制造中的应用

6.3.1 燃气轮机透平叶片测量数据预处理

1. 测量基准坐标系确定

应用三维坐标测量机对复杂曲面工件进行形状、尺寸和位置测量时,只需按照测量机的坐标轴将被测工件进行安放,不需要进行精确地找正工件。但需要按照被测工件的基准要素等建立零件的测量基准坐标系。建立测量基准坐标系可以使工件的形状、尺寸和位置有一个统一的基准和相对空间坐标;另外当被测工件的表面较大时,应先采用分块测量,然后再进行拼接曲

面。如果没有一个统一的坐标基准会影响到重构模型的建立。

燃气轮机透平叶片数据测量时建立的测量基准坐标系如图 6-13 所示。

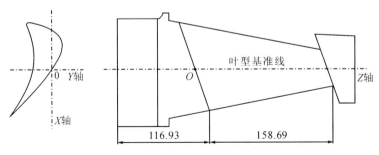

图 6-13　建立的测量基准坐标系

2. 测点数据预处理

在对燃气轮机透平叶片的复杂曲面进行连续扫描测量时,得到的是一系列截面测点数据:

$$P_s\{(x_i,y_i) \mid i=0,2,\cdots,n_s\}$$

式中,s 为燃气轮机透平叶片截面系列号;i 为截面测点系列号。

测点可能出现粗大误差,又称为噪声点,数据输出前需要对数据测量中产生的噪声点进行剔除。采用欧氏距离法进行测点数据预处理可以有效剔除噪声点,其原理是采用最小二乘法拟合出曲线或曲面查找噪声点。

已知某一截面曲线的 $n+1$ 个型值点坐标 $p(x_i,y_i)$,$i=0,1,\cdots,n$,采用如公式(6-75)的 m 次($m<n$)多项式曲线进行拟合

$$y = f(x) = \sum_{j=0}^{m} a_j x^j \tag{6-75}$$

其中,x^j,$j=0,1,\cdots,m$ 为 m 次多项式空间的一组基;a_j,$j=0,1,\cdots,m$,为待定的系数矢量。

a_j,$j=0,1,\cdots,m$,的取值原则是使公式(6-76)达到最小

$$J = \sum_{i=0}^{n} \delta \left| \sum_{j=0}^{m} a_j x_i^j - y_i \right| \tag{6-76}$$

其中,J 是目标函数;δ_i 是加权系数,且 $\delta_i>0$,一般取 $\delta_i=1$,$i=0,1,\cdots,n$。

根据极值原理,要使 J 最小的必要条件是:

$$\frac{\partial J}{\partial a_j} = 0$$

经整理后得到如下方程组

$$
\begin{bmatrix}
\sum_{i=0}^{n} x_i^0 & \sum_{i=0}^{n} x_i^1 & \cdots & \sum_{i=0}^{n} x_i^m \\
\sum_{i=0}^{n} x_I^1 & \sum_{i=0}^{n} x_i^2 & \cdots & \sum_{i=0}^{n} x_i^{m+1} \\
& & \vdots & \\
\sum_{i=0}^{n} x_i^m & \sum_{i=0}^{n} x_i^{m+1} & \cdots & \sum_{i=0}^{n} x_i^{2m}
\end{bmatrix}
\begin{bmatrix}
a_0 \\ a_1 \\ \vdots \\ a_m
\end{bmatrix}
=
\begin{bmatrix}
\sum_{i=0}^{n} y_i x_i^0 \\
\sum_{i=0}^{n} y_i x_i^1 \\
\vdots \\
\sum_{i=0}^{n} y_i x_i^m
\end{bmatrix}
\tag{6-77}
$$

求解方程组(6-77)，得到 $a_j, j=0, 1, \cdots, m$ 即可。然后根据数据点到拟合曲线的欧氏距离 e_i 大小来判别噪声点。如果测量获得的数据点 P_i 处

$$
\| e_i \| \geqslant \varepsilon \tag{6-78}
$$

其中 ε 为设定的允许差，则认为数据点 P_i 为噪声点，予以剔除。

6.3.2　燃气轮机叶片的叶面外形重构

透平动、静叶片外形属于形状复杂、不规则的曲面轮廓，常常以一组离散坐标点和相应控制参数表示，对于这些离散的坐标点一般用参数样条曲面进行拟合。而 NURBS 曲面具有局部性、变差缩减性、凸包性、在仿射与透视变换下的不变性、参数连续性以及权因子的调形性等一系列优良性能，非常适合描述透平动、静叶片外形。

1. 燃气轮机叶片的截面外形重构

设透平动、静叶片叶身截面给定的型值点为 $\{Q_k\}, k=0, 1, \cdots, n$，用这些点重构一条封闭的 B 样条曲线，其方法如下：

(1)用向心参数化法为每个型值点指定一个参数值 $\{\bar{u}_k\}, k=0, 1, \cdots, n$ 令 $\bar{u}_0=0, \bar{u}_n=1$ 则

$$
\bar{u}_k = \bar{u}_{k-1} + \frac{\sqrt{|Q_k - Q_{k-1}|}}{d}, k=1, \cdots, n-1 \tag{6-79}
$$

式中，$d = \sum_{k=1}^{n} \sqrt{|Q_k - Q_{k-1}|}$。

(2)选择一个合适的节点向量 $\boldsymbol{U} = \{u_0, u_1, \cdots, u_m\}$

令 $u_0 = u_1, \cdots, = u_p, u_{m-p}, u_{m-p+1}, \cdots, = u_m$，则

$$
u_{j+p} = \sum_{i=j}^{j+p-1} \bar{u}_i \qquad j=1, \cdots, n-p \tag{6-80}
$$

(3)构建一个$(n+1)$的线性方程组

$$Q_k = C(\bar{u}_k) = \sum_{i=0}^{n} N_{i,p}(\bar{u}_k)P_i \qquad k = 0,\cdots,n \qquad (6-81)$$

解方程组求出控制点$\{P_i\}$ $i=0,\cdots,n$,则完成叶身截面的 NURBS 曲线重构。

2. 透平动、静叶片叶身外形的 NURBS 曲面重构

设透平动、静叶片叶身截面给定$(m+1)\times(n+1)$个型值点为$\{Q_{k,l}\}$,$k=0,1,\cdots,n$;$l=0,1,\cdots,m$,用这些点重构一个(p,q)阶的 NURBS 曲面,其方法如下:

为每个型值点指定一个参数值$\{\bar{u}_k,\bar{v}_l\}$,$k=0,1,\cdots,n$;$l=0,1,\cdots,m$,其方法与 NURBS 曲线重构类似。这里以确定方法为例,首先对于每一个运用 B 样条曲线重构方法求出$\{\bar{u}_1^l,\bar{u}_1^l,\cdots,\bar{u}_n^l\}$,则

$$\bar{u}_k = \frac{1}{m+1}\sum_{l=0}^{m}\bar{u}_k^l \qquad k = 0,\cdots,n \qquad (6-82)$$

计算出$\{\bar{u}_k,\bar{v}_l\}$,$k=0,1,\cdots,m$;$l=0,1,\cdots,n$之后,构建一个$(m+1)\times(n+1)$的线性方程组:

$$Q_{k,l} = S(\bar{u}_k,\bar{v}_k) = \sum_{i=0}^{n}\sum_{j=0}^{m} N_{i,p}(\bar{u}_k)N_{j,q}(\bar{v}_l)P_{i,j}$$

$$k=0,\cdots,n;\ l=0,\cdots,m \qquad (6-83)$$

解方程组求出控制点$\{P_{i,j}\}$,$i=0,\cdots,n$,$j=0,\cdots,m$,则完成叶身外形的 NURBS 曲面重构。

3. 燃气轮机透平叶片重构程序设计

1)燃气轮机透平叶片截面重构程序设计

基于 NURBS 曲线重构理论,应用 Open-GL 技术,进行燃气轮机透平叶片重构程序设计。设燃气轮机透平叶片截面线理论型值点为Q_i,$i=0,1,\cdots,n$,用 3 次 NURBS 曲线整体插值法进行重构,流程图如图 6-14 所示,某叶片不同截面重构程序运行结果如图 6-15 所示。

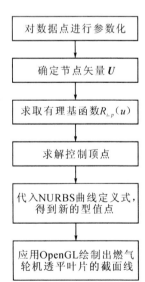

图 6-14　燃气轮机透平叶片截面线重构实现流程图

图 6 - 15　某叶片不同截面重构程序运行结果

2)燃气轮机透平叶片外形重构程序设计

基于 NURBS 曲线重构理论,应用 OpenGL 技术,实现燃气轮机透平叶片外形重构程序设计。设燃气轮机透平叶片截面线理论型值点为 $Q_{i,j}$,$i=0$,$1,\cdots,m$,$j=0,1,\cdots,n$,用双 3 次 NURBS 曲面整体插值法进行重构流程图如图 6 - 16 所示,某叶片曲面重构程序运行结果如图 6 - 17 所示。

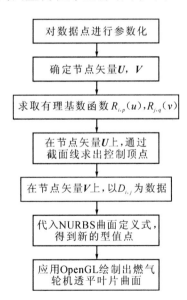

图 6 - 16　燃气轮机透平叶片曲面重构实现流程图

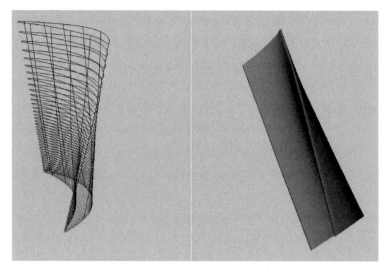

图 6-17 某叶片重构程序运行结果

6.3.3 基于实测点的燃气轮机透平叶片重构模型的光顺

在对燃气轮机透平叶片的复杂曲面进行连续扫描测量时,由于粗大误差和透平叶片表面形状缺陷造成测量中不可避免地产生一些噪音点,导致重构出的截面线和曲面非光顺,数据预处理只是简单地剔除了明显的噪声点,还需要对测量数据点进行进一步光顺处理。

1. 燃气轮机透平叶片截面线的光顺

燃气轮机透平叶片截面线光顺是一个复杂的数学和工程问题,人们开展了大量的研究,出现了一些特定算法,主要有能量法、小波光顺法和美学准则等。其中,实际应用中普遍接受和应用的标准是能量法。

1)能量法基本原理

Hosaka M 最早提出了用于空间三次参数样条曲线光顺和网格光顺的能量法。其基本原理如下:

设光顺前过测点列 $P_i(i=0,1,\cdots,n)$ 的 NURBS 曲线为 $C_0(u)$,光顺后的 NURBS 曲线为 $C_1(u)$,对应的新型值点列为 $Q_i(i=0,1,\cdots,n)$。把 $C_1(u)$ 看作为过型值点 $Q_i(i=0,1,\cdots,n)$ 的弹性样条,根据弹性力学理论,样条的应变能的表达式为:

$$E_c = \frac{1}{2}\alpha\int\rho^2(u)\mathrm{d}u \qquad (6-84)$$

式中 α——样条的刚度系数；

ρ——曲率；

u——弧长参数。

在进行光顺时，既要使得应变能尽量小，同时还应使光顺前后型值点的偏离尽可能小，为此，可在新旧型值点之间挂上弹性系数为 k_i 的小弹簧，这些小弹簧的总能量为

$$E_s = \frac{1}{2}\sum_{i=0}^{n}k_i\parallel P_i - Q_i\parallel^2$$

包括样条和小弹簧在内的整个系统的能量为

$$E = E_c + E_s = \frac{1}{2}\alpha\int\rho^2(u)\mathrm{d}u + \frac{1}{2}\sum_{i=0}^{n}k_i\parallel P_i - Q_i\parallel^2 \qquad (6-85)$$

能量法光顺的基本原理就是使 E 最小。

2）能量光顺法的计算方法

设曲线 $C_1(u)$ 为 NURBS 样条曲线，其表达式为

$$C_1(u) = \frac{\sum_{i=0}^{N+2}\omega_i V_i^1 N_{i,k}(u)}{\sum_{i=0}^{n+2}\omega_i N_{i,k}(u)} \qquad (6-86)$$

式中，$V_i^1(i=,1,\cdots,n+2)$ 分别为光顺前后曲线的控制顶点；$\omega_i(i=0,1,\cdots,n)$ 为权因子；$N_{i,k}(u)$ 为由节点矢量 $\boldsymbol{U}=[u_0 \quad u_1 \quad \cdots \quad u_{n+k+1}]$ 决定的 k 次规范 B 样条基函数；u_{i+3} 为对应于型值点 P_i 和 Q_i 的参数：

$$u_{i+3} = \sum_{k=0}^{i}l_k \qquad (6-87)$$

式中，$l_k=\parallel P_{k-1p}P_k\parallel$ 为弦长。

曲线的曲率可由下式求得：

$$\rho = \frac{\mathrm{d}^2 C_1}{\mathrm{d}u^2} \qquad (6-88)$$

则能量公式变为

$$E = E_c + E_s = \frac{1}{2}\alpha\sum_{k=1}^{n}\int_{k+2}^{k+3}\left[\frac{\mathrm{d}^2 C_1}{\mathrm{d}u^2}\right]\mathrm{d}u + \frac{1}{2}\sum_{i=0}^{n}k_i(C_1(u_{i+3})-Q_i)^2$$

$$(6-89)$$

只要求解使得 $E\rightarrow\min$ 所对应的曲线 C_1 控制顶点 $V_i^1(i=0,\cdots,n+1)$，就实现了对曲线的光顺。

图 6-18 为光顺前的某叶片截面重构曲线,图 6-19 为光顺处理后的某叶片截面重构曲线。

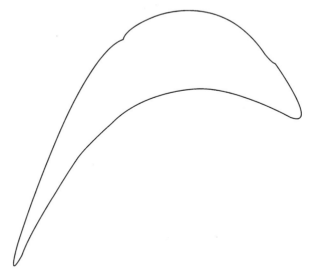

图 6-18　某叶片光顺前的截面重构曲线

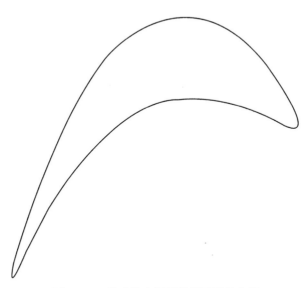

图 6-19　某叶片光顺后的截面重构曲线

从光顺前后重构曲面结果对比可以看出,基于小波分解方法的实测点曲面重构的光顺处理,能够获得较好的效果。

2. 燃气轮机叶片曲面的光顺

对于燃气轮机叶片的 NURBS 曲面

$$S(u,v) = \frac{\sum\limits_{i=0}^{m}\sum\limits_{j=0}^{n}\omega_{i,j}D_{i,j}N_{i,k}(u)N_{j,l}(v)}{\sum\limits_{i=0}^{m}\sum\limits_{j=0}^{n}\omega_{i,j}N_{i,k}(u)N_{j,l}(v)} \tag{6-90}$$

式中,$d_{i,j}(i=0,1,\cdots,m;j=0,1,\cdots,n)$为矩形域上特征网格控制点列,$\omega_{i,j}$ $(i=0,1,\cdots,m;j=0,1,\cdots,n)$为相应控制点的权因子,规定四角点处用正权因子,即 $\omega_{0,0},\omega_{m,0},\omega_{0,n},\omega_{m,n}>0$,其余 $\omega_{i,j}\geqslant0$。$N_{i,k}(u)(i=0,1,\cdots,m)$,$N_{j,l}(v)$ $(j=0,1,\cdots,n)$分别为 u 向 k 次和 v 向 l 次规范 B 样条基函数。

这里采用网格能量法对燃气轮机叶片进行光顺。首先建立网格能量法惩罚目标函数:

$$F = \alpha(E_{pu} + E_{pv}) + \beta P_v \tag{6-91}$$

式中　F——目标函数;

　　　α——曲面网格能量的调节系数;

　　　$E_{pu}+E_{pv}$——网格能量;

　　　β——惩罚因子;

　　　p_v——惩罚项。

光顺过程的物理意义:将燃气轮机叶片看成是由 u,v 两个方向的曲线组成的网格。曲面光顺的实质就是对 u 向和 v 向两个方向型值点进行光顺,分析测量点处的曲率能否满足光顺准则,如果能满足,就认为曲面是光顺的。假想 u,v 两个方向的曲线为两根弹性梁,光顺前后的控制点之间由一根弹簧相连接。那么光顺前后控制点差值越大,弹簧变形越大,惩罚就越大。

$$E_{pu} = \sum_{i=3}^{n+3}\int_0^1 P_{vv}(v_i,v)^2 \mathrm{d}v \tag{6-92}$$

$$E_{pv} = \sum_{j=3}^{m+3}\int_0^1 P_{uu}(u,u_j)^2 \mathrm{d}u \tag{6-93}$$

$$P(u,v) = \sum_{i=3}^{n+2}\sum_{j=3}^{m+2}V_{i,j}N_{i,p}(u)N_{j,q}(v) \tag{6-94}$$

式中　E_{pu}——u 向的弹性变形能;

　　　E_{pv}——v 向的弹性变形能;

　　　$p(u,v)$——燃气轮机叶片插值后得到 NURBS 曲面的参数方程;

　　　$N_{j,q}(U)$——P 次 B 样条基函数;

$N_{j,q}(v)$——q 次 B 样条基函数；

p_{uu}——B 样条曲面对 u 的二阶偏导数；

p_{vv}——B 样条曲面对 v 的二阶偏导数；

$V_{i,j}$——光顺前 B 样条曲面控制顶点。

在光顺过程中,将光顺前后的控制顶点坐标差值小于给定的容差值作为约束条件来构造优化的目标函数。如下式所示

$$P_v = \sum_{i=3}^{n+2} \sum_{j=3}^{m+2} (V_{i,j} - V_{i,j}^0)^2 - \varepsilon < 0 \qquad (6-95)$$

式中　$V_{i,j}$——光顺前 B 样条曲面控制顶点；

$V_{i,j}^0$——光顺后 B 样条曲面控制顶点；

ε——给定的容差值。

在光顺过程中,可以通过调整 α,β 的值来调节目标函数中齿面两个方向的弹性变形能与控制点的偏差引起的变形能所占的比例,使整个曲面的网格能量达到最小,即使它在给定的条件下最光顺。

图 6-20(a)为光顺前的某叶片重构曲面,图 6-20(b)为光顺处理后的某叶片重构曲面。

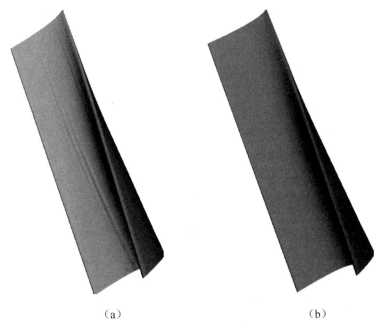

(a)　　　　　　　　　　　　　　　　　　(b)

图 6-20　某叶片光顺前后重构曲面对比

(a)光顺前重构的曲面;(b)光顺后重构的曲面

从光顺前后重构曲面结果对比可以看出,基于网格能量法的实测点曲面重构的光顺处理,能够获得较好的效果。

6.3.4　实测基准点与理论基准点最佳匹配

1. 实测基准点与理论基准点最佳匹配定义

设不在同一直线上的理论基准点为 $B_l(x_{l,k}, y_{l,k}, z_{l,k}) \mid k=1, \cdots, m\}$,在测量坐标系下的实测基准点为 $B_r(x_{r,k}, y_{r,k}, z_{r,k}) \mid k=1, \cdots, m\}$,理论基准点与实测基准点达到最佳匹配,其实质就是通过对理论基准点坐标变换使得理论基准点与对应的实测基准点的距离中的最大值达到最小。

2. 理论基准点坐标变换

为了使理论基准点和实测基准点达到最佳匹配,需对理论基准点进行坐标变换。

依据坐标系的变换关系有:

$$\boldsymbol{T} = \boldsymbol{T}_p \boldsymbol{T}_x \boldsymbol{T}_y \boldsymbol{T}_z \tag{6-96}$$

其中,$\boldsymbol{T}_p$ 为测点平移坐标变换矩阵,即:

$$\boldsymbol{T}_p = \begin{bmatrix} 1 & 0 & 0 & 0 \\ 0 & 1 & 0 & 0 \\ 0 & 0 & 1 & 0 \\ x_0 + \Delta x & y_0 + \Delta y & z_0 + \Delta z & 1 \end{bmatrix} \tag{6-97}$$

式中:

$$\begin{cases} x_0 = x_{r,1} - x_{l,1} \\ y_0 = y_{r,1} - y_{l,1} \\ z_0 = z_{r,1} - z_{l,1} \end{cases} \tag{6-98}$$

$$\begin{cases} \Delta x \in [-l, l] \\ \Delta y \in [-l, l] \\ \Delta z \in [-l, l] \end{cases} \tag{6-99}$$

$$\begin{aligned} l = \max\{&\max\{x_{r,i} \mid i=1,2,\cdots,n\} - \min\{x_{r,i} \mid i=1,2,\cdots,n\}, \\ &\max\{y_{r,i} \mid i=1,2,\cdots,n\} - \min\{y_{r,i} \mid i=1,2,\cdots,n\}, \\ &\max\{z_{r,i} \mid i=1,2,\cdots,n\} - \min\{z_{r,i} \mid i=1,2,\cdots,n\}\} \end{aligned} \tag{6-100}$$

设 $(x_{l,1},y_{l,1},z_{l,1})$，$(x_{l,m},y_{l,m},z_{l,m})$ 为理论基准点首末两点；$(x_{r,1},y_{r,1},z_{r,1})$，$(x_{r,m},y_{r,m},z_{r,m})$ 为实测基准点首末两点。

令

$$\begin{cases} a_r = x_{r,1} - x_{r,m} \\ b_r = y_{r,1} - y_{r,m} \\ c_r = z_{r,1} - z_{r,m} \end{cases} \tag{6-101}$$

$$\begin{cases} a_l = x_{l,1} - x_{l,m} \\ b_l = y_{l,1} - y_{l,m} \\ c_l = z_{l,1} - z_{l,m} \end{cases} \tag{6-102}$$

$$\alpha_0 = \arccos\left(\frac{b_l b_r + c_l c_r}{\sqrt{b_l^2 + c_l^2}\sqrt{b_r^2 + c_r^2}} \right) \tag{6-103}$$

$$\beta_0 = \arccos\left(\frac{a_l a_r + c_l c_r}{\sqrt{a_l^2 + c_l^2}\sqrt{a_r^2 + c_r^2}} \right) \tag{6-104}$$

$$\gamma_0 = \arccos\left(\frac{a_l a_r + b_l b_r}{\sqrt{a_l^2 + b_l^2}\sqrt{a_r^2 + b_r^2}} \right) \tag{6-105}$$

$\boldsymbol{T}_x$ 为测点绕 x 轴旋转 α 变换矩阵，即：

$$\boldsymbol{T}_x = \begin{bmatrix} 1 & 0 & 0 & 0 \\ 0 & \cos\alpha & \sin\alpha & 0 \\ 0 & -\sin\alpha & \cos\alpha & 0 \\ 0 & 0 & 0 & 1 \end{bmatrix} \tag{6-106}$$

α 的取值范围为

$$\alpha \in [-\alpha_0, \alpha_0]$$

$\boldsymbol{T}_y$ 为测点绕 y 轴旋转 β 变换矩阵，即：

$$\boldsymbol{T}_y = \begin{bmatrix} \cos\beta & 0 & -\sin\beta & 0 \\ 0 & 1 & 0 & 0 \\ \sin\beta & 0 & \cos\beta & 0 \\ 0 & 0 & 0 & 1 \end{bmatrix} \tag{6-107}$$

β 的取值范围为

$$\beta \in [-\beta_0, \beta_0]$$

$\boldsymbol{T}_z$ 为测点绕 z 轴旋转 γ 变换矩阵，即：

$$\boldsymbol{T}_z = \begin{bmatrix} \cos\gamma & \sin\gamma & 0 & 0 \\ -\sin\gamma & \cos\gamma & 0 & 0 \\ 0 & 0 & 1 & 0 \\ 0 & 0 & 0 & 1 \end{bmatrix} \tag{6-108}$$

γ 的取值范围为

$$\gamma \in [-\gamma_0, \gamma_0]$$

3. 实测基准点与理论基准点最佳匹配数学模型

理论基准点的坐标变换参数为 $(\Delta x, \Delta y, \Delta z, \alpha, \beta, \gamma)$。经过坐标变换后对应的坐标值为 $B'_l\{(x'_{l,i}, y'_{l,i}, z'_{l,i}) \mid i = 1, \cdots, m\}$，它们到实测基准点对应的距离为

$$e_i = \sqrt{(x'_{l,i} - x_{r,i})^2 + (y'_{l,i} - y_{r,i})^2 + (z'_{l,i} - z_{r,i})^2} \quad (6\text{-}109)$$

求出所有理论基准点经过坐标变换后与实测基准点对应距离中的最大值，即

$$e_{\max} = \max\{e_i \mid i = 1, \cdots, m\} \quad (6\text{-}110)$$

则实测基准点与理论基准点最佳匹配数学模型为

$$e = \min(e_{\max}) \quad (6\text{-}111)$$

4. 实测基准点与理论基准点最佳匹配参数求解

实测基准点与理论基准点最佳匹配参数求解参数为 $(\Delta x, \Delta y, \Delta z, \alpha, \beta, \gamma)$，采用实数编码遗传算法能够有效计算最佳匹配参数，其过程如下。

1）将 $(\Delta x, \Delta y, \Delta z, \alpha, \beta, \gamma)$ 进行归一化实数编码

令 $(\Delta x, \Delta y, \Delta z, \alpha, \beta, \gamma)$ 对应的归一化实数编码为 (u, v, w, a, b, c)，其中

$$\begin{cases} u \in [0,1] \\ v \in [0,1] \\ w \in [0,1] \\ a \in [0,1] \\ b \in [0,1] \\ c \in [0,1] \end{cases}$$

则 $(\Delta x, \Delta y, \Delta z, \alpha, \beta, \gamma)$ 与 (u, v, w, a, b, c) 的映射关系为

$$\begin{cases} \Delta x = (2u - 1)/l \\ \Delta y = (2v - 1)/l \\ \Delta z = (2w - 1)/l \\ \alpha = \alpha_0(2a - 1) \\ \beta = \beta_0(2b - 1) \\ \gamma = \gamma_0(2c - 1) \end{cases}$$

2）设置控制参数

从种群的多样性和收敛速度等方面综合考虑，种群规模设置为 $n=50$，变异概率 $P_m=0.075$，交叉概率 $P_c=0.6$，最大迭代次数 $t_{max}=500$。

3）确定 (u,v,w,a,b,c) 的实数编码长度

假设优化精度为 $e=10^{-k}$，各变量的可行域中最大绝对值为

$$dat_{max} = \max\{l,\alpha_0,\beta_0,\gamma_0\} \qquad (6-112)$$

则多维子个体编码长度（小数位）为

$$L \geqslant \text{int}(\lg(dat_{max}))+1+k \qquad (6-113)$$

4）确定初始种群

利用随机数发生器在 (u,v,w,a,b,c) 可行域内进行随机编码，形成初始种群 $(t=0)$。即

$$A(0) = \{(u_i^0,v_i^0,w_i^0,a_i^0,b_i^0,c_i^0) \mid i=1,2,\cdots,n\} \qquad (6-114)$$

则 n 个个体所对应的理论基准点坐标变换参数为

$$\{[x_0+(2u_i^0)l],[y_0+(2v_i^0-1)l],[z_0+(2w_i^0-1)l],$$
$$\alpha_0(2\alpha_i^0-1),\beta_0(2\beta_i^0-1),\gamma_0(2\gamma_i^0-1) \mid i=1,2,\cdots,n\}$$

5）确定适应度函数

空间基准直线的目标函数为测点到 n 个个体所对应直线距离的最大值，即

$$g(u_i^t,v_i^t,w_i^t,a_i^t,b_i^t,c_i^t) = \{e_{max,i}^t \mid i=1,2,\cdots,n\} \qquad (6-115)$$

其中，$e_{max,i}^t$ 为理论基准点 $B_l(x_{l,k},y_{l,k},z_{l,k}) \mid k=1,\cdots,m$ 经过个体 $\{u_i^t,v_i^t,w_i^t,a_i^t,b_i^t,c_i^t\}$ 所对应坐标变换后理论基准点到对应实测基准点距离的最大值。目标函数的取值变化方向和适应度函数相反，即目标函数值越小，所对应的个体适应度越大。因此，需建立目标函数与适应度函数的映射关系。

目标函数的取值变化方向和适应度函数相反，即目标函数值越小，所对应的个体适应度越大。因此，需建立目标函数与适应度函数的映射关系

$$f(u_i^t,v_i^t,w_i^t,a_i^t,b_i^t,c_i^t) = g_{max}^t - g(u_i^t,v_i^t,w_i^t,a_i^t,b_i^t,c_i^t) \qquad (6-116)$$

其中，g_{max}^t 为当代种群所对应的目标函数的最大值。

6）确定操作算子

采用排序选择算子；并行子交叉算子；并行子变异算子；保留最优个体到子代。

经过上述处理后便可求满足最佳匹配的坐标变换参数。

6.3.5　燃气轮机叶片的叶面截面形状误差评定

设燃气轮机转子叶片的理论外形各截面型值点为

$$Q\{(x_{i,j}^l, y_{l,j}^l, z_{l,j}^l) \mid i = 1, \cdots, n_1; j = 1, \cdots, n_2\}$$

其中，i 为截面序号，j 为位于第 i 个截面的型值点序号。

理论基准点为 $(x_{0,0}^l, y_{0,0}^l, z_{0,0}^l)$；叶片外形测点集为 $P\{(x_{i,j}, y_{l,j}, z_{l,j}) \mid i = 1, \cdots, n_1; j = 1, \cdots, m_1\}$；实测基准点为 $(x_{0,0}, y_{0,0}, z_{0,0})$，则燃气轮机转子叶片的截面形状误差评定方法如下。

1. 构建转子叶片的截面理论外形数学模型

采用 NURBS 曲线构建方法建立其外形数学模型，得到的叶片第 i 个截面的 3 次 NURBS 理论外形曲面数学模型为

$$r_i(u) = \frac{\sum_{j=0}^{n} \omega_j d_j N_{j,3}(u)}{\sum_{j=0}^{n} \omega_j N_{j,3}(u)} \tag{6-117}$$

2. 基于最小条件建立燃气轮机转子叶片的截面形状误差评定模型

由复杂曲线形状误差定义，得到燃气轮机转子叶片第 i 个截面形状误差评定模型为

$$f(\Delta x, \Delta y, \theta) = \min\{2dt_{i,\max}\} \tag{6-118}$$

式中　$(\Delta x, \Delta y, \theta)$——第 i 个截面测点分别沿 x 方向、y 方向平移和绕原点旋转的坐标变换参数；

$dt_{i,\max}$——第 i 个截面测点经过坐标变换后到理论曲线最小距离中的最大值。

由曲线形状误差数学模型可知，其误差值是由 $(\Delta x, \Delta y, \theta)$ 这三个参数确定的，如果仅单一采用分割逼近法和遗传算法相结合计算燃气轮机叶片截面形状误差，其算法的收敛速度慢，采用初定位与智能精优化相结合快速计算燃气轮机叶片截面形状误差，可以大大提高求解效率，其基本方法如下。

(1)测点坐标与曲面轮廓粗匹配。在采用三坐标测量机测量被测轮廓时，往往基准坐标与理论轮廓基准坐标不一致，为此，可以通过坐标变换的方法，使得测轮基准坐标与理论轮廓基准坐标接近，达到测点坐标与曲面轮廓粗匹配的目的。

(2)对$(\Delta x,\Delta y,\theta)$进行归一化编码。

(3)遗传算法和粒子群优化算法相结合精确计算燃气轮机转子叶片的截面形状误差。

由燃气轮机转子叶片的叶面形状误差评定模型可知,其形状误差由$(\Delta x,\Delta y,\theta)$这3个参数确定,采用归一化实数编码遗传算法计算复杂曲面形状误差时需将$(\Delta x,\Delta y,\theta)$映射到单位空间$(\Delta x_s,\Delta y_s,\theta_s)$,然后采用归一化实数编码遗传算法和分割逼近法相结合精确计算燃气轮机转子叶片的截面形状误差。

6.3.6 燃气轮机转子叶片的叶面形状误差评定

叶片n_1个截面的测点集为

$$P\{(x_{i,j}^r,y_{i,j}^r,z_{i,j}^r)\mid i=1,\cdots,n_1;j=1,\cdots,m_1\}$$

其中,i为截面序号,j为位于第i个截面的测点序号。

实测基准点为(x_0,y_0,z_0),则燃气轮机转子叶片的截面形状误差评定方法如下。

(1)构建转子叶片的理论外形数学模型。叶片的理论外形属于复杂曲面,采用 NURBS 曲面构建方法建立其外形数学模型,得到叶片的 3×3 次 NURBS 理论界面外形曲面数学模型为

$$r(u,v)=\frac{\displaystyle\sum_{i=0}^{m}\sum_{j=0}^{n}\omega_{i,j}d_{i,j}N_{i,3}(u)N_{j,3}(v)}{\displaystyle\sum_{i=0}^{m}\sum_{j=0}^{n}\omega_{i,j}N_{i,3}(u)N_{j,3}(v)} \tag{6-119}$$

(2)基于最小条件建立燃气轮机转子叶片的叶面形状误差评定模型。由于叶片属于复杂曲面,由复杂曲面形状误差定义,得到燃气轮机转子叶片的叶面形状误差评定模型为

$$e=\min\{\min[2d_j(\Delta x,\Delta y,\theta,\varphi,\psi)]\mid j=1,2,\cdots,m\} \tag{6-120}$$

式中,$d_j(\Delta x,\Delta y,\theta,\varphi,\psi)$为测点$(x_j,y_j,z_j)$经过坐标变换后到理论轮廓的最小距离。

(3)遗传算法和粒子群算法相结合精确计算燃气轮机转子叶片的叶面形状误差。

由燃气轮机转子叶片的叶面形状误差评定模型可知,其形状误差由$(\Delta x,\Delta y,\theta,\varphi,\psi)$这6个参数确定,采用归一化实数编码遗传算法计算复杂曲面形

状误差时需将$(\Delta x, \Delta y, \theta, \varphi, \psi)$映射到单位空间$(\Delta x, \Delta y, \theta, \varphi, \psi)$,然后采用归一化实数编码遗传算法和分割逼近法相结合精确计算燃气轮机转子叶片的叶面形状误差。

6.3.7　燃气轮机叶片的制造位置度误差评定

叶片是燃气轮机的关键零件,如何评价叶片的装配位置精度是相关领域研究人员和工程技术人员一直关注的难题。

1. 燃气轮机叶片的制造位置度误差定义

由于叶片的叶身和榫头是分别加工的,装夹基准不同,必然会带来叶身相对于榫头外形位置度误差,从而影响整个叶片的加工精度,假设叶片的基准点为$\{B_i\}i=0,\cdots,t$,叶片理论轮廓为$S(\bar{u}_k, \bar{v}_k)$,实际叶片外形测点为$\{Q_k\}k=0,1,\cdots,n$,实测基准点坐标值为$\{B_{Ri}\}i=0,\cdots,t$。

当实测基准点与理论基准点最佳匹配时,此时外形测点到理论轮廓的最大正法向距离与最大负法向距离之和,即为叶片的制造外形位置度误差。

由燃气轮机叶片的制造位置度误差定义可知,要精确求解燃气轮机叶片的制造位置度误差,必须解决两个问题:

①外形测点到理论轮廓的最小距离;

②实测基准点与理论基准点最佳匹配。

2. 基于分割逼近法的点到复杂曲面最短距离求解

采用分割逼近法快速计算测点到设计曲面轮廓的最小距离,其步骤如下。

(1)设曲面$r(u,v)$阶次为$n_u' n_v$,则其最高阶次为

$$n_{\max} = \max\{n_u, n_v\} \tag{6-121}$$

沿曲面$r(u,v)$的参数u向$m_u + 4$等分、参数v向$m_v + 4$等分,在曲面上形成$(m_u + 5) \times (m_v + 5)$个网格点

$$\{r(u_i, v_j) \mid i = 0, 1, \cdots, m_u + 4; j = 0, 1, \cdots, m_v + 4\}$$

如图 6-21 所示。

(2)计算测点p_k到理论曲面网格点$r(u_i, v_j)$上的距离,此时,初始分割步骤$s=1$。

$$dt_{i,j}^s = \{[x_k - x_{i,j}(u_i^s, v_j^s)]^2 + [y_k - y_{i,j}(u_i^s, v_j^s)]^2 + [z_k - z_{i,j}(u_i^s, v_j^s)]^2\}^{1/2}$$

$$\tag{6-122}$$

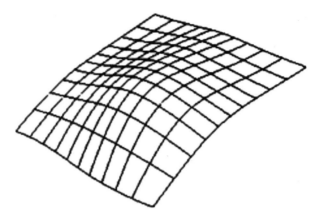

图 6 - 21   曲面网格划分

式中

$$u_i^s = \frac{i(u_e - u_b)}{(m_u + 4)^s}$$

$$v_j^s = \frac{j(v_e - u_b)}{(m_v + 4)^s}$$

如图 6 - 22 所示。

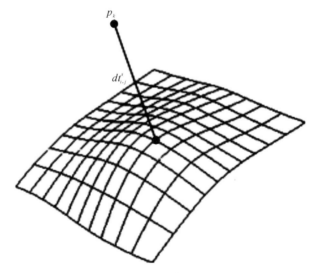

图 6 - 22   测点到理论曲面网格点的距离

(3)求出测点到理论曲面上所有网格点距离的最小值

$$e_k^s = \min\{dt_{i,j}^s\} \tag{6 - 123}$$

则测点到理论最小距离必然落在与 e_k 对应网格点 $r(u_{ic}^s, v_{jc}^s)$ 的相邻曲面

片上,即

$$u \in \left[u_{ic}^s - \frac{u_e - u_b}{(m_u + 4)^s}, u_{ic}^s + \frac{u_e - u_b}{(m_u + 4)^s} \right],$$

$$v \in \left[v_{ic}^s - \frac{v_e - v_b}{(m_v + 4)^s}, u_{ic}^s + \frac{v_e - v_b}{(m_v + 4)^s} \right]$$

如图 6-23 所示。

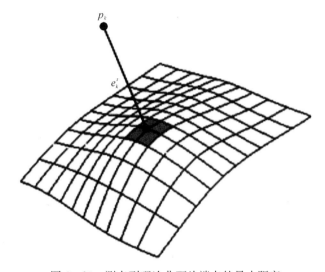

图 6-23　测点到理论曲面片端点的最小距离

特殊情况,当网格点位于曲面边界上时,u 和 v 的取值范围有以下情况:

①若 $u_{ic}^s = 0$,则 $u \in \left[0, \dfrac{u_e - u_b}{(m_u + 4)^s} \right]$;

②若 $u_{ic}^s = u_e - u_b$,则 $u \in \left[1 - \dfrac{u_e - u_b}{(m_u + 4)^s}, 1 \right]$;

③若 $v_{ic}^s = 0$,则 $u \in \left[0, \dfrac{v_e - v_b}{(m_v + 4)^s} \right]$;

④若 $v_{ic}^s = 1$,则 $u \in \left[1 - \dfrac{v_e - v_b}{(m_v + 4)^s}, 1 \right]$。

(4)判断分割值 $\dfrac{u_e - u_b}{(m_u + 4)^s}$ 和 $\dfrac{v_e - v_b}{(m_v + 4)^s}$ 是否均小于计算精度。

若 $\dfrac{u_e - u_b}{(m_u + 4)^s}$ 和 $\dfrac{v_e - v_b}{(m_v + 4)^s}$ 均小于计算精度,则求解结束,此时求得的 e_k^s 即为测点到理想曲面的最小距离,否则在 u, v 的取值范围

$$u \in \left[u_{ic}^s - \frac{u_e - u_b}{(m_u + 4)^s}, u_{ic}^s + \frac{u_e - u_b}{(m_u + 4)^s} \right]$$

$$v \in \left[v_{ic}^s - \frac{v_e - v_b}{(m_v + 4)^s}, v_{ic}^s + \frac{v_e - v_b}{(m_v + 4)^s} \right]$$

继续分割 $(m_u + 4) \times (m_v + 4)$ 等分,在曲面上形成 $(m_u + 5) \times (m_v + 5)$ 网格点 $r(u_i^{s+1}, v_j^{s+1})$,转到第②步,继续求解。

3. 用遗传算法进行求解最佳匹配时对应的坐标变换参数

由实测基准点与理论基准点最佳匹配的数学模型可知,被测轮廓必须位于最优位置时,才能保证设计轮廓与被测轮廓达到最佳匹配,因此这是一个复杂的非线性寻优问题,采用归一化实数编码遗传算法可以精确计算基准点与理论基准点最佳匹配所对应的坐标变换参数 $(\Delta x, \Delta y, \Delta z, \theta, \varphi, \psi)$。要进行这一寻优过程需要下列数据处理。

1)实数编码的归一化

基准点与理论基准点最佳匹配是由 $(\Delta x, \Delta y, \Delta z, \theta, \varphi, \psi)$ 这6个参数确定的,因此,采用遗传算法计算基准点与理论基准点最佳匹配时需对 $(\Delta x, \Delta y, \Delta z, \theta, \varphi, \psi)$ 进行归一化编码,即:

$$\begin{cases} \Delta x \xrightarrow{\text{映射}} \Delta x_s \in [0,1] \\ \Delta y \xrightarrow{\text{映射}} \Delta y_s \in [0,1] \\ \Delta z \xrightarrow{\text{映射}} \Delta z_s \in [0,1] \\ \theta \xrightarrow{\text{映射}} \theta_s \in [0,1] \\ \varphi \xrightarrow{\text{映射}} \varphi_s \in [0,1] \\ \psi \xrightarrow{\text{映射}} \psi_s \in [0,1] \end{cases}$$

2)选择控制参数

种群规模选择为50;交叉概率选择为 $p_c = 0.8$;变异概率选择为 $p_m = 0.02$;最大进化代数为1000。

3)确定 $(\Delta x_s, \Delta y_s, \Delta z_s, \theta_s, \varphi_s, \psi_s)$ 的编码长度

假设优化精度为 $e = 10^{-k}$,令

$$h_{\max} = \max\{l, 2\pi\}$$

式中 l ——包容理论轮廓长方体的最大边长。

各分量的编码长度(小数位)由下式计算

$$L = \mathrm{int}(\lg(h_{\max})) + 1 + k$$

4）确定初始种群

利用随机数发生器在$(\Delta x_s, \Delta y_s, \Delta z_s, \theta_s, \varphi_s, \psi_s)$可行域内进行随机编码，形成初始种群$(t=0)$。即

$$D(0) = \{(\Delta x_{s,i}^0, \Delta y_{s,i}^0, \Delta z_{s,i}^0, \theta_{s,i}^0, \varphi_{s,i}^0, \psi_{s,i}^0) \mid i = 1, 2, \cdots, m \quad (6\text{-}124)$$

5）坐标变换

根据种群的个体参数$(\Delta x_{s,i}^t, \Delta y_{s,i}^t, \Delta z_{s,i}^t, \theta_{s,i}, \varphi_{s,i}, \psi_{s,i})$对测点$P = \{(x_j^R, y_j^R, z_j^R) \mid j = 1, 2, \cdots, n\}$进行坐标变换，$t$为迭代次数。

6）确定适应度函数

目标函数为个体$(\Delta x_{s,i}^t, \Delta y_{s,i}^t, \Delta z_{s,i}^t, \theta_{s,i}, \varphi_{s,i}, \psi_{s,i})$所对应的各实测基准点与理论基准点的距离中的最大值，即

$$g(\Delta x_{s,i}^t, \Delta y_{s,i}^t, \Delta z_{s,i}^t, \theta_{s,i}^t, \varphi_{s,i}^t, \psi_{s,i}^t) = \max\{e_j^t\};$$
$$i = 1, 2, \cdots, m; j = 1, 2, \cdots, n \qquad (6\text{-}125)$$

式中　e_j^t——个体$(\Delta x_{s,i}^t, \Delta y_{s,i}^t, \theta_{s,i}, \varphi_{s,i}, \psi_{s,i})$所对应的各实测基准点与理论基准点的距离。

目标函数的取值变化方向和适应度函数相反，即目标函数值越小，所对应的个体适应度越大。因此，需建立目标函数与适应度函数的映射关系

$$f(\Delta x_{s,i}^t, \Delta y_{s,i}^t, \Delta z_{s,i}^t, \theta_{s,i}^t, \varphi_{s,i}^t, \psi_{s,i}^t) = g_{\max}^t - g(\Delta x_{s,i}^t, \Delta y_{s,i}^t, \Delta z_{s,i}^t, \theta_{s,i}^t, \varphi_{s,i}^t, \psi_{s,i}^t)$$
$$(6\text{-}126)$$

其中，$g_{\max}^t$为当代种群所对应的目标函数最大值。

通过上述处理，便可以采用归一化实数编码遗传算法来求解实测基准点与理论基准点最佳匹配时对应的坐标变换参数$(\Delta x, \Delta y, \Delta z, \theta, \varphi, \psi)$。

4. 计算燃气轮机叶片的制造位置度误差

实际叶片外形测点为$Q\{(x_j^R, y_j^R, z_j^R) \mid j = 1, 2, \cdots, n\}$，经过实测基准点与理论基准点最佳匹配时对应的坐标变换为

$$Q^* = \{Q_j^* = (x_j^*, y_j^*, z_j^*) \mid j = 1, 2, \cdots, n\}$$

则可用粒子群优化算法精确求解燃气轮机叶片的制造位置度误差。

6.4　小　结

本章提出了基于归一化实数编码遗传算法；给出了复制算子、交叉算子、变异算子的选取和适应度函数的定义；对基于归一化实数编码遗传算法的模

式定理进行了分析;研究了一维和多维归一化实数编码长度与优化精度的关系;针对多维寻优问题,提出了基于归一化实数编码多维并行遗传算法。

建立了基于智能算法的平面参数曲线形状误差数学模型,借助 NURBS 样条函数建立了适合遗传算法计算的复杂平面曲线形状误差数学模型,采用归一化实数编码多维并行遗传算法进行求解,获得了满足最小区域法的平面曲线形状误差的解。

按照最小区域法评定准则,建立了基于智能算法的参数曲面形状误差数学模型,借助 NURBS 曲面建立了复杂曲面形状误差数学模型,采用归一化实数编码多维并行遗传算法进行求解,所获得的结果符合最小区域法的评定原则。

应用基于智能算法的形位误差评定的研究成果,结合燃气轮机的特点,基于 NURBS 曲面进行了转子叶片的叶面外形重构,分别提出了转子叶片的叶面截面形状误差评定、转子叶片的叶面形状误差评定、叶面的制造位置度误差评定方法。

参 考 文 献

[1] Back T. The Interaction of Mutation Rate. Selection and Self-Adaption within a Genetic Algorithms [J]. In Parallel problem solving from Nature. 2. Amsterdam, North Holland, 1992: 84 - 94.

[2] Muhlenbein H. How Genetic Algorithms Really Work, I: Mutation and Hill climbing [J]. In Parallel Problem Solving from Nature. 2. Amsterdam, North Holland, 1992: 15 - 25.

[3] Suzuki J A. Markov chain analysis on a genetic algorithm [J]. In: IC-GA'93, CA: Morgan Kaufmann, 1993: 146 - 153.

[4] Rabinovich Y and Wigderson A. An analysis of a simple genetic algorithm, in Proceedings of the Fourth International Conference on Genetic Algorithms [J]. San Mateo, Morgan Kaufmann, 1991: 215 - 221.

[5] Salomon R. Raising theoretical questions about utility of genetic algorithms [J]. Evolutionary Programming 4, Lecture Notes in Computer Science 1213, 1997, 275 - 284.

[6] 史奎凡,陈月辉. 提高遗传法收敛速度的方法 [J]. 信息与控制,1998, 27(4): 289 - 293.

[7] 陈国良,王煦法,庄镇泉,等. 遗传算法及其应用[M]. 北京:人民邮

电出版社，1996.

[8]　De Jong K A. On using Genetic Algorithms to Search Program Space [J]. Proc. 2nd Conf. Genetic Algorithms，1987：210-216.

[9]　Michalewicz Z. et al. A modified Genetic Algorithm for Optimal Control Problems [J]. Computers Math，Applic. ，1992，23(12)：83-94.

[10]　Srinivas M and Patnaik L M. Adaptive Probabilities of Crossover and Mutation in Genetic Algorithm [J]. IEEE TransSyst Man，Cybern，1994，24(4)：656-667.

[11]　李奇敏. 小波技术在反求工程中的若干应用 [D]. 杭州：浙江大学，2006.

[12]　Lyche T，Mrken K. Spline-Wavelets of Minimal Support [J]. Numerical Methods of Approximation Theory，1992(9)：177-194.

[13]　朱心雄. 自由曲线曲面造型技术 [M]. 北京：科学出版社，2000.

[14]　齐涤非，杨劲松，刘国淦. 应用 NURBS 实现飞机叶片的三维重构 [J]. 光学精密工程，2001，9(3)：223-225.

[15]　龚纯，王正林. MATLAB 语言常用算法 [M]. 北京：电子工业出版社，2008.

[16]　王伯平，曾建潮. 一种自调整的空间面轮廓度误差的评定方法 [J]. 计量学报，2002，23(2)：106-108.

[17]　Kjellander J A P. Smoothing of Bicubic Parametric Splines [J]. Computer Aided Design，1983，15(3)：288-293.

[18]　Quak E，Weyrich N. Decomposition and reconstruction algorithms for spline wavelets on a bounded interval [J]. Applied and Computational Harmonic Analysis，1994，1(3)：217-231.

[19]　蔺小军，王增强，史耀耀. 平面复杂曲线轮廓度误差评定和判别 [J]. 计量学报，2011，32(3)：227-234.

[20]　侯宇，张竞，崔晨阳. 复杂线轮廓度误差坐标测量的数据处理方法 [J]. 计量学报，2002，23(1)：13-16.

[21]　Choi B K，Yoo W S，Lee C S. Matrix representation for NURBS curve and surface [J]. Computer Aided Design，1990，22(4)：235-240.

[22]　郑兴国，朱婉捷，夏成林. 带形状参数控制的三次 B 样条曲线曲面的光顺 [J]. 大学数学，2012，28(4)：87-91.

索　引